Bert-Uwe Köhler

Konzepte der statistischen Signalverarbeitung

Bert-Uwe Köhler

Konzepte der statistischen Signalverarbeitung

Mit 61 Abbildungen

 Springer

Dr. Bert-Uwe Köhler
Siemens AG
Communications WM RD SW 2
13623 Berlin
bert-uwe.koehler@siemens.com

Bibliografische Information der Deutschen Bibliothek
Die deutsche Bibliothek verzeichnet diese Publikation in der deutschen Nationalbibliografie;
detaillierte bibliografische Daten sind im Internet über <http://dnb.ddb.de> abrufbar.

ISBN 3-540-23491-8 Springer Berlin Heidelberg New York

Springer ist ein Unternehmen von Springer Science+Business Media
springer.de
© Springer-Verlag Berlin Heidelberg 2005
Printed in The Netherlands

Einbandgestaltung: medionet AG, Berlin
Satz: Digitale Druckvorlage des Autors
Herstellung: medionet AG, Berlin

Gedruckt auf säurefreiem Papier   68/3020   5 4 3 2 1 0

Inhaltsverzeichnis

1

Einführung

Das Gebiet der Signalverarbeitung umfasst eine breite Vielfalt von Verfahren zur Bearbeitung und Manipulation analoger und digitaler Signale. Zu den Aufgaben der Signalverarbeitung zählt unter anderem die anwendungsspezifische Umkodierung der im Signal enthaltenen Information sowie deren Extraktion, die Unterdrückung von störenden oder irrelevanten Signalanteilen, die Signalgenerierung und die Ereigniserkennung. *Statistische* Signalverarbeitung zeichnet sich in diesem Kontext durch die verstärkte Nutzung statistischer Methoden aus.

Die Beispiele möglicher Anwendungsgebiete zeigen, welchen Stellenwert die Signalverarbeitung besitzt und wie weit der Alltag inzwischen von ihr durchdrungen ist [83]:

- Luft- und Raumfahrt: Erdfernerkundung, Wettervorhersage, Satellitenphotographie, Datenkompression, Datenanalyse

- Telekommunikation: Sprach- und Videokompression, Echoreduktion, Filterung, Entzerrung, Kodierung

- Medizintechnik: Computertomographie, Magnetresonanztomographie, Ultraschall, computerassistierte Chirurgie, Datenanalyse

- Multimedia: Spracherkennung, Videokonferenzen, Musik- und Videoerzeugung und -bearbeitung

- Militärtechnik: Radar, Sonar, Abhörtechnik, Data Mining

- Industrielle Anwendungen: CAD, zerstörungsfreies Testen

- Verkehrstechnik: Navigation, Regelungen, Steuerungen

- Geologie und Seismologie: Rohstofferkundung (Öl, Erze), Erdbebenvorhersage, Simulation, Modellierung

Die Signalverarbeitung kann aufgrund der Vielfalt möglicher Anwendungen nicht als einzeln stehendes Fachgebiet betrachtet werden. Vielmehr stellt sie Werkzeuge zur Verfügung, mit denen anwendungsspezifische Problemstellungen bearbeitet werden können. Dabei gibt es große Überschneidungen mit Methoden anderer Forschungsbereiche wie unter anderem der nummerischen Mathematik, der Statistik und Wahrscheinlichkeitsrechnung, der Entscheidungstheorie oder dem Maschinenlernen.

Die Verarbeitung analoger und digitaler Signale verfügt über eine lange Geschichte. Die breite Einführung der Signalverarbeitung in die Technik begann jedoch vor allem mit der Entwicklung von Radar[1] und Sonar[2] in der Mitte des zwanzigsten Jahrhunderts. Seit dieser Zeit wurden in den Ingenieurwissenschaften immer weitere Einsatzgebiete für die Signalverarbeitung erobert. Die Entdeckung schneller Algorithmen zur Fourieranalyse 1965 und die Entwicklung der Mikroelektronik ebneten den Weg für die Erschließung bis dahin ungeahnter Anwendungsmöglichkeiten. Deren schnelles Entstehen beflügelte im Gegenzug die Entwicklung der Signalverarbeitung selbst, so dass viele neue Algorithmen und Verfahren und sogar neue Forschungsgebiete hervorgebracht wurden.

Das vorliegende Buch beschäftigt sich vorrangig mit zwei Teilgebieten der statistischen Signalverarbeitung: der Datenanalyse und der digitalen Filterung. Die Datenanalyse beinhaltet die Suche nach interessanten Strukturen innerhalb der Daten sowie die Erfassung und den Vergleich ihrer Eigenschaften. Die digitale Filterung dient der Veränderung von Signalen mit dem Ziel einer anderen Darstellung der im Signal enthaltenen Information beispielsweise durch die Entfernung bestimmter Frequenzanteile oder Signalkomponenten. Obwohl die Methoden im vorliegenden Buch getrennt voneinander erläutert werden, sind sie doch eng miteinander verflochten. Oftmals ist es nur eine Frage der Interpretation, in welches Teilgebiet der Signalverarbeitung eine Methode einzuordnen ist.

Die Zielsetzung dieses Buches besteht in der Vermittlung der konzeptionellen Ideen für die Funktionsweise der beschriebenen Signalverarbeitungsverfahren. Aus diesem Grunde wird auf mathematische Rigorosität häufig verzichtet, nicht jedoch auf für das Verstehen notwendige Herleitungen und Rechenschritte. Bewusst wird neben der Rechnung auch Wert auf die Interpretation der Vorgehensweise gelegt. Die Bearbeitung der verschiedenen Kapitel kann mit Ausnahme der Kapitel zwei bis vier, die die Grundlagen für alle weiteren Kapitel zur Verfügung stellen, unabhängig von der im Buch gewählten Reihenfolge vorgenommen werden.

---

[1] RADAR: **RA**dio **D**etection **A**nd **R**anging
[2] SONAR: **SO**und **NA**vigation and **R**anging

Mathematische Grundlagen

2.1 Grundbegriffe der statistischen Signalverarbeitung

2.1.1 Zufallsexperiment

Ein Zufallsexperiment ist ein Experiment, das folgenden drei Bedingungen genügt [33]:

- Alle möglichen Ergebnisse[1] des Experimentes sind im Voraus bekannt.
- Das Ergebnis eines konkreten Versuches ist im Voraus nicht bekannt.
- Das Experiment kann unter identischen Bedingungen wiederholt werden.

Der Begriff des Zufallsexperiments bildet die Grundlage aller in den weiteren Abschnitten folgenden Definitionen.

2.1.2 Absolute und relative Häufigkeit

Bei N-maliger Durchführung des Zufallsexperimentes tritt das Ereignis $A \in \Omega$ insgesamt $N(A)$ mal auf. $N(A)$ wird auch als absolute Häufigkeit bezeichnet, also die absolute Anzahl des Auftretens des jeweiligen Ereignisses. Die relative Häufigkeit gibt die absolute Häufigkeit bezogen auf die Gesamtanzahl aller aufgetretenen Ereignisse an

$$\hat{P}(A) = \frac{N(A)}{N}. \tag{2.1}$$

Die Darstellung der absoluten bzw. der relativen Häufigkeiten in Abhängigkeit von den Ereignissen wird als absolute bzw. relative Häufigkeitsverteilung bezeichnet.

---

[1] Ein Ergebnis wird auch als Ereignis bezeichnet. Die Gesamtheit aller Ergebnisse bildet den Ergebnisraum Ω.

2.1.3 Wahrscheinlichkeit

Aus der relativen Häufigkeit ergibt sich mit $N \to \infty$ die Wahrscheinlichkeit des Ereignisses A

$$P(A) = \lim_{N \to \infty} \frac{N(A)}{N}. \tag{2.2}$$

Aus Gleichung 2.2 wird unmittelbar klar, dass die Summe der Ereigniswahrscheinlichkeiten eines Zufallsexperimentes den Wert 1 ergibt.

Die Darstellung der Ereigniswahrscheinlichkeiten eines Zufallsexperimentes erfolgt mit der diskreten Wahrscheinlichkeitsverteilung, die mit wachsendem N aus der relativen Häufigkeitsverteilung hervorgeht.

Die Wahrscheinlichkeit des gemeinsamen Auftretens mehrerer beobachteter Ereignisse $A, B, C, \ldots$ wird durch die Verbundwahrscheinlichkeit $P(A, B, C, \ldots)$ erfasst. Sind die Ereignisse voneinander unabhängig, ist die Verbundwahrscheinlichkeit das Produkt der Einzelwahrscheinlichkeiten. Zum Beispiel erhält man für zwei unabhängige Ereignisse A und B

$$P(A, B) = P(A) \cdot P(B). \tag{2.3}$$

Verbundwahrscheinlichkeiten, die dem gemeinsamen Aufreten von Ereignissen zugeordnet sind, können zusammen in einer diskreten Verbundwahrscheinlichkeitsverteilung dargestellt werden.

2.1.4 Zufallsvariablen

Eine Zufallsvariable x ist eine Funktion, die den Ergebnisraum des Zufallsexperimentes Ω auf den Bereich der rellen Zahlen $\Re$ abbildet[2]

$$x : \Omega \to \Re. \tag{2.4}$$

Diese Abbildung ist äußerst sinnvoll, da durch die Abbildung der Ereignisse auf Zahlenwerte die Nutzung vieler mathematischer Methoden erst ermöglicht wird. Zufallsvariablen können diskret[3] oder kontinuierlich[4] sein.

Von vektoriellen Zufallsvariablen spricht man, wenn die Elemente eines Vektors Zufallsvariablen sind. So können zum Beispiel die Zufallsvariablen $x_1, x_2, \ldots, x_N$ zu dem Zufallsvektor $\mathbf{x} = [x_1, x_2, \ldots, x_N]^T$ zusammengestellt werden.

---

[2] Sowohl Zufallsvariablen als auch ihr Wert werden bevorzugt mit kleinen lateinischen Buchstaben notiert. In einigen Fällen ist jedoch eine Unterscheidung zwischen der Zufallsvariable selbst und ihrem Wert notwendig. Dann wird die Zufallsvariable mit einem Großbuchstaben, z.B. X, und der Wert der Zufallsvariable mit einem Kleinbuchstaben, z.B. x, gekennzeichnet.

[3] Die Werte der Zufallsvariablen sind diskrete Punkte in $\Re$.

[4] Die Werte der Zufallsvariablen stammen aus einem Intervall oder mehreren Intervallen in $\Re$.

2.1.5 Verteilungs- und Verteilungsdichtefunktion

Die Verteilungsfunktion $F_X(x)$ gibt die Wahrscheinlichkeit P an, mit der die Zufallsvariable X kleiner oder gleich dem konkreten Wert x ist

$$F_X(x) = P(X \leq x). \tag{2.5}$$

Die Wahrscheinlichkeit, dass die Zufallsvariable X Werte aus dem Intervall $(x, x + \triangle x]$ annimmt, ist somit

$$P(x < X \leq x + \triangle x) = F_X(x + \triangle x) - F_X(x). \tag{2.6}$$

Der Zusammenhang zwischen der Verteilungsfunktion und der Verteilungsdichtefunktion einer kontinuierlichen Zufallsvariable ergibt sich aus der Normierung von Gleichung 2.6 auf die Länge des Intervalls $\triangle x$, d.h.

$$\frac{1}{\triangle x} P \left(x - \frac{\triangle x}{2} < X \leq x + \frac{\triangle x}{2} \right) = \frac{1}{\triangle x} \left[F_X \left(x + \frac{\triangle x}{2} \right) \right.$$
$$\left. - F_X \left(x - \frac{\triangle x}{2} \right) \right]. \tag{2.7}$$

Geht die Intervalllänge $\triangle x$ gegen Null, erhält man die Verteilungsdichtefunktion als Ableitung der Verteilungsfunktion[5]

$$f_X(x) = \lim_{\triangle x \to 0} \frac{1}{\triangle x} \left[F_X \left(x + \frac{\triangle x}{2} \right) - F_X \left(x - \frac{\triangle x}{2} \right) \right] \tag{2.8}$$

$$= \frac{dF_X(x)}{dx}. \tag{2.9}$$

Die Aufenthaltswahrscheinlichkeit P_i der Zufallsvariable X im Intervall $(x_i, x_i + \triangle x]$ ist analog zu Gleichung 2.6[6]

$$P_i = \int\limits_{x_i}^{x_i + \triangle x} f_X(x) dx \approx f_X(x_i) \cdot \triangle x. \tag{2.10}$$

Erweitert man den Integrationsbereich auf den gesamten Definitionsbereich von x bzw. allgemein $(-\infty, \infty)$, erhält man

$$\int\limits_{-\infty}^{\infty} f_X(x) dx = 1. \tag{2.11}$$

---

[5] bei vorausgesetzter Differenzierbarkeit
[6] für genügend kleine $\triangle x$ und gutartige Verteilungsdichten $f_X(x)$

In der statistischen Signalverarbeitung findet eine große Anzahl von Verteilungsdichten Verwendung. Wichtige Verteilungsdichten sind:

- eindimensionale Gaußverteilungsdichte

$$f_X(x) = \frac{1}{\sqrt{2\pi}\sigma_x} \exp\left[-\frac{1}{2}\frac{(x-\mu_x)^2}{\sigma_x^2}\right] \qquad (2.12)$$

- multivariate Gaußverteilungsdichte

$$f_{\mathbf{X}}(\mathbf{x}) = \frac{1}{(2\pi)^{N/2}det(\mathbf{R})^{1/2}} \exp\left[-\frac{1}{2}(\mathbf{x}-\boldsymbol{\mu}_x)^T\mathbf{R}^{-1}(\mathbf{x}-\boldsymbol{\mu}_x)\right] \qquad (2.13)$$

mit $\boldsymbol{\mu}_x = E[\mathbf{x}]$ als vektorieller Mittelwert, N als Dimension von $\mathbf{x}$ und $\mathbf{R} = E[(\mathbf{x}-\boldsymbol{\mu}_x)(\mathbf{x}-\boldsymbol{\mu}_x)^T]$ als Kovarianzmatrix (siehe Abschnitt 2.1.7)

- Exponential-Verteilungsdichte

$$f_X(x) = \begin{cases} 0 & \text{für } x < 0 \\ \lambda\exp[-\lambda x] & \text{für } x \geq 0 \end{cases} \qquad (2.14)$$

mit $\lambda > 0$

- Gleichverteilungsdichte

$$f_X(x) = \begin{cases} 1/(b-a) & x \in [a,b] \\ 0 & \text{sonst} \end{cases} \qquad (2.15)$$

- Laplace-Verteilungsdichte

$$f_X(x) = \frac{1}{2\beta} \exp\left[-\frac{|x-\alpha|}{\beta}\right] \qquad (2.16)$$

mit $\beta > 0$

- Gamma-Verteilungsdichte

$$f_X(x) = \begin{cases} 0 & \text{für } x \leq 0 \\ \dfrac{\alpha^r}{\Gamma(r)}x^{r-1}\exp[-\alpha x] & \text{für } x > 0 \end{cases} \qquad (2.17)$$

mit $\Gamma(\cdot)$ als Gamma-Funktion, $\alpha > 0$ und $r > 0$

- Rayleigh-Verteilungsdichte

$$f_X(x) = \begin{cases} 0 & \text{für } x < 0 \\ \dfrac{x}{\beta^2}\exp\left[-\dfrac{1}{2}\left(\dfrac{x}{\beta}\right)^2\right] & \text{für } x \geq 0 \end{cases} \qquad (2.18)$$

mit $\beta > 0$.

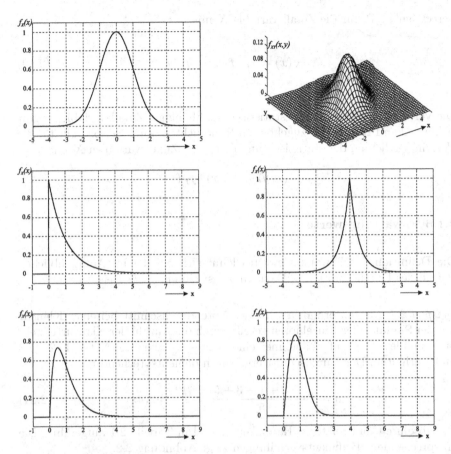

Abb. 2.1. Beispiele für Verteilungsdichtefunktionen (qualitative Darstellung): Eindimensionale Gaußverteilungsdichte (oben links), multivariate Gaußverteilungsdichte (oben rechts), Exponentialverteilungsdichte (mitte links), Laplace-Verteilungsdichte (mitte rechts), Gamma-Verteilungsdichte (unten links) und Rayleigh-Verteilungsdichte (unten rechts)

Eine Auswahl der beschriebenen Verteilungsdichten ist in Abbildung 2.1 dargestellt.

Analog zum diskreten Fall[7] beschreiben Verbundverteilungsdichten die gemeinsame Statistik mehrerer kontinuierlicher Zufallsvariablen. Die Verbundverteilungsdichte zweier Zufallsvariablen X und Y wird beispielsweise mit $f_{XY}(x,y)$ notiert. Ist man an der Verteilungsdichte nur einer oder eines Teils der beteiligten Zufallsvariablen interessiert, kann man diese per Integration

---

[7] siehe Abschnitt 2.1.3

berechnen[8]; z.B. für die Zufallsvariable X mit

$$f_X(x) = \int\limits_{-\infty}^{\infty} f_{XY}(x,y)dy. \tag{2.19}$$

Die Verbundverteilungsdichte statistisch unabhängiger Zufallsvariablen ergibt sich aus dem Produkt der zugehörigen Randdichten. Zum Beispiel gilt für die Verteilungsdichten der statistisch unabhängigen Zufallsvariablen X und Y

$$f_{XY}(x,y) = f_X(x) \cdot f_Y(y). \tag{2.20}$$

2.1.6 Erwartungswerte

Die Definition des Erwartungswertes lehnt sich an den im Alltag üblichen Begriff des Durchschnitts an. Dazu zunächst ein einfaches Beispiel.

Beispiel 2.1. Bekanntermaßen wird der Notendurchschnitt bei einer Klausur mit der Summe aller Einzelnoten geteilt durch die Anzahl der Klausurteilnehmer gebildet. Die fünf Teilnehmer einer Klausur haben die Noten 1, 2, 1, 3 und 5 erhalten. Der Durchschnitt ergibt sich dementsprechend mit

$$\hat{\mu} = \frac{(1+2+1+3+5)}{5} = \frac{12}{5} = 2,4. \tag{2.21}$$

Die absoluten und relativen Häufigkeiten sind in Tabelle 2.1 aufgeführt. Die entsprechenden Häufigkeitsverteilungen zeigt Abbildung 2.2.

Note x_i	absolute Häufigkeit $N(A)$	relative Häufigkeit $\hat{P}_i$
1	2	0,4
2	1	0,2
3	1	0,2
4	0	0,0
5	1	0,2

Tabelle 2.1. Absolute und relative Häufigkeiten in Beispiel 2.1

Für den Durchschnitt bzw. Mittelwert ergibt sich unter Verwendung von absoluten und relativen Häufigkeiten

---

[8] Die berechnete Verteilungsdichte wird in diesem Zusammenhang als Randdichteverteilung bezeichnet.

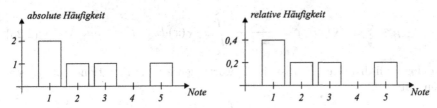

Abb. 2.2. Absolute Häufigkeitsverteilung (links) und relative Häufigkeitsverteilung (rechts) für Beispiel 2.1

$$\hat{\mu} = \frac{(2 \cdot 1 + 1 \cdot 2 + 1 \cdot 3 + 0 \cdot 4 + 1 \cdot 5)}{5}$$
$$= \frac{2}{5} \cdot 1 + \frac{1}{5} \cdot 2 + \frac{1}{5} \cdot 3 + \frac{0}{5} \cdot 4 + \frac{1}{5} \cdot 5 \qquad (2.22)$$
$$= \hat{P}(1) \cdot 1 + \hat{P}(2) \cdot 2 + \hat{P}(3) \cdot 3 + \hat{P}(4) \cdot 4 + \hat{P}(5) \cdot 5.$$

Eine verallgemeinerte Darstellung von Gleichung 2.22 erhält man mit

$$\hat{\mu} = \sum_{i=1}^{5} \hat{P}(x_i) \cdot x_i, \qquad (2.23)$$

wobei $\hat{P}(x_i)$ die relative Häufigkeit des Wertes x_i der Zufallsvariable X (Abbildung des Ergebnisraumes $\Omega = \{1, 2, 3, 4, 5\}$ des Zufallsexperimentes auf die Realachse $\Re$) symbolisiert.   □

Für eine große Anzahl von Wiederholungen des Zufallsexperimentes[9,10] geht die relative Häufigkeit $\hat{P}(x_i)$ in die Auftretenswahrscheinlichkeit $P(x_i)$ über. Damit wird für diskrete Zufallsvariablen der Erwartungswert definiert

$$E[x] = \mu = \sum_{\forall i} P(x_i) \cdot x_i. \qquad (2.24)$$

Erwartungswerte von Funktionen $g(\cdot)$, die von einer diskreten Zufallsvariable x abhängen, werden mit

$$E[g(x)] = \sum_{\forall i} P(x_i) \cdot g(x_i) \qquad (2.25)$$

berechnet.

Den Erwartungswert einer kontinuierlichen Zufallsvariablen erhält man ausgehend von den Berechnungen für diskrete Zufallsvariablen und infinitesimal kleine $\triangle x$ mit

---

[9] genauer: für $N \to \infty$

[10] Im Beispiel 2.1 entspricht dies einer hohen Teilnehmerzahl N.

$$\mu \approx \sum_{\forall i} x_i f_X(x_i) \cdot \Delta x \xrightarrow[\Delta x \to 0]{} \int_{-\infty}^{\infty} x f_X(x) dx = E[x] = \mu. \tag{2.26}$$

Analog zum diskreten Fall ist der Erwartungswert für Funktionen $g(x)$ gegeben mit

$$E[g(x)] = \int_{-\infty}^{\infty} g(x) f_X(x) dx. \tag{2.27}$$

2.1.7 Verbunderwartungswerte

Verbunderwartungswerte werden auf der Basis von diskreten Verbundverteilungen bzw. Verbundverteilungsdichten gebildet. Für den diskreten zweidimensionalen Fall erhält man zum Beispiel

$$E[g(x,y)] = \sum_i \sum_j g(x_i, y_j) P(x_i, y_j), \tag{2.28}$$

mit $g(\cdot)$ als Funktion von x und y. Für kontinuierliche Zufallsvariablen gilt

$$E[g(x,y)] = \int_{-\infty}^{\infty} \int_{-\infty}^{\infty} g(x,y) f_{XY}(x,y) dx dy. \tag{2.29}$$

Die Autokorrelationsfunktion $R_{xx}(t, \tau)$ ist ein Spezialfall von Gleichung 2.29. Sie ist mit[11]

$$R_{xx}(t, \tau) = \int_{-\infty}^{\infty} \int_{-\infty}^{\infty} x(t) x(t+\tau) f[x(t), x(t+\tau)] dx_t dx_{t+\tau} \tag{2.30}$$

$$= E[x(t) x(t+\tau)] \tag{2.31}$$

definiert und liefert ein Maß für die Selbstähnlichkeit von $x(t)$, d.h. die statistischen Gemeinsamkeiten zwischen dem Signal x zum Zeitpunkt t und dem gleichen Signal x zu einem anderen Zeitpunkt $t + \tau$.

Beispiel 2.2. Im Falle der statistischen Unabhängigkeit zwischen $x(t)$ und $x(t + \tau)$ ergibt sich für die Autokorrelationsfunktion

$$R_{xx}(t, \tau) = \int_{-\infty}^{\infty} \int_{-\infty}^{\infty} x(t) x(t+\tau) f[x(t), x(t+\tau)] dx_t dx_{t+\tau} \tag{2.32}$$

$$= \int_{-\infty}^{\infty} \int_{-\infty}^{\infty} x(t) x(t+\tau) f[x(t)] f[x(t+\tau)] dx_t dx_{t+\tau} \tag{2.33}$$

$$= E[x(t)] E[x(t+\tau)]. \tag{2.34}$$

---

[11] Aus Übersichtlichkeitsgründen wird im Folgenden bei den Verteilungsdichten auf den Index verzichtet, d.h. $f[x(t), x(t+\tau)] = f_{X(t)X(t+\tau)}[x(t), x(t+\tau)]$.

Bei Mittelwertfreiheit, d.h. $E[x(t)] = 0$ und/oder $E[x(t+\tau)] = 0$, verschwindet die Autokorrelationsfunktion in Gleichung 2.34.

Sind jedoch $x(t)$ und $x(t + \tau)$ vollständig voneinander abhängig, d.h. $x(t) = x(t + \tau)$, dann bekommt man

$$R_{xx}(t,\tau) = \int\limits_{-\infty}^{\infty} \int\limits_{-\infty}^{\infty} x(t)x(t + \tau)f[x(t), x(t + \tau)]dx_t dx_{t+\tau} \qquad (2.35)$$

$$= \int\limits_{-\infty}^{\infty} \int\limits_{-\infty}^{\infty} x^2(t)f[x(t), x(t + \tau)]dx_t dx_{t+\tau} \qquad (2.36)$$

$$= \int\limits_{-\infty}^{\infty} x^2(t)dx_t = E[x^2(t)]. \qquad (2.37)$$

In diesem Fall entspricht der Wert der Autokorrelationsfunktion der Signalleistung von x. $\qquad\qquad\qquad\qquad\qquad\qquad\qquad\qquad\qquad\qquad\qquad\Box$

Im Gegensatz zur Autokorrelationsfunktion quantifiziert die Kovarianzfunktion die Gemeinsamkeiten zweier Zufallsvariablen $x(t)$ und $y(t)$ mit

$$C_{XY}(t,\tau) = E\left[\{x(t) - \mu_x(t)\} \cdot \{y(t + \tau) - \mu_y(t + \tau)\}\right], \qquad (2.38)$$

wobei μ_x und μ_y die Erwartungswerte von x bzw. y bezeichnen. Im Falle ergodischer Prozesse (siehe Abschnitt 2.1.10) können Autokorrelations- und Kovarianzfunktion mit

$$R_{xx}(\tau) = \int\limits_{-\infty}^{\infty} x(t)x(t + \tau)dt = x(\tau) * x(-\tau) \quad \text{bzw.} \qquad (2.39)$$

$$C_{XY}(\tau) = \int\limits_{-\infty}^{\infty} [x(t) - \mu_x][y(t + \tau) - \mu_y]dt \qquad (2.40)$$

berechnet werden.

2.1.8 Erwartungswerte von Vektoren und Matrizen

Der Erwartungswert einer vektoriellen Zufallsvariable $\mathbf{x} = [x_1, x_2, \ldots, x_N]^T$ ist definiert mit

$$E[\mathbf{x}] = \boldsymbol{\mu}_x = \begin{pmatrix} E[x_1] \\ E[x_2] \\ \vdots \\ E[x_N] \end{pmatrix}. \qquad (2.41)$$

Entsprechend gilt für den Erwartungswert einer Matrix

$$
E\left[\begin{pmatrix} x_{11} & x_{12} & \cdots & x_{1M} \\ x_{21} & x_{22} & \cdots & x_{2M} \\ \vdots & \vdots & \ddots & \vdots \\ x_{N1} & x_{N2} & \cdots & x_{NM} \end{pmatrix}\right] = \begin{pmatrix} E[x_{11}] & E[x_{12}] & \cdots & E[x_{1M}] \\ E[x_{21}] & E[x_{22}] & \cdots & E[x_{2M}] \\ \vdots & \vdots & \ddots & \vdots \\ E[x_{N1}] & E[x_{N2}] & \cdots & E[x_{NM}] \end{pmatrix}. \tag{2.42}
$$

Für den Spezialfall $\mathbf{x} = [x(n), x(n-1), \ldots, x(n-N+1)]^T$ und $x_i = x(n-i+1)$, wobei n den diskreten Zeitindex bezeichnet und $i = 1, \ldots, N$ gilt, ergibt sich die Autokorrelationsmatrix

$$
E[\mathbf{x}\mathbf{x}^T] = \begin{pmatrix} E[x_1 x_1] & E[x_1 x_2] & \cdots & E[x_1 x_N] \\ E[x_2 x_1] & E[x_2 x_2] & \cdots & E[x_2 x_N] \\ \vdots & \vdots & \ddots & \vdots \\ E[x_N x_1] & E[x_N x_2] & \cdots & E[x_N x_N] \end{pmatrix}. \tag{2.43}
$$

Ferner erhält man unter Berücksichtigung der Kovarianzdefinition in Gleichung 2.38 und $\mathbf{x} = [x_1, x_2, \ldots, x_N]^T$ die Kovarianzmatrix

$$
E[(\mathbf{x} - \boldsymbol{\mu}_x)(\mathbf{x} - \boldsymbol{\mu}_x)^T] = \begin{pmatrix} C_{X_1 X_1}(0) & C_{X_1 X_2}(0) & \cdots & C_{X_1 X_N}(0) \\ C_{X_2 X_1}(0) & C_{X_2 X_2}(0) & \cdots & C_{X_2 X_N}(0) \\ \vdots & \vdots & \ddots & \vdots \\ C_{X_N X_1}(0) & C_{X_N X_2}(0) & \cdots & C_{X_N X_N}(0) \end{pmatrix}. \tag{2.44}
$$

2.1.9 Momente und Kumulanten

Momente und zentrale Momente einer Verteilungsdichtefunktion werden definiert mit

$$
\text{Mom}[x^n] = E[x^n] = \int_{-\infty}^{\infty} x^n f_X(x) dx \qquad \text{n-tes Moment und}
$$

$$
E[(x - E[x])^n] = \int_{-\infty}^{\infty} (x - E[x])^n f_X(x) dx \qquad \text{n-tes zentrales Moment.}
$$

$$\tag{2.45}$$

Momente beschreiben die Gestalt der Verteilungsdichtefunktion. Dies wird deutlich, wenn zunächst die *momentengenerierende Funktion*[12], d.h. die konjugiert komplexe Fouriertransformierte der Verteilungsdichtefunktion[13] gebildet wird

$$
\Phi_X(\omega) = \int_{-\infty}^{\infty} e^{j\omega x} f_X(x) dx = E[e^{j\omega x}]. \tag{2.46}
$$

---

[12] engl.: moment generating function (MGF)
[13] auch unter dem Begriff *charakteristische Funktion* bekannt

Die Taylorreihenentwicklung[14] der MGF um den Punkt $\omega = 0$ enthält die Momente der Verteilungsdichte als Koeffizienten

$$\Phi_X(\omega) = \sum_{n=0}^{k} \frac{1}{n!} E[x^n](j\omega)^n + Rest. \tag{2.47}$$

Die Gesamtheit der Momente umfasst somit alle Informationen über die Verteilungsdichtefunktion.

Bei r Zufallsvariablen $\{x_1, x_2, \ldots, x_r\}$ ergibt sich das Verbundmoment der Ordnung $n = n_1 + n_2 + \ldots + n_r$ aus [71]

$$\begin{aligned} \mathrm{Mom}[x_1^{n_1}, x_2^{n_2}, \ldots, x_r^{n_r}] &= E[x_1^{n_1}, x_2^{n_2}, \ldots, x_r^{n_r}] \\ &= (-j)^n \frac{\partial^n \Phi(\omega_1, \omega_2, \ldots, \omega_r)}{\partial \omega_1^{n_1} \partial \omega_2^{n_2} \cdots \partial \omega_r^{n_r}} \bigg|_{\omega_1 = \omega_2 = \cdots = \omega_r = 0}, \end{aligned} \tag{2.48}$$

mit

$$\Phi(\omega_1, \omega_2, \ldots, \omega_r) = E\left[\exp\left(j(\omega_1 x_1 + \omega_2 x_2 + \cdots + \omega_r x_r)\right)\right]. \tag{2.49}$$

Kumulanten werden, ähnlich wie die Momente, mit Hilfe einer *kumulantengenerierenden Funktion*[15] definiert. Die CGF entsteht durch Logarithmierung aus der MGF

$$\Psi_X(\omega) = \ln[\Phi_X(\omega)] = \ln\left(E[e^{j\omega x}]\right). \tag{2.50}$$

Aufgrund der strengen Monotonie der Logarithmusfunktion tritt bei der Logarithmierung kein Informationsverlust auf; MGF und CGF enthalten deshalb die gleiche Information über die Verteilungsdichtefunktion. Die Taylorreihe der CGF um den Punkt $\omega = 0$ ist

$$\Psi_X(\omega) = \sum_{n=0}^{k} \frac{1}{n!} c_X(n)(j\omega)^n + Rest, \tag{2.51}$$

mit den Kumulanten als Taylor-Koeffizienten

$$\mathrm{Cum}[x^n] = c_X(n) = (-j)^n \frac{d^n \Psi_X(\omega)}{d\omega^n} \bigg|_{\omega=0}. \tag{2.52}$$

Wie bei den Momenten kann mit der Gesamtheit der Kumulanten die Verteilungsdichtefunktion vollständig beschrieben werden.

---

[14] Die Taylorreihenentwicklung der Funktion $\Phi(\omega)$ um den Punkt ω_0 ist gegeben mit

$$\Phi(\omega_0 + \Delta\omega) = \Phi(\omega_0) + \frac{\Delta\omega}{1!}\Phi'(\omega_0) + \frac{(\Delta\omega)^2}{2!}\Phi''(\omega_0) + \ldots + \frac{(\Delta\omega)^k}{k!}\Phi^{(k)}(\omega_0) + Rest.$$

[15] engl.: cumulant generating function (CGF)

Im multivariaten Fall erhält man die *kumulantengenerierende Funktion* entsprechend mit

$$\Psi_X(\omega_1, \omega_2, \ldots, \omega_r) = \ln[\Phi_X(\omega_1, \omega_2, \ldots, \omega_r)].$$ (2.53)

Die Verbundkumulanten der Ordnung $n = n_1 + n_2 + \ldots + n_r$ entstehen mit der Ableitung der CGF im Punkt $\omega_1 = \omega_2 = \cdots = \omega_r = 0$ [71]

$$\text{Cum}[x_1^{n_1}, x_2^{n_2}, \ldots, x_r^{n_r}] = (-j)^n \frac{\partial^n \Psi(\omega_1, \omega_2, \ldots, \omega_r)}{\partial \omega_1^{n_1} \partial \omega_2^{n_2} \cdots \partial \omega_r^{n_r}} \bigg|_{\omega_1 = \omega_2 = \cdots = \omega_r = 0}.$$ (2.54)

Der Zusammenhang zwischen Verbundkumulanten $\text{Cum}[x_1, x_2, \ldots, x_n]$ und Verbundmomenten $\text{Mom}[x_1, x_2, \ldots, x_n]$ jeweils der Ordnung $r = n$ ist [71]

$$\text{Cum}[x_1, x_2, \ldots, x_n] = \sum_p (-1)^{p-1}(p-1)! \cdot E[\prod_{i \in s_1} x_i] \cdot E[\prod_{i \in s_2} x_i] \cdots E[\prod_{i \in s_p} x_i].$$ (2.55)

Die Summe in Gleichung 2.55 geht über alle möglichen Partitionierungen $s_1, s_2, \ldots, s_p$ mit $p = 1, 2, \ldots, n$.

Beispiel 2.3. (vgl. [71]) Für $p = 1, 2, 3$ ergeben sich folgende Partitionierungen:

$$
\begin{aligned}
p = 1: \quad & s_1 = \{1, 2, 3\} \\
p = 2: \quad & s_1 = \{1\}, \quad s_2 = \{2, 3\} \\
& s_1 = \{2\}, \quad s_2 = \{1, 3\} \\
& s_1 = \{3\}, \quad s_2 = \{1, 2\} \\
p = 3: \quad & s_1 = \{1\}, \quad s_2 = \{2\}, \quad s_3 = \{3\}.
\end{aligned}
$$

Der sich daraus ergebende Kumulant dritter Ordnung ist

$$
\begin{aligned}
\text{Cum}[x_1, x_2, x_3] = & E[x_1 x_2 x_3] - E[x_1]E[x_2 x_3] - E[x_2]E[x_1 x_3] \\
& - E[x_3]E[x_1 x_2] + 2E[x_1]E[x_2]E[x_3].
\end{aligned}
$$ (2.56)

$\square$

Für die Ordnung $n = 4$ erhält man bei angenommener Mittelwertfreiheit der Zufallsvariablen

$$
\begin{aligned}
\text{Cum}[x_1, x_2, x_3, x_4] = & E[x_1 x_2 x_3 x_4] - E[x_1 x_2]E[x_3 x_4] \\
& - E[x_1 x_3]E[x_2 x_4] - E[x_1 x_4]E[x_2 x_3].
\end{aligned}
$$ (2.57)

Im Falle von $x = x_1 = x_2 = x_3 = x_4$ gelten die Vereinfachungen

$$\text{Cum}[x] = E[x]$$ (2.58)

$$\text{Cum}[x, x] = E[x^2] - E[x]^2$$ (2.59)

$$\text{Cum}[x, x, x] = E[x^3] - 3E[x^2]E[x] + 2E[x]^3$$ (2.60)

$$
\begin{aligned}
\text{Cum}[x, x, x, x] = & E[x^4] - 4E[x^3]E[x] - 3E[x^2]^2 \\
& + 12E[x^2]E[x]^2 - 6E[x]^4.
\end{aligned}
$$ (2.61)

Bei zusätzlicher Mittelwertfreiheit erhält man schließlich

$$\begin{aligned}
\text{Cum}[x, x] &= c_X(2) = E[x^2] && \text{(Varianz)}, \\
\text{Cum}[x, x, x] &= c_X(3) = E[x^3] && \text{(Schiefe bzw. Skewness)}, \quad (2.62) \\
\text{Cum}[x, x, x, x] &= c_X(4) = E[x^4] - 3E[x^2]^2 && \text{(Exzess bzw. Kurtosis)}.
\end{aligned}$$

Momente und Kumulanten besitzen eine Vielzahl interessanter Eigenschaften, unter anderem [71]:

- Für symmetrische Verteilungsdichten mittelwertfreier Zufallsvariablen sind alle Kumulanten und Momente ungerader Ordnung Null.

- Kumulanten aller Ordnungen $n > 2$ sind für gaußsche Verteilungsdichten Null.

- Für die Konstanten $a_1, a_2, \ldots, a_n$ gilt

$$\text{Mom}[a_1 x_1, a_2 x_2, \ldots, a_n x_n] = a_1 a_2 \cdots a_n \text{Mom}[x_1, x_2, \ldots, x_n] \quad (2.63)$$
$$\text{Cum}[a_1 x_1, a_2 x_2, \ldots, a_n x_n] = a_1 a_2 \cdots a_n \text{Cum}[x_1, x_2, \ldots, x_n]. \quad (2.64)$$

- Die Reihenfolge der Argumente von Momenten und Kumulanten ist unerheblich, d.h.

$$\text{Mom}[x_1, x_2, x_3] = \text{Mom}[x_2, x_1, x_3] = \text{Mom}[x_3, x_2, x_1] = \ldots \quad (2.65)$$
$$\text{Cum}[x_1, x_2, x_3] = \text{Cum}[x_2, x_1, x_3] = \text{Cum}[x_3, x_2, x_1] = \ldots \quad (2.66)$$

- Kann die Menge von Zufallsvariablen $\{x_1, x_2, \ldots, x_n\}$ in zwei oder mehr voneinander statistisch unabhängige Teilgruppen zerlegt werden, dann ist der gemeinsame Kumulant n-ter Ordnung Null

$$\text{Cum}[x_1, x_2, \ldots, x_n] = 0. \quad (2.67)$$

Diese Eigenschaft kann im Allgemeinen nicht auf Momente übertragen werden.

- Sind die beiden Mengen $\{x_1, x_2, \ldots, x_n\}$ und $\{y_1, y_2, \ldots, y_n\}$ voneinander statistisch unabhängig, gilt

$$\begin{aligned}
\text{Cum}[x_1 + y_1, x_2 + y_2, \ldots, x_n + y_n] = &\text{Cum}[x_1, x_2, \ldots, x_n] \\
&+ \text{Cum}[y_1, y_2, \ldots, y_n].
\end{aligned} \quad (2.68)$$

Diese Eigenschaft ist im Allgemeinen ebenfalls nicht auf Momente übertragbar. Allerdings gilt für die Menge von Zufallsvariablen $\{y_1, x_1, x_2, \ldots, x_n\}$

$$\text{Cum}[x_1 + y_1, x_2, \ldots, x_n] = \text{Cum}[x_1, x_2, \ldots, x_n] + \text{Cum}[y_1, x_2, \ldots, x_n] \quad (2.69)$$

und

$$\text{Mom}[x_1 + y_1, x_2, \ldots, x_n] = \text{Mom}[x_1, x_2, \ldots, x_n] + \text{Mom}[y_1, x_2, \ldots, x_n]. \quad (2.70)$$

Der Nutzen von Kumulanten und Momenten liegt vor allem in ihrer einfachen Anwendung, zum Beispiel bei der Bestimmung der Parameter von Verteilungsdichten oder bei der Erstellung von Kostenfunktionen. In der Regel erfolgt ihre Schätzung aufgrund nummerischer Schwierigkeiten und des abnehmenden Einflusses auf die Gestalt der Verteilungsdichte nicht über die Ordnung $n = 4$ hinaus.

2.1.10 Stochastische Prozesse

Das Konzept des stochastischen Prozesses ist fundamental für das Verstehen vieler Algorithmen der statistischen Signalverarbeitung. Die den stochastischen Prozessen zugrunde liegende Problematik verdeutlicht das folgende Beispiel.

Beispiel 2.4. Abbildung 2.3 zeigt ein Sprachsignal sowie verschiedene Mittelungszeiträume zur Bestimmung der Varianz des Sprachsignals. Abhängig vom Mittelungszeitraum ergeben sich verschiedene Varianzschätzwerte $\sigma_1^2 \neq \sigma_2^2 \neq \sigma_3^2 \neq \sigma_4^2$. Offenbar ist die Varianz zeitabhängig, also

$$\sigma^2 \stackrel{!}{=} \sigma^2(t). \tag{2.71}$$

Damit sind aber prinzipiell auch Verteilungsdichtefunktionen zeitabhängig, d.h. $f(x) = f(x,t)$. Daraus ergibt sich ein wichtiges Problem: Wie soll die Verteilungsdichtefunktion ermittelt werden, wenn sie sich zu jedem Zeitpunkt ändern kann? Dies sollte zumindest in der Theorie möglich sein.   □

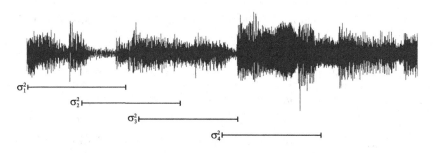

Abb. 2.3. Sprachsignal und verschiedene Abschnitte zur Schätzung der Signalvarianz

Die Lösung für das Problem in Beispiel 2.4 liefert das Konzept des stochastischen Prozesses. Es handelt sich hierbei um eine Modellvorstellung, die insbesondere bei theoretischen Betrachtungen außerordentlich hilfreich ist. Wie in

Abbildung 2.4 gezeigt, wird das vorliegende Signal durch eine Schar[16] modelliert. Die Schar besteht aus unendlich vielen Signalen, die zu jedem Zeitpunkt
der gleichen Statistik wie das vorliegende Signal genügen. Ein Signal dieser
Schar wird als Musterfolge bezeichnet. Jede Musterfolge der Schar hätte als
Signal gemessen werden können, wobei das wirklich gemessene Signal per Zufallsexperiment aus der Schar ausgewählt wurde.

War es ohne die Modellvorstellung des stochastischen Prozesses notwendig,
die Verteilungsdichte aus dem gemessenen Signal zu bestimmen, ist es in der
Theorie nun möglich, zu jedem Zeitpunkt t die Verteilungsdichte und deren
Parameter aus den Werten der Musterfolgen zum Zeitpunkt t zu gewinnen.
Erwartungswerte müssen nun nicht mehr wie in Beispiel 2.4 entlang des vor-
liegenden Signals bestimmt, sondern können über die Schar ermittelt werden.
Somit wird der Zeitabhängigkeit von Verteilungsdichtefunktionen und Erwar-
tungswerten Rechnung getragen.

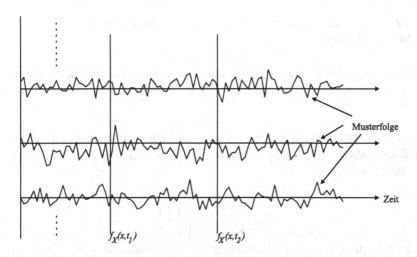

Abb. 2.4. Stochastischer Prozess; die Verteilungsdichten werden nicht aus dem
Zeitsignal (horizontal) sondern aus den Werten der Musterfolgen zum jeweiligen
Zeitpunkt (vertikal) ermittelt

Stochastische Prozesse, bei denen Zeit- und Scharmittelwerte gleich sind, werden als *ergodisch* bezeichnet. Ergodische Prozesse sind notwendigerweise auch
stationär.

---

[16] Eine Schar wird auch als Ensemble bezeichnet.

2.1.11 Stationarität

Der Begriff der Stationarität beschreibt die zeitliche Konstanz statistischer Eigenschaften oder Parameter wie Mittelwert, Varianz oder Spektrum eines stochastischen Prozesses. Es handelt sich hierbei nicht um die Konstanz des Signals an sich, sondern um das Gleichbleiben statistischer Parameter. Erst durch eine ausreichende Stationarität können statistische Verfahren sinnvoll zur Anwendung gebracht werden. Es werden verschiedene Stationaritätsgrade unterschieden

• Stationarität im engeren Sinne[17]: alle statistischen Parameter sind zeitinvariant und

• Stationarität im weiteren Sinne[18]: Mittelwert und Autokorrelation sind zeitinvariant.

2.1.12 Transformation stochastischer Prozesse durch Nichtlinearitäten

Häufig durchlaufen stochastische Signale Transformationsstufen, die auch die statistischen Eigenschaften, d.h. die Verteilungsfunktionen der Signale beeinflussen.

Beispiel 2.5. Die diskrete Zufallsvariable $X \in \{1, 2, 3, 4, 5\}$ wird in die diskrete Zufallsvariable $Y \in \{1, 2, 3\}$ transformiert. Die Abbildungsvorschrift ist in Tabelle 2.2 festgelegt.

X	1	2	3	4	5
Y	1	1	3	2	2

Tabelle 2.2. Abbildungsvorschrift für die Transformation $Y = g(X)$

Die Auftretenswahrscheinlichkeit für einen konkreten Y-Wert entspricht genau der Summe der Auftretenswahrscheinlichkeiten der zugehörigen X-Werte, d.h.

$$P(Y = 1) = P(X = 1) + P(X = 2), \qquad (2.72)$$
$$P(Y = 2) = P(X = 4) + P(X = 5) \quad \text{und} \qquad (2.73)$$
$$P(Y = 3) = P(X = 3). \qquad (2.74)$$

$\square$

---

[17] engl.: strict sense stationarity
[18] engl.: wide sense stationarity

Verallgemeinernd ergibt sich für diskrete Zufallsvariablen X und Y sowie für eine gedächtnislose nichtlineare Transformation $Y = g(X)$

$$P_Y(Y = y_j) = \sum_{x_i \to y_j} P_X(X = x_i). \qquad (2.75)$$

Für kontinuierliche Zufallsvariablen gilt wie bei diskreten Zufallsvariablen

$$P_Y(y_j < Y \leq y_j + \triangle y) = \int\limits_{x_i | y_j < Y \leq y_j + \triangle y} f_X(x_i) dx, \qquad (2.76)$$

d.h., die Wahrscheinlichkeit $P_Y(y_j < Y \leq y_j + \triangle y)$ ergibt sich aus der Integration von $f_X(x_i)$, wobei über die x_i integriert wird, für die die zugehörigen Y-Werte im Intervall $(y_j, y_j + \triangle y]$ liegen.

Für monotone Funktionen[19] $Y = g(X)$ kann auf einfache Weise eine Vorschrift abgeleitet werden, die beschreibt, wie die Nichtlinearität die Verteilungsdichte $f_X(x)$ in die Verteilungsdichte $f_Y(y)$ transformiert. Dazu betrachtet man zunächst Intervalle $(x, x + \triangle x]$ und $(y, y + \triangle y]$ mit gleichen Auftretenswahrscheinlichkeiten

$$P_Y(y_j < Y \leq y_j + \triangle y) = P_X(x_j < X \leq x_j + \triangle x). \qquad (2.77)$$

Wegen Gleichung 2.76 und des nichtlinearen Charakters von $g(X)$ gilt im Allgemeinen $\triangle x \neq \triangle y$. Aus Gleichung 2.77 ergibt sich ferner

$$F_Y(y_j + \triangle y) - F_Y(y_j) = F_X(x_j + \triangle x) - F_X(x_j) \qquad (2.78)$$

$$\frac{\triangle y}{\triangle y} \cdot [F_Y(y_j + \triangle y) - F_Y(y_j)] = \frac{\triangle x}{\triangle x}[F_X(x_j + \triangle x) - F_X(x_j)] \qquad (2.79)$$

$$\frac{F_Y(y_j + \triangle y) - F_Y(y_j)}{\triangle y} = \frac{\triangle x}{\triangle y} \frac{F_X(x_j + \triangle x) - F_X(x_j)}{\triangle x}. \qquad (2.80)$$

Mit $\triangle x, \triangle y \to 0$ erhält man als Transformationsvorschrift

$$f_Y(y) = \left| \frac{dx}{dy} \right| \cdot f_X(x) \qquad (2.81)$$

$$= \frac{f_X(x)}{|dy/dx|} \bigg|_{x = g^{-1}(y)}. \qquad (2.82)$$

Bei vektoriellen Transformationen vektorieller Zufallsvariablen $\mathbf{Y} = \mathbf{g}(\mathbf{X})$ verhalten sich die Verteilungsdichten gemäß

$$f_{\mathbf{Y}}(\mathbf{y}) = \frac{f_{\mathbf{X}}(\mathbf{x})}{|det(\mathbf{J})|} \bigg|_{\mathbf{x} = g^{-1}(\mathbf{y})}, \qquad (2.83)$$

---

[19] Für monotone Funktionen ist die Abbildung des Intervalls $(x_i, x_i + \triangle x]$ auf das Intervall $(y_j, y_j + \triangle y]$ eineindeutig, d.h. $i = j$.

mit $det(\mathbf{J})$ als Determinante der Jacobi-Matrix, die definiert wird durch

$$det(\mathbf{J}) = det \begin{pmatrix} \frac{\partial y_1}{\partial x_1} & \frac{\partial y_1}{\partial x_2} & \cdots & \frac{\partial y_1}{\partial x_N} \\ \frac{\partial y_2}{\partial x_1} & \frac{\partial y_2}{\partial x_2} & \cdots & \frac{\partial y_2}{\partial x_N} \\ \vdots & \vdots & \ddots & \vdots \\ \frac{\partial y_N}{\partial x_1} & \frac{\partial y_N}{\partial x_2} & \cdots & \frac{\partial y_N}{\partial x_N} \end{pmatrix}. \tag{2.84}$$

Voraussetzung für die Anwendung dieser Transformationsbeziehung ist die Invertierbarkeit von $\mathbf{g}(\mathbf{X})$ sowie deren ausreichende Differenzierbarkeit.

2.1.13 Transformation stochastischer Prozesse durch LTI-Systeme

LTI-Systeme[20] beeinflussen die Eigenschaften stochastischer Prozesse. Neben den Auswirkungen auf die Verteilungsdichten besitzt die Veränderung der Erwartungswerte zweiter Ordnung eine besondere praktische Bedeutung.

Bei LTI-Systemen entsteht das Ausgangssignal $y(t)$ durch die Faltung des

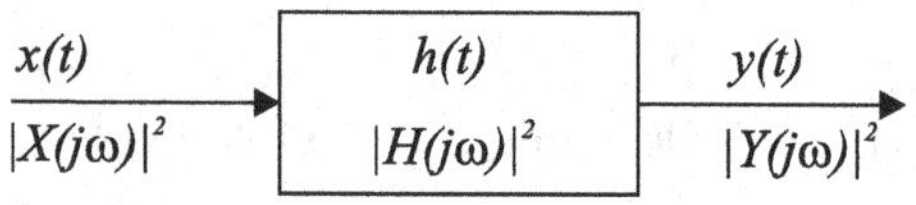

Abb. 2.5. Transformation von Zufallsprozessen durch lineare Systeme

Eingangssignals $x(t)$ mit der Impulsantwort $h(t)$ des zu durchlaufenden Systems. Zwischen den Autokorrelationsfunktionen von Ein- und Ausgang besteht bei stationären Prozessen der Zusammenhang

$$R_{yy}(t) = y(t) * y(-t) = h(t) * x(t) * h(-t) * x(-t) \tag{2.85}$$
$$= h(t) * h(-t) * x(t) * x(-t) \tag{2.86}$$
$$= g(t) * R_{xx}(t), \tag{2.87}$$

mit $R_{yy}(t)$ als Autokorrelationsfunktion des Ausgangs, $g(t) = h(t) * h(-t)$ als Autokorrelationsfunktion des Systems und $R_{xx}(t)$ als Autokorrelationsfunktion des Eingangs.

Im Frequenzbereich entspricht die Faltungsoperation einer Multiplikation der Fouriertransformierten. Die Leistungsdichtespektren verhalten sich somit gemäß

$$|Y(j\omega)|^2 = |X(j\omega)|^2 \cdot |H(j\omega)|^2. \tag{2.88}$$

---

[20] LTI: linear time invariant (linear und zeitinvariant)

2.2 Matrizen und Vektoren

2.2.1 Definition der verwendeten Matrix- und Vektorschreibweise

Die hier verwendete Notation nutzt für Matrizen fett geschriebene, in der Regel lateinische Großbuchstaben (z.B. Matrix $\mathbf{A}$). Vektoren werden mit kleinen, fett geschriebenen, in der Regel lateinischen Buchstaben gekennzeichnet (z.B. Vektor $\mathbf{x}$).

- Notation einer $(M \times N)$-Matrix:

$$\mathbf{A} = \begin{pmatrix} a_{11} & a_{12} & \cdots & a_{1N} \\ a_{21} & a_{22} & \cdots & a_{2N} \\ \vdots & \vdots & \ddots & \vdots \\ a_{M1} & a_{M2} & \cdots & a_{MN} \end{pmatrix} = (a_{ij}) \tag{2.89}$$

- Die Transponierte einer $(M \times N)$-Matrix ist eine $(N \times M)$-Matrix:

$$\mathbf{A}^T = \begin{pmatrix} a_{11} & a_{21} & \cdots & a_{M1} \\ a_{12} & a_{22} & \cdots & a_{M2} \\ \vdots & \vdots & \ddots & \vdots \\ a_{1N} & a_{2N} & \cdots & a_{MN} \end{pmatrix} = (a_{ji}) \tag{2.90}$$

Eine $(M \times M)$-Matrix ist symmetrisch, falls $\mathbf{A}^T = \mathbf{A}$ bzw. $a_{ji} = a_{ij}$ gilt.

Eine $(M \times M)$-Matrix heißt hermitesch transponiert, wenn zusätzlich zur Transponierung die Elemente konjugiert komplexe Werte annehmen:

$$\mathbf{A}^H = \begin{pmatrix} a_{11}^* & a_{21}^* & \cdots & a_{M1}^* \\ a_{12}^* & a_{22}^* & \cdots & a_{M2}^* \\ \vdots & \vdots & \ddots & \vdots \\ a_{1N}^* & a_{2N}^* & \cdots & a_{MN}^* \end{pmatrix} = (a_{ji}^*) \tag{2.91}$$

- Notation eines Spaltenvektors der Dimension M:

$$\mathbf{x} = \begin{pmatrix} x_1 \\ x_2 \\ \vdots \\ x_M \end{pmatrix} \tag{2.92}$$

- Notation eines Zeilenvektors der Dimension M:

$$\mathbf{x}^T = [x_1, x_2, \ldots, x_M] \tag{2.93}$$

Der Zeilenvektor $\mathbf{x}^T$ entsteht durch Transponierung des Spaltenvektors $\mathbf{x}$.

2.2.2 Besondere Matrix- und Vektorstrukturen

- Einheitsmatrix $(N \times N)$:

$$\mathbf{I} = \begin{pmatrix} 1 & 0 & \cdots & 0 \\ 0 & 1 & \ddots & 0 \\ \vdots & \ddots & \ddots & \vdots \\ 0 & 0 & \cdots & 1 \end{pmatrix} \quad \text{bzw. } a_{ij} = \begin{cases} 1 & i = j \\ 0 & i \neq j \end{cases} \qquad (2.94)$$

- Einheitsvektor $(N \times 1)$:

$$\mathbf{e}_j = \begin{pmatrix} 0 \\ \vdots \\ 0 \\ 1 \\ 0 \\ \vdots \\ 0 \end{pmatrix} \quad \text{bzw. } e_i = \begin{cases} 1 & i = j \\ 0 & i \neq j \end{cases} \qquad (2.95)$$

- Diagonalmatrix $(N \times N)$:

$$\mathbf{D} = \begin{pmatrix} d_{11} & 0 & \cdots & 0 \\ 0 & d_{22} & \ddots & 0 \\ \vdots & \ddots & \ddots & \vdots \\ 0 & 0 & \cdots & d_{NN} \end{pmatrix} \qquad (2.96)$$

- Pseudo-Diagonalmatrix $(N \times M)$:

$$\mathbf{D}_p = \begin{pmatrix} d_{11} & 0 & \cdots & 0 & 0 \cdots 0 \\ 0 & d_{22} & \ddots & \vdots & 0 \cdots 0 \\ \vdots & \ddots & \ddots & 0 & \vdots \ddots \vdots \\ 0 & \cdots & 0 & d_{NN} & 0 \cdots 0 \end{pmatrix} \qquad (2.97)$$

oder $(M \times N)$:

$$\mathbf{D}_p = \begin{pmatrix} d_{11} & 0 & \cdots & 0 \\ 0 & d_{22} & \ddots & \vdots \\ \vdots & \vdots & \ddots & 0 \\ 0 & 0 & \cdots & d_{NN} \\ 0 & 0 & \cdots & 0 \\ \vdots & \vdots & \ddots & \vdots \\ 0 & 0 & \cdots & 0 \end{pmatrix} \qquad (2.98)$$

- Koidentitätsmatrix $(N \times N)$:

$$\mathbf{J} = \begin{pmatrix} 0 & 0 & \cdots & 1 \\ 0 & 0 & 1 & 0 \\ \vdots & & & \vdots \\ 1 & 0 & \cdots & 0 \end{pmatrix} \qquad (2.99)$$

- Einsmatrix $(M \times N)$:

$$\mathbf{E} = \begin{pmatrix} 1 & 1 & \cdots & 1 \\ 1 & 1 & \cdots & 1 \\ \vdots & \vdots & \ddots & \vdots \\ 1 & 1 & \cdots & 1 \end{pmatrix} \qquad (2.100)$$

- Einsvektor $(N \times 1)$:

$$\mathbf{1} = \begin{pmatrix} 1 \\ 1 \\ \vdots \\ 1 \end{pmatrix} \qquad (2.101)$$

- Toeplitzmatrix $(N \times N)$:

$$\mathbf{T} = \begin{pmatrix} t_{11} & t_{12} & \cdots & t_{1N} \\ t_{21} & t_{11} & \ddots & \vdots \\ \vdots & \ddots & \ddots & t_{12} \\ t_{N1} & \cdots & t_{21} & t_{11} \end{pmatrix} \qquad (2.102)$$

- symmetrische Toeplitzmatrix $(N \times N)$:

$$\mathbf{T}_s = \begin{pmatrix} t_{11} & t_{12} & \cdots & t_{1N} \\ t_{12} & t_{11} & \ddots & \vdots \\ \vdots & \ddots & \ddots & t_{12} \\ t_{1N} & \cdots & t_{12} & t_{11} \end{pmatrix} \qquad (2.103)$$

- zirkulante Matrix $(N \times N)$:

$$\mathbf{C} = \begin{pmatrix} c_1 & c_2 & \cdots & \cdots & c_N \\ c_N & c_1 & c_2 & \ddots & c_{N-1} \\ c_{N-1} & c_N & c_1 & \ddots & c_{N-2} \\ \vdots & \vdots & \ddots & \ddots & \vdots \\ c_2 & c_3 & \cdots & c_N & c_1 \end{pmatrix} \qquad (2.104)$$

- Hankel-Matrix ($N + 1 \times N + 1$):

$$\mathbf{H} = \begin{pmatrix} h_0 & h_1 & h_2 & \cdots & h_N \\ h_1 & h_2 & h_3 & \ddots & h_{N+1} \\ h_2 & h_3 & \ddots & \ddots & h_{N+2} \\ \vdots & \vdots & \ddots & \ddots & \vdots \\ h_N & h_{N+1} & h_{N+2} & \cdots & h_{2N} \end{pmatrix} \qquad (2.105)$$

- obere Hessenberg-Matrix ($N \times N$):

$$\mathbf{H} = \begin{pmatrix} h_{11} & h_{12} \cdots & \cdots & \cdots & h_{1N} \\ h_{21} & h_{22} & \ddots \ddots & \ddots & h_{2N} \\ 0 & h_{32} & \ddots \ddots & \ddots & h_{3N} \\ 0 & 0 & \ddots & \ddots & \vdots \\ \vdots & \vdots & \ddots \ddots & \ddots & \vdots \\ 0 & 0 & \cdots & 0 & h_{N,N-1} & h_{NN} \end{pmatrix} \qquad (2.106)$$

Eine Matrix $\mathbf{H}$ ist eine untere Hessenberg-Matrix, wenn $\mathbf{H}^T$ eine obere Hessenberg-Matrix ist.

- Vandermonde-Matrix ($N \times N$):

$$\mathbf{V} = \begin{pmatrix} 1 & v_1 & \cdots & v_1^{N-1} \\ 1 & v_2 & \cdots & v_2^{N-1} \\ \vdots & \vdots & \cdots & \vdots \\ 1 & v_N & \cdots & v_N^{N-1} \end{pmatrix} \qquad (2.107)$$

- untere Dreiecksmatrix ($N \times N$):

$$\mathbf{L} = \begin{pmatrix} l_{11} & 0 & \cdots & 0 \\ l_{21} & l_{22} & \ddots & \vdots \\ \vdots & \vdots & \ddots & 0 \\ l_{N1} & l_{N2} & \cdots & l_{NN} \end{pmatrix} \qquad (2.108)$$

- obere Dreiecksmatrix ($N \times N$):

$$\mathbf{U} = \begin{pmatrix} u_{11} & u_{12} & \cdots & u_{1N} \\ 0 & u_{22} & \cdots & u_{2N} \\ \vdots & \ddots & \vdots & \vdots \\ 0 & \cdots & 0 & u_{NN} \end{pmatrix} \qquad (2.109)$$

2.2.3 Grundlegende Rechenregeln für Matrizen und Vektoren

Für alle reellen Matrizen $\mathbf{A}, \mathbf{B}, \mathbf{C}$ geeigneter Dimensionen und für alle $\lambda \in \mathfrak{R}$ gilt:

- Assoziativgesetze:

$$\lambda(\mathbf{AB}) = (\lambda\mathbf{A})\mathbf{B} = \mathbf{A}(\lambda\mathbf{B}) \qquad (2.110)$$
$$\mathbf{A}(\mathbf{BC}) = (\mathbf{AB})\mathbf{C} \qquad (2.111)$$

- Distributivgesetze:

$$\mathbf{A}(\mathbf{B} + \mathbf{C}) = \mathbf{AB} + \mathbf{AC} \qquad (2.112)$$
$$(\mathbf{B} + \mathbf{C})\mathbf{A} = \mathbf{BA} + \mathbf{CA} \qquad (2.113)$$

- Transposition von Matrix-Produkten:

$$(\mathbf{AB})^T = \mathbf{B}^T \mathbf{A}^T \qquad (2.114)$$

Im Allgemeinen gilt für Matrix-Multiplikationen keine Kommutativität, d.h. $\mathbf{AB} \neq \mathbf{BA}$.

- Addition von Matrizen $(M \times N)$:

$$
\mathbf{A} + \mathbf{B} = \begin{pmatrix} a_{11} & a_{12} & \cdots & a_{1N} \\ a_{21} & a_{22} & \cdots & a_{2N} \\ \vdots & \vdots & \ddots & \vdots \\ a_{M1} & a_{M2} & \cdots & a_{MN} \end{pmatrix} + \begin{pmatrix} b_{11} & b_{12} & \cdots & b_{1N} \\ b_{21} & b_{22} & \cdots & b_{2N} \\ \vdots & \vdots & \ddots & \vdots \\ b_{M1} & b_{M2} & \cdots & b_{MN} \end{pmatrix}
$$

$$
= \begin{pmatrix} a_{11} + b_{11} & a_{12} + b_{12} & \cdots & a_{1N} + b_{1N} \\ a_{21} + b_{21} & a_{22} + b_{22} & \cdots & a_{2N} + b_{2N} \\ \vdots & \vdots & \ddots & \vdots \\ a_{M1} + b_{M1} & a_{M2} + b_{M2} & \cdots & a_{MN} + b_{MN} \end{pmatrix} \qquad (2.115)
$$

- Multiplikation von Matrizen:

$$
\mathbf{A} \cdot \mathbf{B} = \begin{pmatrix} a_{11} & a_{12} & \cdots & a_{1N} \\ a_{21} & a_{22} & \cdots & a_{2N} \\ \vdots & \vdots & \ddots & \vdots \\ a_{M1} & a_{M2} & \cdots & a_{MN} \end{pmatrix} \cdot \begin{pmatrix} b_{11} & b_{12} & \cdots & b_{1M} \\ b_{21} & b_{22} & \cdots & b_{2M} \\ \vdots & \vdots & \ddots & \vdots \\ b_{N1} & b_{N2} & \cdots & b_{NM} \end{pmatrix}
$$

$$
= \begin{pmatrix} a_{11}b_{11} + \cdots + a_{1N}b_{N1} & \cdots & a_{11}b_{1M} + \cdots + a_{1N}b_{NM} \\ a_{21}b_{11} + \cdots + a_{2N}b_{N2} & \cdots & a_{21}b_{1M} + \cdots + a_{2N}b_{NM} \\ \vdots & \ddots & \vdots \\ a_{M1}b_{11} + \cdots + a_{MN}b_{N1} & \cdots & a_{M1}b_{1M} + \cdots + a_{MN}b_{NM} \end{pmatrix}
$$

$$(2.116)$$

Ferner gilt für geeignet dimensionierte Matrizen und Vektoren:

- Multiplikation Matrix · Vektor:

$$\mathbf{A} \cdot \mathbf{x} = \begin{pmatrix} a_{11} & a_{12} & \cdots & a_{1N} \\ a_{21} & a_{22} & \cdots & a_{2N} \\ \vdots & \vdots & \ddots & \vdots \\ a_{M1} & a_{M2} & \cdots & a_{MN} \end{pmatrix} \cdot \begin{pmatrix} x_1 \\ x_2 \\ \vdots \\ x_N \end{pmatrix}$$

$$= \begin{pmatrix} a_{11}x_1 + a_{12}x_2 + \cdots + a_{1N}x_N \\ a_{21}x_1 + a_{22}x_2 + \cdots + a_{2N}x_N \\ \vdots \\ a_{M1}x_1 + a_{M2}x_2 + \cdots + a_{MN}x_N \end{pmatrix} \qquad (2.117)$$

- Multiplikation Vektor · Matrix:

$$\mathbf{x}^T \cdot \mathbf{A} = \begin{pmatrix} x_1 & x_2 & \cdots & x_M \end{pmatrix} \cdot \begin{pmatrix} a_{11} & a_{12} & \cdots & a_{1N} \\ a_{21} & a_{22} & \cdots & a_{2N} \\ \vdots & \vdots & \ddots & \vdots \\ a_{M1} & a_{M2} & \cdots & a_{MN} \end{pmatrix}$$

$$= \begin{pmatrix} a_{11}x_1 + a_{21}x_2 + \cdots + a_{M1}x_M \\ a_{12}x_1 + a_{22}x_2 + \cdots + a_{M2}x_M \\ \vdots \\ a_{1N}x_1 + a_{2N}x_2 + \cdots + a_{MN}x_M \end{pmatrix}^T \qquad (2.118)$$

- inneres Produkt (Skalarprodukt) zweier Vektoren:

$$\mathbf{x}^T \cdot \mathbf{y} = \begin{pmatrix} x_1 & x_2 & \cdots & x_N \end{pmatrix} \cdot \begin{pmatrix} y_1 \\ y_2 \\ \vdots \\ y_N \end{pmatrix} = x_1y_1 + x_2y_2 + \cdots + x_Ny_N \qquad (2.119)$$

- äußeres Produkt zweier Vektoren:

$$\mathbf{y} \cdot \mathbf{x}^T = \begin{pmatrix} y_1 \\ y_2 \\ \vdots \\ y_N \end{pmatrix} \cdot \begin{pmatrix} x_1 & x_2 & \cdots & x_N \end{pmatrix} = \begin{pmatrix} x_1y_1 & x_2y_1 & \cdots & x_Ny_1 \\ x_1y_2 & x_2y_2 & \cdots & x_Ny_2 \\ \vdots & \vdots & \ddots & \vdots \\ x_1y_N & x_2y_N & \cdots & x_Ny_N \end{pmatrix} \qquad (2.120)$$

2.2.4 Eigenschaften von Matrizen und Vektoren

Wichtige Eigenschaften von Matrizen und Vektoren sind:

- lineare Unabhängigkeit von Vektoren:

  Mit $\mathbf{a}_1, \mathbf{a}_2, \ldots, \mathbf{a}_n$ als Vektoren im $\mathfrak{R}^N$ und den Skalaren $\alpha_1, \alpha_2, \ldots, \alpha_n$ aus $\mathfrak{R}$ wird der Vektor

$$\mathbf{c} = \sum_{i=1}^{n} \alpha_i \mathbf{a}_i \tag{2.121}$$

  eine Linearkombination der Vektoren $\mathbf{a}_i$ genannt. Die Vektoren $\mathbf{a}_i$ sind linear abhängig, wenn mindestens einer von ihnen eine Linearkombination der übrigen Vektoren oder wenn einer der Vektoren $\mathbf{0}$ ist [15]. Andernfalls sind die Vektoren $\mathbf{a}_i$ linear unabhängig.

- Rang einer Matrix:

  Als Rang $r\{\mathbf{A}\}$ einer Matrix wird die maximale Anzahl linear unabhängiger Spalten- oder Zeilenvektoren der Matrix $\mathbf{A}$ bezeichnet.

- Orthogonalität:

  Eine $(N \times N)$-Matrix $\mathbf{A}$ ist orthogonal, wenn

$$\mathbf{A}^T \cdot \mathbf{A} = \mathbf{A} \cdot \mathbf{A}^T = \mathbf{I} \qquad \text{bzw. } \mathbf{A}^T = \mathbf{A}^{-1} \tag{2.122}$$

  gilt.

- Unitarität:

  Als unitäre Matrix wird eine $(N \times N)$-Matrix $\mathbf{A}$ bezeichnet, deren Inverse gleich ihrer hermitesch Transponierten ist, d.h.

$$\mathbf{A}^H = \mathbf{A}^{-1} \qquad \text{bzw. } \mathbf{A}\mathbf{A}^H = \mathbf{A}^H\mathbf{A} = \mathbf{I}. \tag{2.123}$$

- Definitheit:

  Eine Matrix $\mathbf{A} \in \mathfrak{R}^{N \times N}$ heißt

  - positiv definit, wenn $\mathbf{x}^T \mathbf{A} \mathbf{x} > 0$ für alle $\mathbf{x} \neq \mathbf{0}$;

  - positiv semidefinit, wenn $\mathbf{x}^T \mathbf{A} \mathbf{x} \geq 0$ für alle $\mathbf{x} \neq \mathbf{0}$.

  Für negativ definite Matrizen gilt Entsprechendes. Kann keine derartige Aussage getroffen werden, ist die Matrix indefinit.

2.2.5 Weitere Rechenregeln und abgeleitete Größen

Die im Folgenden aufgeführten Rechenregeln und von Matrizen abgeleiteten Größen spielen eine wichtige Rolle in Signalverarbeitungsalgorithmen:

- Eigenwerte und Eigenvektoren:

  Die Eigenwerte λ und Eigenvektoren $\mathbf{x}$ einer $(N \times N)$-Matrix $\mathbf{A}$ sind durch die Eigengleichung

  $$\mathbf{A} \cdot \mathbf{x} = \lambda \mathbf{x} \qquad (2.124)$$

  bestimmt. Es entstehen nur dann nichttriviale Lösungen, wenn $r\{\mathbf{A} - \lambda \mathbf{I}\} < N$ bzw. $det(\mathbf{A} - \lambda \mathbf{I}) = 0$ gilt. In diesem Falle existieren N Eigenwerte λ_i mit den zugehörigen Eigenvektoren $\mathbf{x}_i$. Sie können in den Matrizen $\mathbf{\Lambda}$ und $\mathbf{X}$ zusammengefasst werden, so dass gilt

  $$\mathbf{A} \cdot \mathbf{X} = \mathbf{X} \cdot \mathbf{\Lambda}, \qquad (2.125)$$

  mit

  $$\mathbf{\Lambda} = \begin{pmatrix} \lambda_1 & 0 & \cdots & 0 \\ 0 & \lambda_2 & \ddots & \vdots \\ \vdots & \ddots & \ddots & 0 \\ 0 & \cdots & 0 & \lambda_N \end{pmatrix} \quad \text{und} \quad \mathbf{X} = \begin{pmatrix} \mathbf{x}_1 & \mathbf{x}_2 & \cdots & \mathbf{x}_N \end{pmatrix}. \qquad (2.126)$$

- Spur[21]:

  Die Spur einer quadratischen $(N \times N)$-Matrix ist die Summe der Hauptdiagonalelemente

  $$tr(\mathbf{A}) = a_{11} + a_{22} + \ldots + a_{NN} = \sum_{i=1}^{N} a_{ii}. \qquad (2.127)$$

Es gelten folgende Rechenregeln:

$$tr(\mathbf{A}^T) = tr(\mathbf{A}) \qquad (2.128)$$

$$tr(\mathbf{A} + \mathbf{B}) = tr(\mathbf{A}) + tr(\mathbf{B}) \qquad (2.129)$$

$$tr(\lambda \mathbf{A}) = \lambda \cdot tr(\mathbf{A}) \qquad (2.130)$$

$$tr(\mathbf{A}^T \mathbf{A}) = \sum_{i=1}^{N} \sum_{j=1}^{N} a_{ij}^2 \qquad (2.131)$$

$$tr(\mathbf{A} \sum_i \mathbf{x}_i \mathbf{x}_i^T) = \sum_i \mathbf{x}_i^T \mathbf{A} \mathbf{x}_i \qquad (2.132)$$

$$tr[(\mathbf{AB})(\mathbf{AB})^T] \leq tr(\mathbf{AA}^T) \cdot tr(\mathbf{BB}^T) \qquad (2.133)$$

$$tr(\mathbf{B}^2) \leq [tr(\mathbf{B})]^2 \quad \text{mit } \mathbf{B} > 0 \text{ und symmetrisch} \qquad (2.134)$$

---

[21] engl.: trace

Für Matrizen $\mathbf{A}$ und $\mathbf{B}$ der entsprechenden Dimension gilt ferner

$$tr(\mathbf{AB}) = tr(\mathbf{B}^T\mathbf{A}^T) = tr(\mathbf{BA}) = tr(\mathbf{A}^T\mathbf{B}^T). \tag{2.135}$$

Darüber hinaus erhält man mit den Eigenwerten $\lambda_1, \ldots, \lambda_N$ der $(N \times N)$-Matrix $\mathbf{A}$

$$tr(\mathbf{A}) = \sum_{i=1}^{N} \lambda_i. \tag{2.136}$$

Außerdem kann für eine $(N \times N)$-Matrix $\mathbf{A}$ die Gültigkeit von

$$tr(\mathbf{A}) \leq \sqrt{N \cdot tr(\mathbf{AA}^T)} \tag{2.137}$$

gezeigt werden. Für nicht-negativ definite symmetrische Matrizen $\mathbf{A}$ und $\mathbf{B}$ sowie mit $(\mathbf{A} - \mathbf{B})$ positiv semidefinit gilt

$$tr(\mathbf{AA}^T) \geq tr(\mathbf{BB}^T) \qquad \text{bzw.} \quad tr(\mathbf{A}^2) \geq tr(\mathbf{B}^2). \tag{2.138}$$

Gleichung 2.138 ist nicht auf nicht-symmetrische Matrizen übertragbar.

- Determinante:

Die Determinante einer Matrix $\mathbf{A}$ wird notiert mit

$$\Delta = |\mathbf{A}| = \begin{vmatrix} a_{11} & a_{12} & \cdots & a_{1N} \\ a_{21} & a_{22} & \cdots & a_{2N} \\ \vdots & \vdots & \ddots & \vdots \\ a_{N1} & a_{N2} & \cdots & a_{NN} \end{vmatrix} = det(\mathbf{A}). \tag{2.139}$$

Die Unterdeterminante der Ordnung $(N - 1)$ des Elementes a_{ij} einer Determinante der Ordnung N ist die Determinante, die durch Streichen der i-ten Zeile und j-ten Spalte der ursprünglichen Determinante entsteht.

Der Wert einer Determinante kann mit Hilfe des Laplace'schen Entwicklungssatzes berechnet werden [14]

$$det(\mathbf{A}) = \sum_{i=1}^{N} a_{ij} A_{ij} \qquad j \text{ beliebig, aber fest,} \tag{2.140}$$

mit den zum Element a_{ij} gehörenden Adjunkten (Kofaktoren) A_{ij}. Die Adjunkte A_{ij} ist die zum Element a_{ij} gehörende Unterdeterminante multipliziert mit dem Vorzeichenfaktor $(-1)^{i+j}$. Ebenso wie die hier gezeigte Berechnung durch die Laplace'sche Entwicklung nach Zeilen ist in gleicher Weise eine Entwicklung nach Spalten möglich.

Adjunkten können zu einer adjungierten Matrix zusammengestellt werden

$$\text{adj}(\mathbf{A}) = \begin{pmatrix} A_{11} & A_{12} & \cdots & A_{1N} \\ A_{21} & A_{22} & \cdots & A_{2N} \\ \vdots & \vdots & \ddots & \vdots \\ A_{N1} & A_{N2} & \cdots & A_{NN} \end{pmatrix}. \tag{2.141}$$

Für Determinanten einer $(N \times N)$-Matrix $\mathbf{A}$ gelten unter anderem folgende Rechenregeln:

$$det(\mathbf{A}^T) = det(\mathbf{A}) \tag{2.142}$$

$$det(\mathbf{A}^H) = det^*(\mathbf{A}) \tag{2.143}$$

$$det(c\mathbf{A}) = c^N \cdot det(\mathbf{A}) \quad \text{(c skalar)} \tag{2.144}$$

$$det(\mathbf{AB}) = det(\mathbf{A})det(\mathbf{B}) \tag{2.145}$$

$$det(\mathbf{A}^{-1}) = \frac{1}{det(\mathbf{A})} \tag{2.146}$$

- Ableitung einer Determinante:

Aus Gleichung 2.140 folgt

$$\frac{\partial det(\mathbf{A})}{\partial a_{ij}} = A_{ij}, \tag{2.147}$$

wobei die A_{ij} die den Matrixelementen a_{ij} zugehörigen Adjunkten bezeichnen. Kompakter kann man auch schreiben[22]

$$\frac{\partial det(\mathbf{A})}{\partial \mathbf{A}} = \text{adj}(\mathbf{A})^T. \tag{2.148}$$

Mit Gleichung 2.151 ergibt sich daraus unmittelbar

$$\frac{\partial}{\partial \mathbf{A}} det(\mathbf{A}) = (\mathbf{A}^T)^{-1} det(\mathbf{A}). \tag{2.149}$$

Darüber hinaus gilt für den Logarithmus des Betrages der Determinante

$$\frac{\partial \log |det(\mathbf{A})|}{\partial \mathbf{A}} = \frac{1}{|det(\mathbf{A})|} \frac{\partial |det(\mathbf{A})|}{\partial \mathbf{A}} = (\mathbf{A}^T)^{-1}. \tag{2.150}$$

---

[22] Die Schreibweise $\partial K / \partial \mathbf{A}$ bedeutet für die $(M \times N)$-Matrix $\mathbf{A}$

$$\frac{\partial K}{\partial \mathbf{A}} = \begin{pmatrix} \frac{\partial K}{\partial a_{11}} & \frac{\partial K}{\partial a_{12}} & \cdots & \frac{\partial K}{\partial a_{1N}} \\ \frac{\partial K}{\partial a_{21}} & \frac{\partial K}{\partial a_{22}} & \cdots & \frac{\partial K}{\partial a_{2N}} \\ \vdots & \vdots & \ddots & \vdots \\ \frac{\partial K}{\partial a_{M1}} & \frac{\partial K}{\partial a_{M2}} & \cdots & \frac{\partial K}{\partial a_{MN}} \end{pmatrix}.$$

- Matrixinversion:

Eine Matrix heißt inverse Matrix $\mathbf{A}^{-1}$ der Matrix $\mathbf{A}$, wenn $\mathbf{A}^{-1}\mathbf{A} = \mathbf{I}$ und $\mathbf{A}\mathbf{A}^{-1} = \mathbf{I}$ gelten. Existiert die Inverse, dann ist $\mathbf{A}$ regulär. In diesem Falle ist die Determinante von $\mathbf{A}$ ungleich Null. Die Inverse kann unter Zuhilfenahme von adjungierter Matrix und Determinante berechnet werden

$$\mathbf{A}^{-1} = \frac{1}{det(\mathbf{A})}\operatorname{adj}(\mathbf{A}). \tag{2.151}$$

- Moore-Penrose-Pseudoinverse:

Die Moore-Penrose-Pseudoinverse einer Matrix $\mathbf{A} \in \mathfrak{R}^{M \times N}$ ist definiert mit

$$\mathbf{A}^{\#} = \begin{cases} (\mathbf{A}^T\mathbf{A})^{-1}\mathbf{A}^T & M \geq N \\ \mathbf{A}^T(\mathbf{A}\mathbf{A}^T)^{-1} & M \leq N. \end{cases} \tag{2.152}$$

Rechenregeln für die Pseudoinverse:

$$(\mathbf{A}^{\#})^{\#} = \mathbf{A} \tag{2.153}$$
$$(\mathbf{A}^{\#})^T = (\mathbf{A}^T)^{\#} \tag{2.154}$$
$$\mathbf{A}\mathbf{A}^T(\mathbf{A}^{\#})^T = \mathbf{A} \tag{2.155}$$
$$(\mathbf{A}^{\#})^T\mathbf{A}^T\mathbf{A} = \mathbf{A} \tag{2.156}$$
$$(\lambda\mathbf{A})^{\#} = \lambda^{-1}\mathbf{A}^{\#} \tag{2.157}$$
$$\mathbf{A}^{\#} = (\mathbf{A}^T\mathbf{A})^{\#}\mathbf{A}^T = \mathbf{A}^T(\mathbf{A}\mathbf{A}^T)^{\#} \tag{2.158}$$
$$\mathbf{A}^{\#}\mathbf{A}\mathbf{A}^T = \mathbf{A}^T \tag{2.159}$$
$$\mathbf{A}^T\mathbf{A}\mathbf{A}^{\#} = \mathbf{A}^T \tag{2.160}$$

- Matrix-Inversions-Lemma (Woodbury-Formel):

Mit $\mathbf{A}$ als einer regulären $(N \times N)$-Matrix sowie den $(N \times M)$-Matrizen $\mathbf{B}$ und $\mathbf{C}$ gilt, falls $(\mathbf{A} + \mathbf{B}\mathbf{C}^T) \in \mathfrak{R}^{N \times N}$ und $(\mathbf{I} + \mathbf{C}^T\mathbf{A}^{-1}\mathbf{B}) \in \mathfrak{R}^{M \times M}$ ebenfalls regulär sind,

$$(\mathbf{A} + \mathbf{B}\mathbf{C}^T)^{-1} = \mathbf{A}^{-1} - \mathbf{A}^{-1}\mathbf{B}(\mathbf{I} + \mathbf{C}^T\mathbf{A}^{-1}\mathbf{B})^{-1}\mathbf{C}^T\mathbf{A}^{-1}. \tag{2.161}$$

Nützlich ist diese Beziehung vor allem bei $M \ll N$. Bei bekannter Matrix $\mathbf{A}^{-1}$ muss dann nur noch eine $(M \times M)$-Matrix invertiert werden. Eine Verallgemeinerung ergibt sich für positiv definite Matrizen $\mathbf{A}$, $\mathbf{B}$ und $(\mathbf{A} + \mathbf{C}\mathbf{B}\mathbf{C}^T)$. Dann gilt

$$(\mathbf{A} + \mathbf{C}\mathbf{B}\mathbf{C}^T)^{-1} = \mathbf{A}^{-1} - \mathbf{A}^{-1}\mathbf{C}(\mathbf{B}^{-1} + \mathbf{C}^T\mathbf{A}^{-1}\mathbf{C})^{-1}\mathbf{C}^T\mathbf{A}^{-1}. \tag{2.162}$$

- Gradient einer skalaren Größe:

$$\text{grad } y = \nabla_x y = y_{\mathbf{x}}(\mathbf{x}) = \frac{\partial y(\mathbf{x})}{\partial \mathbf{x}} = \begin{pmatrix} \frac{\partial y}{\partial x_1} \\ \frac{\partial y}{\partial x_2} \\ \vdots \\ \frac{\partial y}{\partial x_N} \end{pmatrix} \tag{2.163}$$

Regeln für die Gradientenberechnung:

$$\frac{\partial[\mathbf{a}(\mathbf{x})^T \mathbf{b}(\mathbf{x})]}{\partial \mathbf{x}} = [\frac{\partial \mathbf{a}(\mathbf{x})}{\partial \mathbf{x}}]^T \mathbf{b}(\mathbf{x}) + [\frac{\partial \mathbf{b}(\mathbf{x})}{\partial \mathbf{x}}]^T \mathbf{a}(\mathbf{x})$$

$$= [\nabla_x \mathbf{a}^T(\mathbf{x})]\mathbf{b}(\mathbf{x}) + [\nabla_x \mathbf{b}^T(\mathbf{x})]\mathbf{a}(\mathbf{x}) \tag{2.164}$$

$$\frac{\partial}{\partial \mathbf{x}}(\mathbf{x}^T \mathbf{y}) = \mathbf{y} \tag{2.165}$$

$$\frac{\partial}{\partial \mathbf{x}}(\mathbf{x}^T \mathbf{A} \mathbf{y}) = \mathbf{A}\mathbf{y} \tag{2.166}$$

$$\frac{\partial}{\partial \mathbf{x}}(\mathbf{x}^T \mathbf{x}) = 2\mathbf{x} \tag{2.167}$$

$$\frac{\partial}{\partial \mathbf{x}}(\mathbf{x}^T \mathbf{A} \mathbf{x}) = (\mathbf{A} + \mathbf{A}^T)\mathbf{x} \tag{2.168}$$

$$\frac{\partial}{\partial \mathbf{x}}(\mathbf{y}^T \mathbf{A} \mathbf{x}) = (\mathbf{y}^T \mathbf{A})^T = \mathbf{A}^T \mathbf{y} \tag{2.169}$$

$$\frac{\partial}{\partial \mathbf{x}}[\mathbf{a}^T(\mathbf{x})\mathbf{Q}\mathbf{a}(\mathbf{x})] = [\nabla_x \mathbf{a}^T(\mathbf{x})][\mathbf{Q} + \mathbf{Q}^T]\mathbf{a}(\mathbf{x}) \tag{2.170}$$

Für eine quadratische und symmetrische Matrix $\mathbf{A}$ und

$$y(\mathbf{x}) = \mathbf{x}^T \mathbf{A} \mathbf{x} - 2\mathbf{b}^T \mathbf{x} + \mathbf{z}^T \mathbf{z} \tag{2.171}$$

erhält man den Gradienten

$$\frac{\partial y(\mathbf{x})}{\partial \mathbf{x}} = 2\mathbf{A}\mathbf{x} - 2\mathbf{b}. \tag{2.172}$$

- Gradient einer vektoriellen Größe (Jacobi-Matrix):

$$\frac{\partial \mathbf{y}(\mathbf{x})}{\partial \mathbf{x}} = \begin{pmatrix} \frac{\partial y_1}{\partial x_1} & \frac{\partial y_1}{\partial x_2} & \cdots & \frac{\partial y_1}{\partial x_N} \\ \frac{\partial y_2}{\partial x_1} & \frac{\partial y_2}{\partial x_2} & \cdots & \frac{\partial y_2}{\partial x_N} \\ \vdots & \vdots & \ddots & \vdots \\ \frac{\partial y_M}{\partial x_1} & \frac{\partial y_M}{\partial x_2} & \cdots & \frac{\partial y_M}{\partial x_N} \end{pmatrix} \tag{2.173}$$

2.2.6 Matrix- und Vektor-Normen

Normen sind nichtnegative Skalare, die, in Abhängigkeit vom Kontext, als Maß für die Länge, Größe oder Distanz genutzt werden. Eine Vektor-Norm im $\mathfrak{R}^N$ ist eine Funktion $f(x) = \|\mathbf{x}\| : \mathfrak{R}^N \to \mathfrak{R}$, die folgende Eigenschaften aufweist:

$$\|\mathbf{x}\| \geq 0 \qquad \text{mit Gleichheit für } \mathbf{x} = \mathbf{0}, \tag{2.174}$$

$$\|\alpha \cdot \mathbf{x}\| = |\alpha| \cdot \|\mathbf{x}\| \qquad \text{für ein beliebiges skalares } \alpha, \tag{2.175}$$

$$\|\mathbf{x} + \mathbf{y}\| \leq \|\mathbf{x}\| + \|\mathbf{y}\| \qquad \text{Dreiecksungleichung.} \tag{2.176}$$

Die p-Norm eines $(N \times 1)$-Vektors $\mathbf{x} = [x_1, ..., x_N]^T$ ist definiert mit

$$\|\mathbf{x}\|_p = \sqrt[p]{\sum_{i=1}^{N} |x_i|^p} \qquad \text{mit } p \in \mathfrak{R}^+. \tag{2.177}$$

Übliche Werte für p sind $p = 1, 2$ und ∞.[23] Die Tschebyscheff-Norm kann abweichend (jedoch äquivalent) zu Gleichung 2.177 auch mit

$$\|\mathbf{x}\|_\infty = \max |x_i| \tag{2.178}$$

notiert werden. Allgemein gilt für p-Normen die Hölder-Ungleichung

$$|\mathbf{x}^T \mathbf{y}| \leq \|\mathbf{x}\|_p \cdot \|\mathbf{y}\|_q \qquad \text{mit } \frac{1}{p} + \frac{1}{q} = 1. \tag{2.179}$$

Daraus ergibt sich als Spezialfall die Cauchy-Schwarz'sche Ungleichung

$$|\mathbf{x}^T \mathbf{y}| \leq \|\mathbf{x}\|_2 \cdot \|\mathbf{y}\|_2, \tag{2.180}$$

mit Gleichheit genau dann, wenn für ein skalares α die Beziehung $\mathbf{x} = \alpha \cdot \mathbf{y}$ gilt.

Alle Vektor-Normen im $\mathfrak{R}^N$ sind äquivalent, d.h. es gibt Konstanten c_1 und c_2, so dass für alle $\mathbf{x} \in \mathfrak{R}^N$ gilt

$$c_1 \|\mathbf{x}\|_\alpha \leq \|\mathbf{x}\|_\beta \leq c_2 \|\mathbf{x}\|_\alpha. \tag{2.181}$$

Zum Beispiel gelten [44]

$$\|\mathbf{x}\|_2 \leq \|\mathbf{x}\|_1 \leq \sqrt{N} \cdot \|\mathbf{x}\|_2, \tag{2.182}$$

$$\|\mathbf{x}\|_\infty \leq \|\mathbf{x}\|_2 \leq \sqrt{N} \cdot \|\mathbf{x}\|_\infty \quad \text{und} \tag{2.183}$$

$$\|\mathbf{x}\|_\infty \leq \|\mathbf{x}\|_1 \leq N \cdot \|\mathbf{x}\|_\infty. \tag{2.184}$$

---

[23] $p = 1$: Eins-Norm, $p = 2$: euklidische Norm, $p = \infty$: Tschebyscheff-Norm

Matrix-Normen werden wie Vektor-Normen zum Messen von Längen und Abständen in Matrixräumen genutzt. Auch sie sind Funktionen $f : \mathfrak{R}^{M \times N} \to \mathfrak{R}$, die die folgenden drei Eigenschaften besitzen:

$$\|\mathbf{A}\| \geq 0 \qquad \text{mit Gleichheit für } \mathbf{A} = \mathbf{0}, \tag{2.185}$$

$$\|\alpha \cdot \mathbf{A}\| = |\alpha| \cdot \|\mathbf{A}\| \quad \alpha \in \mathfrak{R}, \tag{2.186}$$

$$\|\mathbf{A} + \mathbf{B}\| \leq \|\mathbf{A}\| + \|\mathbf{B}\| \text{ Dreiecksungleichung.} \tag{2.187}$$

Die üblichen Matrixnormen sind die Frobenius-Norm

$$\|\mathbf{A}\|_F = \sqrt{\sum_{i=1}^{M} \sum_{j=1}^{N} |a_{ij}|^2} \tag{2.188}$$

und die p-Normen

$$\|\mathbf{A}\|_p = \sup_{\mathbf{x} \neq \mathbf{0}} \frac{\|\mathbf{A}\mathbf{x}\|_p}{\|\mathbf{x}\|_p}. \tag{2.189}$$

P-Normen genügen der Cauchy-Schwarz'schen-Ungleichung[24]

$$\|\mathbf{A}\mathbf{B}\|_p \leq \|\mathbf{A}\|_p \|\mathbf{B}\|_p \qquad \mathbf{A} \in \mathfrak{R}^{M \times N}, \mathbf{B} \in \mathfrak{R}^{N \times Q}. \tag{2.190}$$

Matrixnormen für Matrizen $\mathbf{A} \in \mathfrak{R}^{M \times N}$ besitzen unter anderem folgende Eigenschaften [44]:

$$\|\mathbf{A}\|_2 \leq \|\mathbf{A}\|_F \leq \sqrt{N} \cdot \|\mathbf{A}\|_2 \tag{2.191}$$

$$\max_{i,j} |a_{ij}| \leq \|\mathbf{A}\|_2 \leq \sqrt{MN} \cdot \max_{i,j} |a_{ij}| \tag{2.192}$$

$$\|\mathbf{A}\|_1 = \max_{1 \leq j \leq N} \sum_{i=1}^{M} |a_{ij}| \tag{2.193}$$

$$\|\mathbf{A}\|_2 = \sqrt{\lambda_{\max}}; \qquad \lambda_{\max}: \text{ maximaler Eigenwert von } \mathbf{A}^T \mathbf{A} \tag{2.194}$$

$$\|\mathbf{A}\|_\infty = \max_{1 \leq i \leq M} \sum_{i=1}^{N} |a_{ij}| \tag{2.195}$$

$$\frac{1}{\sqrt{N}} \|\mathbf{A}\|_\infty \leq \|\mathbf{A}\|_2 \leq \sqrt{M} \|\mathbf{A}\|_\infty \tag{2.196}$$

$$\frac{1}{\sqrt{M}} \|\mathbf{A}\|_1 \leq \|\mathbf{A}\|_2 \leq \sqrt{N} \|\mathbf{A}\|_1 \tag{2.197}$$

Die Konditionszahl[25] einer Matrix $\mathbf{A} \in \mathfrak{R}^{N \times N}$ ist definiert als

$$cond_p(\mathbf{A}) = \|\mathbf{A}\|_p \cdot \|\mathbf{A}^{-1}\|_p. \tag{2.198}$$

---

[24] Diese Ungleichung gilt nicht für alle Matrixnormen!

[25] engl.: condition number

Anstelle einer p-Norm kann in Gleichung 2.198 auch die Frobenius-Norm genutzt werden. Es kann ferner gezeigt werden, dass $cond(\mathbf{A}) \geq 1$ gilt. Matrizen mit kleinen Konditionszahlen werden als gut konditioniert, Matrizen mit großen Konditionszahlen als schlecht konditioniert bezeichnet. Mit einer großen Konditionszahl sind bei der Lösung von Gleichungssystemen große nummerische Fehler zu erwarten.

3

Optimierung

3.1 Überblick

Optimierungsverfahren sind ein unabdingbares Hilfsmittel für die Beantwortung vieler naturwissenschaftlicher, technischer und wirtschaftlicher Fragestellungen. Ihre Aufgabe besteht in der systematischen Suche und Lokalisierung der Minimalpunkte von Funktionen, oft auch unter Berücksichtigung verschiedener Nebenbedingungen.

Die Aufgabenstellung der Optimierung ist gegeben mit: Minimiere $f(\mathbf{x})$, $\mathbf{x} \in \mathfrak{R}^N$, unter Berücksichtigung von

$$\mathbf{c}(\mathbf{x}) = \mathbf{0}, \mathbf{c} \colon \mathfrak{R}^N \mapsto \mathfrak{R}^M \qquad \text{Gleichungsnebenbedingungen (GNB)} \qquad (3.1)$$

und

$$\mathbf{h}(\mathbf{x}) \leq \mathbf{0}, \mathbf{h} \colon \mathfrak{R}^N \mapsto \mathfrak{R}^Q \qquad \text{Ungleichungsnebenbedingungen (UNB).} \qquad (3.2)$$

Im Allgemeinen gilt für eine Optimierungsaufgabe $M < N$. Bei $M = N$ ist $\mathbf{x}$ bereits durch die Gleichungsnebenbedingungen weitgehend festgelegt, d.h. die Optimierungsmöglichkeit entfällt. Im Falle von $M > N$ ist $\mathbf{x}$ überbestimmt.

In kompakter Schreibweise erhält man als Aufgabenstellung der Optimierung

$$\min_{\mathbf{x} \in X} f(\mathbf{x}) \qquad \text{mit} \quad X = \{\mathbf{x} | \mathbf{c}(\mathbf{x}) = \mathbf{0}; \mathbf{h}(\mathbf{x}) \leq \mathbf{0}\}. \qquad (3.3)$$

Die Funktion $f(\mathbf{x})$ wird als Kosten- oder Gütefunktion bezeichnet und X gibt den zulässigen Bereich an.

Funktionen können lokale und globale Minima besitzen. Für ein lokales Minimum der Kostenfunktion an der Stelle $\mathbf{x}^*$ gilt

$$f(\mathbf{x}^*) \leq f(\mathbf{x}) \qquad (3.4)$$

für alle zulässigen $\mathbf{x}$ in einer ausreichend kleinen Umgebung von $\mathbf{x}^*$. Ein globales Minimum genügt der Bedingung

$$f(\mathbf{x}^*) \leq f(\mathbf{x}) \qquad \forall \mathbf{x} \in X. \tag{3.5}$$

Beide Fälle werden in Abbildung 3.1 gezeigt.

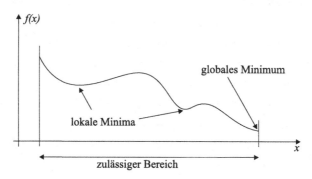

Abb. 3.1. Lokale und globale Minima

3.2 Minimierung einer Funktion einer Variablen

3.2.1 Problemstellung und Optimalitätsbedingungen

Die Anwendung der in Gleichung 3.3 beschriebenen allgemeinen Optimierungsproblemstellung auf diesen Spezialfall führt zu

$$\min_{x \in X} f(x); \qquad X \subseteq \mathfrak{R}. \tag{3.6}$$

Gleichungsnebenbedingungen bleiben hier unberücksichtigt, da mit einer solchen die Variable x bereits auf die Lösungsmenge von $c(x) = 0$ festgelegt wäre und das Optimierungsproblem dann meist entfällt. Ungleichungsnebenbedingungen können jedoch angegeben werden.

Die für ein lokales Minimum im Inneren des zulässigen Bereiches notwendige Bedingung erster Ordnung ist die verschwindende Ableitung

$$f'(x^*) = 0. \tag{3.7}$$

Die hinreichende Bedingung zweiter Ordnung lautet

$$f'(x^*) = 0 \qquad \text{und} \quad f''(x^*) > 0. \tag{3.8}$$

Prinzipiell können Minima auch in Randpunkten des zulässigen Bereiches liegen. In einem solchen Fall müssen die Bedingungen erster oder zweiter Ordnung nicht gelten. Ein Beispiel dafür ist das globale Minimum in Abbildung 3.1.

3.2.2 Nummerische Optimierungsverfahren

Eine rechnergestützte Lösungsfindung ist vorwiegend dann notwendig, wenn die Kostenfunktion selbst bzw. ihre Ableitung analytisch nicht verfügbar oder die analytische Optimierungsrechnung insgesamt zu schwierig ist.

Nummerische Optimierung besteht aus meist zwei Phasen: der *Eingrenzungsphase* und der *Suchphase* [72]. Die erste Phase (Eingrenzungsphase) beinhaltet die Suche nach einem Intervall $[a; b]$, in dem das Minimum der Funktion $f(x)$ vermutet wird. Die zweite Phase (Suchphase) dient der Minimumsuche innerhalb des in der ersten Phase gefundenen Suchintervalls. In den Abbildungen 3.2 und 3.4 wird jeweils ein solches Verfahren vorgestellt.

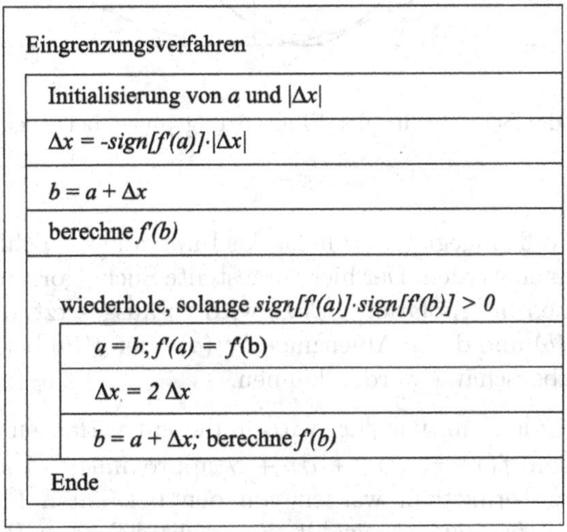

Eingrenzungsverfahren
Initialisierung von *a* und $\|\Delta x\|$
$\Delta x = -sign[f'(a)] \cdot \|\Delta x\|$
$b = a + \Delta x$
berechne $f'(b)$
wiederhole, solange $sign[f'(a)] \cdot sign[f'(b)] > 0$
$a = b; f'(a) = f'(b)$
$\Delta x = 2 \Delta x$
$b = a + \Delta x;$ berechne $f'(b)$
Ende

Abb. 3.2. Prinzipielle Programmstruktur des Eingrenzungsverfahrens (vgl. [72])

Der in Abbildung 3.2 dargestellte Eingrenzungsalgorithmus kann verbessert werden, wenn Informationen über den Wert des Minimums $f(x^*)$ verfügbar sind. Dann kann die Schrittweite Δx mit

$$\Delta x = \frac{-2[f(a) - f(x^*)]}{f'(a)} \tag{3.9}$$

gewählt werden [72]. Dieser Schrittweite liegt eine quadratische Interpolation zugrunde, d.h., es wird ein quadratisches Schätzpolynom $\hat{f}(x) = \alpha x^2 + \beta x + \gamma$ gebildet und an die Funktion $f(x)$ angepasst, indem die Koeffizienten des Schätzpolynoms aus dem Gleichungssystem

$$\hat{f}(a) = \alpha a^2 + \beta a + \gamma = f(a) \tag{3.10}$$

$$\hat{f}(\hat{x}) = \alpha \hat{x}^2 + \beta \hat{x} + \gamma = f(x^*) \tag{3.11}$$

$$\hat{f}'(a) = 2\alpha a + \beta = f'(a) \tag{3.12}$$

gewonnen werden. Wie in Abbildung 3.3 gezeigt, ergibt sich Δx in Gleichung 3.9 aus der Differenz zwischen dem aktuellen Wert a und dem Minimumpunkt des Schätzpolynoms $\hat{x}$, d.h. $\Delta x = \hat{x} - a$.

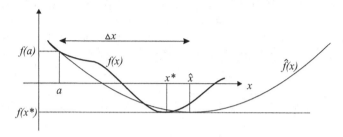

Abb. 3.3. Wahl der Schrittweite der Eingrenzungsphase bei bekanntem Minimalwert $f(x^*)$

Ist das Suchintervall eingegrenzt, d.h. ist das Intervall $[a; b]$ gefunden, kann die Suchphase begonnen werden. Der hier vorgestellte Suchalgorithmus basiert auf einer quadratischen Interpolation[1]. Dazu wird vorausgesetzt, dass die Funktionswerte $f(a)$, $f(b)$ und deren Ableitungen $f'(a)$ oder $f'(b)$ bekannt sind bzw. berechnet oder abgeschätzt werden können.

Die zu minimierende Funktion $f(x)$ wird in diesem Verfahren durch die quadratische Funktion $\hat{f}(x) = \alpha x^2 + \beta x + \gamma$ approximiert. Um die Parameter α, β und γ zu ermitteln, werden von den bekannten Funktionswerten $f(a), f(b), f'(a), f'(b)$ drei ausgewählt. So ergibt sich zum Beispiel mit der Auswahl $f(a), f(b)$ und $f'(a)$ das Gleichungssystem

$$\hat{f}(a) = \alpha a^2 + \beta a + \gamma = f(a) \tag{3.13}$$

$$\hat{f}(b) = \alpha b^2 + \beta b + \gamma = f(b) \tag{3.14}$$

$$\hat{f}'(a) = 2\alpha a + \beta = f'(a). \tag{3.15}$$

Die Stelle $\hat{x}$, an der die approximierende Funktion $\hat{f}(x)$ ihr Minimum besitzt, dient als Schätzwert für die Stelle des Minimums von $f(x)$. Die Minimalstelle von $\hat{f}(x)$ liegt bei

$$f'(\hat{x}) = 2\alpha \hat{x} + \beta \stackrel{!}{=} 0 \tag{3.16}$$

$$\Rightarrow \hat{x} = -\frac{\beta}{2\alpha}. \tag{3.17}$$

---

[1] Weitere Algorithmen werden in Abschnitt 3.3 besprochen.

Befindet sich die Schätzung $\hat{x}$ außerhalb des Suchintervalls, wird gemäß

$$\hat{x} = \begin{cases} (1-\delta)a + \delta b & \hat{x} < a \\ (1-\delta)b + \delta a & \hat{x} > b \end{cases} \qquad 0 < \delta \ll 1 \qquad (3.18)$$

ein anderes $\hat{x}$ innerhalb des Suchintervalls bestimmt. Anschließend werden die Grenzen des Suchintervalls für die nächste Iteration festgelegt. Wenn der Betrag der Ableitung von $f(\hat{x})$ einen vorgegebenen Wert unterschreitet, wird die Iteration abgebrochen.

Den vollständigen Programmablaufplan des Optimierungsverfahrens bei gegebenem Suchintervall $[a;b]$ zeigt Abbildung 3.4.

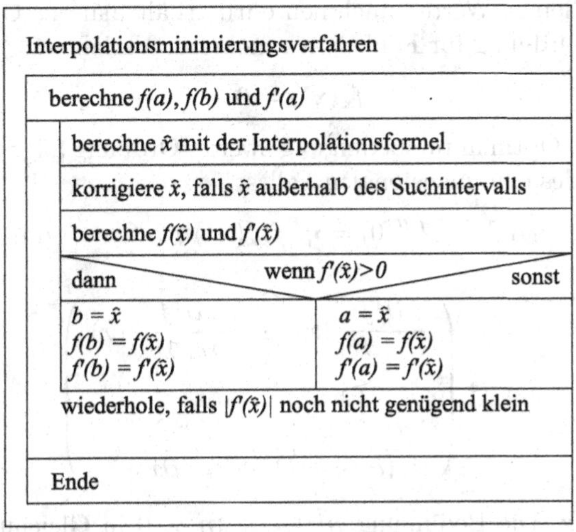

Abb. 3.4. Prinzipielle Programmstruktur des Interpolationsminimierungsverfahrens (vgl. [72])

3.3 Minimierung einer Funktion mehrerer Variablen ohne Nebenbedingungen

3.3.1 Problemstellung und Optimalitätsbedingungen

Die allgemeine Optimierungsproblemstellung in Gleichung 3.3 reduziert sich nun auf

$$\min_{\mathbf{x} \in \mathfrak{R}^N} f(\mathbf{x}). \qquad (3.19)$$

Um die Optimalitätsbedingungen herzuleiten, ist die Rückführung dieses mehrdimensionalen Problems auf eine eindimensionale Aufgabenstellung sinnvoll. Mit der skalaren Variable $\varepsilon \in \mathfrak{R}$ kann eine skalare Funktion

$$F(\varepsilon) = f(\mathbf{x}^* + \varepsilon\boldsymbol{\eta}) \qquad (3.20)$$

definiert werden, wobei die Funktion $f(\mathbf{x})$ bei $\mathbf{x}^*$ ein lokales Minimum besitzt und $\boldsymbol{\eta} \in \mathfrak{R}^N$ einen beliebigen Vektor bezeichnet [72]. Hat aber $f(\mathbf{x})$ bei $\mathbf{x}^*$ ein lokales Minimum, muss auch $F(\varepsilon)$ bei $\varepsilon^* = 0$ ein lokales Minimum besitzen. An der Stelle $\varepsilon^* = 0$ ist deshalb die Optimalitätsbedingung erster Ordnung erfüllt, d.h.

$$\frac{dF(\varepsilon = 0)}{d\varepsilon} = F'(0) = \boldsymbol{\eta}^T \nabla_{\mathbf{x}} f(\mathbf{x}^*) = \boldsymbol{\eta}^T f_{\mathbf{x}}(\mathbf{x}^*) = 0. \qquad (3.21)$$

Da $\boldsymbol{\eta} \in \mathfrak{R}^N$ beliebige Werte annehmen darf, erhält man als Optimalitätsbedingung erster Ordnung für Funktionen mehrerer Variablen

$$f_{\mathbf{x}}(\mathbf{x}^*) = \mathbf{0}. \qquad (3.22)$$

Als hinreichende Optimalitätsbedingung zweiter Ordnung folgt unter Nutzung der Ergebnisse des eindimensionalen Falles

$$f_{\mathbf{x}}(\mathbf{x}^*) = \mathbf{0} \qquad \text{und} \qquad F''(0) = \boldsymbol{\eta}^T f_{\mathbf{xx}}(\mathbf{x}^*)\boldsymbol{\eta} > 0 \qquad \forall \boldsymbol{\eta} \in \mathfrak{R}^N, \qquad (3.23)$$

mit

$$f_{\mathbf{xx}} = \begin{pmatrix} \dfrac{\partial^2 f}{\partial x_1 \partial x_1}(x) & \cdots & \dfrac{\partial^2 f}{\partial x_1 \partial x_N}(x) \\ \vdots & & \vdots \\ \dfrac{\partial^2 f}{\partial x_1 \partial x_N}(x) & \cdots & \dfrac{\partial^2 f}{\partial x_N \partial x_N}(x) \end{pmatrix} \qquad (3.24)$$

als *Hesse*-Matrix. Die Bedingung $\boldsymbol{\eta}^T f_{\mathbf{xx}}(\mathbf{x}^*)\boldsymbol{\eta} > 0$ in Gleichung 3.23 zeigt, dass die Hesse-Matrix im Falle eines Minimums positiv definit sein muss.

Zur Prüfung der Definitheit einer Matrix existieren verschiedene Kriterien, unter anderem das *Sylvesterkriterium* und das *Eigenwertkriterium*. Für das Sylvesterkriterium werden die *nordwestlichen* Unterdeterminanten D_i einer quadratischen Matrix $\mathbf{A} \in \mathfrak{R}^{N \times N}$ definiert [72]

$$D_1 = a_{11}, D_2 = \begin{vmatrix} a_{11} & a_{12} \\ a_{21} & a_{22} \end{vmatrix}, \ldots, D_N = \begin{vmatrix} a_{11} & \cdots & a_{1N} \\ \vdots & & \vdots \\ a_{N1} & \cdots & a_{NN} \end{vmatrix}. \qquad (3.25)$$

Es gilt dann[2] für alle $i = 1, \ldots, N$

---

[2] Es gelten folgende Bezeichnungen:
A > 0: **A** ist positiv definit,
A ≥ 0: **A** ist positiv semidefinit,
A < 0: **A** ist negativ definit und
A ≤ 0: **A** ist negativ semidefinit.

$$\begin{array}{ll} D_i > 0 & \Rightarrow \mathbf{A} > 0 \\ D_i \geq 0 & \Rightarrow \mathbf{A} \geq 0 \\ (-1)^i D_i > 0 & \Rightarrow \mathbf{A} < 0 \\ (-1)^i D_i \geq 0 & \Rightarrow \mathbf{A} \leq 0. \end{array} \tag{3.26}$$

Beim Eigenwertkriterium werden die Eigenwerte λ_i der Matrix $\mathbf{A}$, $i = 1, \ldots, N$, zur Prüfung der Definitheit herangezogen

$$\begin{array}{ll} \lambda_i > 0, \text{ reell} & \Rightarrow \mathbf{A} > 0 \\ \lambda_i \geq 0, \text{ reell} & \Rightarrow \mathbf{A} \geq 0 \\ \lambda_i < 0, \text{ reell} & \Rightarrow \mathbf{A} < 0 \\ \lambda_i \leq 0, \text{ reell} & \Rightarrow \mathbf{A} \leq 0. \end{array} \tag{3.27}$$

Kann keine allgemeine Aussage über eine Matrix $\mathbf{A}$ entsprechend obiger Bedingungen gemacht werden, wird die Matrix $\mathbf{A}$ als indefinit bezeichnet. Die Definitheitseigenschaften einer invertierbaren Matrix $\mathbf{A} \neq 0$ gelten in gleicher Weise auch für die zugehörige inverse Matrix $\mathbf{A}^{-1}$.

3.3.2 Nummerische Optimierungsverfahren

Konvergenzgeschwindigkeit

Nummerische Optimierungsverfahren nutzen in der Regel iterative Strategien. Dies bedeutet, dass die Lösung des Optimierungsproblems der Grenzwert einer Folge $\{\mathbf{x}^{(l)}\}$ ist[3]. Die Konvergenzgeschwindigkeit gibt qualitativ an, wie schnell die Folge ihren Grenzwert erreicht. Sie ist deshalb neben anderen Kriterien[4] ein wichtiges Hilfsmittel zur Bewertung von Optimierungsalgorithmen.

Die drei wichtigsten Konvergenzklassen sind die *lineare Konvergenz*, die *quadratische Konvergenz* und die *superlineare Konvergenz*. Sie werden für eine Folge $\{\mathbf{x}^{(l)}\} \subset \mathfrak{R}^N$ mit dem Grenzwert $\mathbf{x}^*$ und eine zu wählende Norm $\| \cdot \|$ wie folgt definiert [2]:

- $\{\mathbf{x}^{(l)}\}$ ist *linear konvergent*, wenn es ein L gibt, für das gilt

$$\|\mathbf{x}^{(l+1)} - \mathbf{x}^*\| \leq L \|\mathbf{x}^{(l)} - \mathbf{x}^*\|, \tag{3.28}$$

  mit $0 < L < 1$;

- $\{\mathbf{x}^{(l)}\}$ ist *quadratisch konvergent*, wenn es ein $c > 0$ gibt, für das gilt

$$\|\mathbf{x}^{(l+1)} - \mathbf{x}^*\| \leq c \|\mathbf{x}^{(l)} - \mathbf{x}^*\|^2; \tag{3.29}$$

---

[3] l bezeichnet den Index der Optimierungsiteration.

[4] Weitere Kriterien zur Beurteilung von Optimierungsverfahren sind [84]: a) der Anwendbarkeitsbereich, b) genutzte Funktions- und Ableitungswerte usw. und c) der Rechenaufwand pro Iteration.

- $\{\mathbf{x}^{(l)}\}$ ist *superlinear konvergent*, wenn gilt

$$\lim_{l \to \infty} \frac{\|\mathbf{x}^{(l+1)} - \mathbf{x}^*\|}{\|\mathbf{x}^{(l)} - \mathbf{x}^*\|} = 0. \tag{3.30}$$

Algorithmische Struktur

Die hier betrachteten Verfahren, die auch als Suchrichtungsverfahren bezeichnet werden, besitzen eine einheitliche algorithmische Struktur [72]:

1. Wahl des Startpunktes $\mathbf{x}^{(0)}$; Initialisierung des Iterationsindex auf $l = 0$

2. Bestimmung der Suchrichtung $\mathbf{s}^{(l)}$

3. Bestimmung der skalaren Schrittweite $\alpha^{(l)} > 0$ und Neuberechnung von $\mathbf{x}$ mit

$$\mathbf{x}^{(l+1)} = \mathbf{x}^{(l)} + \alpha^{(l)}\mathbf{s}^{(l)} \tag{3.31}$$

4. Bei Erfüllung des Abbruchkriteriums: Beendigung der Iteration; andernfalls Start der nächsten Iteration ab Schritt (2) mit inkrementiertem Iterationsindex, d.h. $l = l + 1$

Die bei diesem Verfahren auftretenden Probleme entstehen[5] unter anderem durch lokale Minima, zu denen die Verfahren konvergieren. Globale oder zumindest bessere Minima können z.B. durch mehrere Optimierungsversuche mit jeweils unterschiedlichen Startpunkten oder auch weitere, nicht in die Kostenfunktion integrierte Kriterien zur Lösungsgüte gefunden werden.

Die Suchrichtung wird generell so festgelegt, dass der Gradient $\mathbf{g}$ und die Suchrichtung $\mathbf{s}$ einen stumpfen Winkel bilden, d.h.

$$\mathbf{s}^T \cdot \mathbf{g} < 0 \qquad \text{(Abstiegsbedingung)}. \tag{3.32}$$

Die Begründung für diese Bedingung liefert Abbildung 3.5. Der Gradient weist in Richtung des größten Anstiegs und steht senkrecht auf der Isokoste[6]. Eine Verringerung der Kostenfunktion ist nur möglich, wenn die Suchrichtung vom Startpunkt aus in die obere Bildhälfte in Abbildung 3.5 weist. Die Bestimmung einer geeigneten Suchrichtung wird in den folgenden Abschnitten besprochen.

---

[5] außer bei konvexen Problemen
[6] Isokoste: Höhenlinie der Kostenfunktion

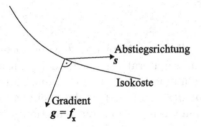

Abb. 3.5. Geometrische Veranschaulichung der Abstiegsbedingung (vgl. [72])

Bestimmung der Suchrichtung

Gradientenverfahren (Steilster Abstieg)

Bei dem einfachsten Verfahren zur Suchrichtungsbestimmung ist die Suchrichtung gleich dem negativen Gradienten

$$s^{(l)} = -g^{(l)}. \tag{3.33}$$

Die Erfüllung der Abstiegsbedingung kann leicht gezeigt werden mit

$$(s^{(l)})^T g^{(l)} = -|g|^2 < 0. \tag{3.34}$$

Der Erfolg dieses Verfahrens liegt in seiner Einfachheit. In der Regel wird ein Bereich in der Nähe des Minimums rasch erreicht. Nachteilig ist jedoch die

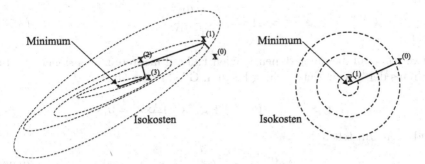

Abb. 3.6. Schlecht konditioniertes Problem (links) und gut konditioniertes Problem (rechts). Die Konditionierung beeinflusst wesentlich die Anzahl der notwendigen Iterationsschritte.

aufgrund des kleinen Gradienten langsame, lineare Konvergenz des Verfahrens in der unmittelbaren Nähe des Minimums. Bei schlechter Problemkonditionierung können mitunter sehr viele Iterationsschritte notwendig sein. Ein schlecht sowie ein gut konditioniertes Problem zeigt Abbildung 3.6.

Newton-Verfahren

Das Newton-Verfahren dient zur iterativen Lösung nichtlinearer Gleichungs-systeme $\mathbf{g}(\mathbf{x}) = \mathbf{0}$, d.h. zur iterativen Suche der Nullstellen von $\mathbf{g}(\mathbf{x})$. Wie Abbildung 3.7 für den eindimensionalen Fall veranschaulicht, wird in jeder Ite-ration die Nullstelle von $g(x)$ geschätzt, in dem beim vorhandenen Schätzwert für die Nullstelle $x^{(l)}$ eine Tangente an die Funktion $g(x^{(l)})$ gelegt wird. Der

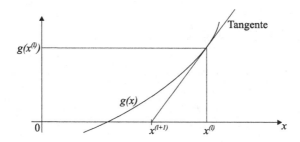

Abb. 3.7. Veranschaulichung des Newton-Verfahrens für den eindimensionalen Fall

Schnittpunkt der Tangente mit der x-Achse ist der neue Nullstellen-Schätz-wert $x^{(l+1)}$. Die Änderung $\Delta x = x^{(l+1)} - x^{(l)}$ erhält man mit

$$g(x^{(l+1)}) = g(x^{(l)}) + g'(x^{(l)})\Delta x \overset{!}{=} 0 \qquad (3.35)$$

und

$$\Delta x = -\frac{g(x^{(l)})}{g'(x^{(l)})}. \qquad (3.36)$$

Erweitert man diesen eindimensionalen Fall auf mehrere Dimensionen, ergibt sich aus der Taylor-Entwicklung bis zum Glied erster Ordnung[7]

$$\mathbf{g}(\mathbf{x}^{(l+1)}) = \mathbf{g}(\mathbf{x}^{(l)}) + \mathbf{g_x}(\mathbf{x}^{(l)})\Delta\mathbf{x}^{(l)} \overset{!}{=} \mathbf{0}, \qquad (3.37)$$

und nach Umstellen

$$\Delta\mathbf{x}^{(l)} = -\mathbf{g_x}^{-1}(\mathbf{x}^{(l)}) \cdot \mathbf{g}(\mathbf{x}^{(l)}). \qquad (3.38)$$

Die Verbindung zwischen dem Newton-Verfahren zur Nullstellensuche und Optimierungsproblemen entsteht aus der Optimalitätsbedingung erster Ord-nung, bei der die erste Ableitung bzw. der Gradient verschwinden muss. Das heißt, das Newtonverfahren wird zum Finden der Nullstellen der ersten Ablei-tung oder des Gradienten eingesetzt. Die Gleichungsbedingung $\mathbf{g}(\mathbf{x}) = \mathbf{0}$ des

---

[7] Dies entspricht der Berechnung der Tangente.

Newton-Verfahrens und die Optimalitätsbedingung erster Ordnung $f_{\mathbf{x}}(\mathbf{x}) = \mathbf{0}$ werden deshalb zusammengeführt

$$\mathbf{g}(\mathbf{x}) \overset{!}{=} \mathbf{0} \overset{!}{=} f_{\mathbf{x}}(\mathbf{x}). \tag{3.39}$$

Die im Newton-Verfahren genutzte Ableitung $\mathbf{g}_{\mathbf{x}}(\mathbf{x})$ entspricht der Hesse-Matrix der Kostenfunktion

$$\mathbf{g}_{\mathbf{x}}(\mathbf{x}) = f_{\mathbf{x}\mathbf{x}}(\mathbf{x}). \tag{3.40}$$

Mit Gleichung 3.38 sowie $\mathbf{s}^{(l)} = \Delta\mathbf{x}^{(l)}$ erhält man nun die Suchrichtung des Newton-Verfahrens zur Optimierung

$$\mathbf{s}^{(l)} = -f_{\mathbf{x}\mathbf{x}}^{-1}(\mathbf{x}^{(l)}) f_{\mathbf{x}}(\mathbf{x}^{(l)}). \tag{3.41}$$

Die Abstiegsbedingung

$$(\mathbf{s}^{(l)})^T f_{\mathbf{x}}^{(l)} = -f_{\mathbf{x}}^T(\mathbf{x}^{(l)}) f_{\mathbf{x}\mathbf{x}}^{-T}(\mathbf{x}^{(l)}) f_{\mathbf{x}}(\mathbf{x}^{(l)}) < 0. \tag{3.42}$$

ist erfüllt, wenn die Hesse-Matrix positiv definit ist, also $f_{\mathbf{x}\mathbf{x}}(\mathbf{x}^{(l)}) > 0$. Falls die Hesse-Matrix nicht positiv definit ist, kann sie im jeweiligen Iterationsdurchlauf durch die Einheitsmatrix ersetzt werden. In diesem Falle geht das Newton-Verfahren in das Gradientenverfahren über.

Der Vorteil des Newton-Verfahrens besteht in seiner schnellen Konvergenz, die in der Nähe des Optimums quadratisch ist. Nachteilig ist der hohe Rechenaufwand, der durch die Invertierung der Hesse-Matrix entsteht.

Quasi-Newton-Verfahren

Bei den Quasi-Newton-Verfahren wird die inverse Hesse-Matrix nicht wie im Newton-Verfahren berechnet, sondern symmetrisch approximiert. Daraus resultiert eine beachtliche Reduktion des notwendigen Rechenaufwandes.

Die Suchrichtung wird festgelegt mit

$$\mathbf{s}^{(0)} = -\mathbf{g}^{(0)} = -f_{\mathbf{x}}(\mathbf{x}^{(0)}) \tag{3.43}$$
$$\mathbf{s}^{(l)} = -\mathbf{G}^{(l)}\mathbf{g}^{(l)} \qquad l \geq 1. \tag{3.44}$$

Für die Approximation $\mathbf{G}$ der inversen Hesse-Matrix $f_{\mathbf{x}\mathbf{x}}(\mathbf{x}^{(l)})$ existieren verschiedene Lösungen, unter anderem [72]

1. die DFP-Formel[8]

$$\mathbf{G}^{(l)} = \left[\mathbf{G} + \frac{\boldsymbol{\delta}\boldsymbol{\delta}^T}{\boldsymbol{\delta}^T\mathbf{y}} - \frac{\mathbf{G}\mathbf{y}\mathbf{y}^T\mathbf{G}}{\mathbf{y}^T\mathbf{G}\mathbf{y}} \right]^{(l-1)}, \qquad (3.45)$$

mit

$$\boldsymbol{\delta}^{(l-1)} = \mathbf{x}^{(l)} - \mathbf{x}^{(l-1)}, \qquad (3.46)$$

$$\mathbf{y}^{(l-1)} = \mathbf{g}^{(l)} - \mathbf{g}^{(l-1)} \quad \text{und} \qquad (3.47)$$

$$\mathbf{G}^{(0)} = \mathbf{I} \quad \text{sowie} \qquad (3.48)$$

2. die BFGS-Formel[9]

$$\mathbf{G}^{(l)} = \left[\mathbf{G} + \left(1 + \frac{\mathbf{y}^T\mathbf{G}\mathbf{y}}{\boldsymbol{\delta}^T\mathbf{y}}\right) \frac{\boldsymbol{\delta}\boldsymbol{\delta}^T}{\boldsymbol{\delta}^T\mathbf{y}} - \frac{\boldsymbol{\delta}\mathbf{y}^T\mathbf{G} + \mathbf{G}\mathbf{y}\boldsymbol{\delta}^T}{\boldsymbol{\delta}^T\mathbf{y}} \right]^{(l-1)}, \qquad (3.49)$$

mit zur DFP-Formel äquivalenten Abkürzungen und Startbedingungen.

Die Abstiegsbedingung ist erfüllt, wenn $\mathbf{G}^{(l)} > 0$ gilt. Dies ist zumindest bei exakter Linienoptimierung[10] der Fall [72].

Die Vorteile des Verfahrens bestehen in der schnellen Konvergenz[11] und dem im Vergleich zum Newton-Verfahren erheblich verringerten Rechenaufwand. Die positive Definitheit der Approximationsmatrix $\mathbf{G}$ ist bei Nichtanwendung von exakter Linienoptimierung nicht gewährleistet und sollte dann mit einem geeigneten Kriterium überwacht werden. Die BFGS-Formel ist nach [72] in einigen Fällen robuster. Bei quadratischen Problemen der Dimension N ist eine Lösung nach maximal N Iterationsschritten erreicht.

Konjugiertes Gradientenverfahren

Das konjugierte Gradientenverfahren liegt bezüglich seiner Effizienz nur wenig hinter den Quasi-Newton-Verfahren zurück und benötigt gleichzeitig nur wenig mehr Gesamtrechenkapazität als ein Gradientenverfahren.

Die Suchrichtung ergibt sich aus

$$\mathbf{s}^{(0)} = -\mathbf{g}^{(0)} \qquad (3.50)$$

$$\mathbf{s}^{(l)} = -\mathbf{g}^{(l)} + \beta^{(l)} \cdot \mathbf{s}^{(l-1)} \qquad l \geq 1, \qquad (3.51)$$

mit der Fletcher-Reeves-Formel

---

[8] DFP: Davidon, Fletcher, Powell (1963)
[9] BFGS: Broyden, Fletcher, Goldfarb, Shano (1970)
[10] Linienoptimierung: siehe Abschnitt 3.3.3
[11] etwas langsamer als das Newton-Verfahren

$$\beta^{(l)} = \frac{(\mathbf{g}^{(l)})^T \mathbf{g}^{(l)}}{(\mathbf{g}^{(l-1)})^T \mathbf{g}^{(l-1)}} \tag{3.52}$$

oder der Polak-Ribière-Formel

$$\beta^{(l)} = \max\left\{\frac{(\mathbf{g}^{(l)})^T (\mathbf{g}^{(l)} - \mathbf{g}^{(l-1)})}{(\mathbf{g}^{(l-1)})^T \mathbf{g}^{(l-1)}}, 0\right\}. \tag{3.53}$$

Gemäß [81] konvergiert der Algorithmus mit der Polak-Ribière-Formel in der Regel schneller.

Die Prüfung der Abstiegsbedingung ergibt

$$(\mathbf{s}^{(l)})^T \mathbf{g}^{(l)} = -(\mathbf{g}^{(l)})^T \mathbf{g}^{(l)} + \beta^{(l)} (\mathbf{s}^{(l-1)})^T \mathbf{g}^{(l)}. \tag{3.54}$$

Der erste Term ist stets kleiner Null, während der zweite Term zumindest bei exakter Linienoptimierung stets Null ist. Daher ist die Abstiegsbedingung, zumindest bei exakter Linienoptimierung, immer erfüllt.

Zusammenfassung der Verfahren zur Bestimmung der Suchrichtung

Einen prinzipiellen Trend bezüglich des Aufwandes der einzelnen Verfahren zeigt Abbildung 3.8. In vielen Fällen sind die Quasi-Newton-Verfahren mit dem geringsten Gesamtaufwand verbunden [72].

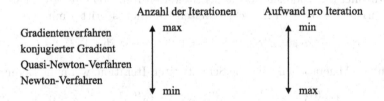

Abb. 3.8. Aufwand der einzelnen Optimierungsverfahren im Vergleich

3.3.3 Schrittweitenbestimmung

Effiziente Schrittweiten

Neben der Suchrichtung übt die Schrittweite einen entscheidenden Einfluss auf die Konvergenz eines Optimierungsverfahrens aus. Zu kleine Schrittweiten haben einen Anstieg der Anzahl der zur Konvergenz notwendigen Iterationen zur Folge. Unter Umständen kann der Algorithmus auch in nicht optimale

Punkte konvergieren. Zu große Schrittweiten verursachen häufig die Divergenz des Optimierungsverfahrens.

Einen Ausgleich zwischen beiden Extremen erhält man, wenn die Schrittweite $\alpha^{(l)}$ das Prinzip des hinreichenden Abstiegs erfüllt, d.h. [84]

$$f(\mathbf{x}^{(l)}) - f(\mathbf{x}^{(l)} + \alpha^{(l)}\mathbf{s}^{(l)}) \geq -c_1\alpha^{(l)}(\mathbf{g}^{(l)})^T\mathbf{s}^{(l)} \quad \text{und} \tag{3.55}$$

$$\alpha^{(l)} \geq -c_2\frac{(\mathbf{g}^{(l)})^T\mathbf{s}^{(l)}}{\|\mathbf{s}^{(l)}\|^2}, \tag{3.56}$$

mit $\mathbf{g}^{(l)} = f_{\mathbf{x}}(\mathbf{x}^{(l)})$ und den Konstanten $c_1, c_2 > 0$. Die Abstiegsbedingung $(\mathbf{g}^{(l)})^T\mathbf{s}^{(l)} < 0$ wird dabei als erfüllt vorausgesetzt.

Schrittweitenbestimmung nach Goldstein-Armijo

Zur Bestimmung einer Schrittweite, die der Anforderung des hinreichenden Abstiegs genügt, kann der iterativ durchzuführende Goldstein-Armijo-Abstiegstest [84, 2] genutzt werden. Hierbei wählt man den Iterationsstartwert unter den Voraussetzungen $(\mathbf{g}^{(l)})^T\mathbf{s}^{(l)} < 0$ und $0 < c_3 \ll c_4$ mit

$$\alpha_0 \in \left[-c_3\frac{(\mathbf{g}^{(l)})^T\mathbf{s}^{(l)}}{\|\mathbf{s}^{(l)}\|^2}, -c_4\frac{(\mathbf{g}^{(l)})^T\mathbf{s}^{(l)}}{\|\mathbf{s}^{(l)}\|^2} \right]. \tag{3.57}$$

Die Konstanten c_3 und c_4 sind problemabhängig zu wählen. Mit ihnen soll ein sinnvoller Startbereich für die Schrittweiten-Iteration eingegrenzt werden. Die Schrittweite α_j wird im Schrittweiten-Iterationsschritt j mit

$$\alpha_j = \beta^j\alpha_0 \qquad j = 0, 1, 2, \ldots; 0 < \beta < 1 \tag{3.58}$$

berechnet. Abgebrochen wird die Schrittweiten-Iteration, wenn die Bedingung

$$f(\mathbf{x}^{(l)}) - f(\mathbf{x}^{(l)} + \alpha_j\mathbf{s}^{(l)}) \geq -\delta\alpha_j(\mathbf{g}^{(l)})^T\mathbf{s}^{(l)}, \quad \delta > 0 \tag{3.59}$$

erfüllt ist. Das Ergebnis der Schrittweiten-Iteration kann nun in der aktuellen Iteration des Optimierungsalgorithmus als Schrittweite übernommen werden, d.h. $\alpha^{(l)} = \alpha_j$. Einen Beweis für die Konvergenz dieses Verfahrens zu einer Schrittweite, die dem Prinzip des hinreichenden Abstiegs genügt, findet man unter anderem in [84]. Geeignete Werte für δ und β sind nach [84]

$$\delta = 0.01 \quad \text{und} \quad \beta = 0.5. \tag{3.60}$$

Die graphische Interpretation dieses Tests enthält Abbildung 3.9. Verglichen wird beim Armijo-Verfahren die Änderung der Kostenfunktion $f(\mathbf{x}^{(l)} + \alpha_j\mathbf{s}^{(l)})$ mit dem mit der Tangente im Punkt $\mathbf{x}^{(l)}$ erzielbaren hypothetischen Abstieg. Unterscheiden sich Kostenfunktion und Tangente zu stark, ist die Schrittweite zu groß und die Tangente approximiert die Kostenfunktion im Punkt

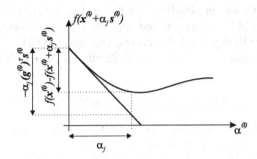

Abb. 3.9. Graphische Interpretation der Goldstein-Armijo-Regel

$\mathbf{x}^{(l)} + \alpha_j \mathbf{s}^{(l)}$ nicht mehr ausreichend gut. In diesem Fall muss die Schrittweite reduziert werden. Die Bewertung des Grades der Unterschiedlichkeit wird vor allem durch den Parameter δ gesteuert.

Unter Nutzung der Interpolationsformeln in Abschnitt 3.2.2 kann, alternativ zu Gleichung 3.58, eine geeignete Schrittweite auch mit einer Kombination aus Interpolation und Reduktion ermittelt werden [84]

$$\alpha_j = \max\left\{\underline{\beta}\alpha_{j-1}, \min\left\{\overline{\beta}\alpha_{j-1}, \frac{-(\mathbf{g}^{(l)})^T\mathbf{s}^{(l)}\alpha_{j-1}^2}{2[f(\mathbf{x}^{(l)}+\alpha_{j-1}\mathbf{s}^{(l)})-f(\mathbf{x}^{(l)})+\alpha_{j-1}(\mathbf{g}^{(l)})^T\mathbf{s}^{(l)}]}\right\}\right\},$$
(3.61)

mit $0 < \underline{\beta} < \overline{\beta} < 1$.

Linienoptimierung

Einen anderen Weg zur Bestimmung sinnvoller Schrittweiten bietet die Linienoptimierung. Die mehrdimensionale Optimierungsaufgabe wird hier auf ein eindimensionales Problem zurückgeführt. Gesucht wird das Minimum der Kostenfunktion $f(\cdot)$ entlang der durch die Suchrichtung vorgegebenen Linie, d.h.

$$\min_{\alpha>0} F(\alpha) = \min_{\alpha>0} f(\mathbf{x}^{(l)} + \alpha\mathbf{s}^{(l)}).$$
(3.62)

Die Schrittweite im aktuellen Iterationsschritt ist dann

$$\alpha^{(l)} = \operatorname{argmin}[f(\mathbf{x}^{(l)} + \alpha\mathbf{s}^{(l)})] = \alpha^*.$$
(3.63)

Dieser Vorgehensweise liegt die Annahme zugrunde, dass die Suchrichtung zum Minimum der Kostenfunktion weist. Bei vorausgesetzter Gültigkeit dieser Annahme stimmt das Minimum entlang der durch die Suchrichtung vorgegebenen Linie mit dem gesuchten Minimum der Kostenfunktion überein. Zumindest bei gut konditionierten Problemen kann die Anzahl der Iterationen auf diese Weise erheblich reduziert werden.

Am Linienminimum ist der Gradient der Kostenfunktion orthogonal zur Suchrichtung. Dies ergibt sich unmittelbar aus der Optimalitätsbedingung erster Ordnung $F'(\alpha^*) = 0$, denn mit der Kurzschreibweise $\mathbf{X}(\alpha) = \mathbf{x}^{(l)} + \alpha \mathbf{s}^{(l)}$ und unter Berücksichtigung von Gleichung 3.62 gilt im Minimalpunkt der Suchrichtungslinie [72]

$$F'(\alpha^*) = f_{\mathbf{x}}[\mathbf{X}(\alpha^*)]^T \cdot \mathbf{X}'(\alpha^*) = \mathbf{g}[\mathbf{X}(\alpha^*)]^T \cdot \mathbf{s}^{(l)} \stackrel{!}{=} 0. \qquad (3.64)$$

Setzt man in Gleichung 3.64 die Vorschrift für die Änderung des Funktionsargumentes innerhalb des Iterationszyklus

$$\mathbf{x}^{(l+1)} = \mathbf{x}^{(l)} + \alpha^* \mathbf{s}^{(l)} = \mathbf{X}(\alpha^*) = \mathbf{X}(\alpha^{(l)}) \qquad (3.65)$$

ein und substituiert zusätzlich

$$\mathbf{g}[\mathbf{X}(\alpha^{(l)})] = \mathbf{g}^{(l+1)}, \qquad (3.66)$$

erhält man sofort die Orthogonalität von Gradient und Suchrichtung im Linienminimum

$$(\mathbf{g}^{(l+1)})^T \cdot \mathbf{s}^{(l)} = 0. \qquad (3.67)$$

Dieses Ergebnis ist sehr plausibel, denn hätte der Gradient noch Anteile in Suchrichtung, könnte der gefundene Punkt kein Optimalpunkt sein.

Falls die Funktion $f(\cdot)$ nicht analytisch vorliegt oder die Ableitung nicht analytisch berechnet werden kann, besteht die Möglichkeit, das Minimum entlang der Linie $\mathbf{s}$ mit einem nummerischen Verfahren zu finden, z.B. mit den in Abschnitt 3.2 besprochenen Interpolationsformeln. Da die Linienoptimierung bei zerklüfteten Kostenfunktionen nicht immer schnell zum Minimum führt, sollte die nummerische Suche des Linienminimums nicht zu exzessiv betrieben werden. Falls die Anzahl der notwendigen Suchschritte zu stark ansteigt, kann man die Linienoptimierung abbrechen oder mit einem Re-Start neu beginnen. Dieser Weg wird im folgenden Abschnitt beschrieben.

3.3.4 Abbruch und Re-Start

Die iterative Suche nach dem Minimum wird beendet, wenn die erste Optimalitätsbedingung zu einem gewissen Grade erfüllt ist. In der Regel vergleicht man dazu den Betrag bzw. die Länge des Gradienten $|\mathbf{g}^{(l)}|$ mit einem Schwellwert $\theta > 0$. Der Abbruch der Minimumsuche erfolgt, wenn die Länge des Gradienten den vorgegebenen Schwellwert unterschreitet, d.h.

$$|\mathbf{g}^{(l)}| < \theta. \qquad (3.68)$$

Prinzipiell können, insbesondere bei den Quasi-Newton- und KonjugierteGradienten-Verfahren, Fehlsituationen auftreten, die zu einer schlechten Konvergenz führen. In solchen Fällen müssen geeignete Gegenmaßnahmen getroffen werden, z.B. die Durchführung eines Re-Starts [72]. Dazu wird die laufende

Iteration abgebrochen und im nächsten Zyklus zunächst mit der Suchrichtung $\mathbf{s}^{(l+1)} = -\mathbf{g}^{(l+1)}$ weiter optimiert. Gegebenenfalls muss darüber hinaus ein neuer Startvektor ausgewählt werden.

Typische Merkmale von Fehlsituationen, die einen Re-Start erfordern können, sind unter anderem eine zu hohe Anzahl von Iterationen in der Linienoptimierung oder eine Degeneration der Suchrichtung. Während bei der Linienoptimierung die Anzahl der notwendigen Iterationsschritte im Vorfeld begrenzt werden kann, sind Degenerationen der Suchrichtung erkennbar durch zum Gradienten orthogonale Suchrichtungsvektoren, d.h.

$$(\mathbf{s}^{(l)})^T \cdot \mathbf{g}^{(l)} \approx 0. \tag{3.69}$$

Diese Degeneration kann zum Beispiel mit einer vorgegebenen Schwelle θ überprüft werden

$$(\mathbf{s}^{(l)})^T \cdot \mathbf{g}^{(l)} < \theta |\mathbf{s}^{(l)}| \cdot |\mathbf{g}^{(l)}| \qquad \theta > 0. \tag{3.70}$$

Insbesondere bei hochdimensionalen Problemen wird in [10, 72] ein periodischer Re-Start alle N Iterationen vorgeschlagen.

3.4 Skalierungsfragen

Alle Suchrichtungsverfahren können das Optimierungsproblem bei exakter Linienoptimierung in einer Iteration lösen, falls es sich bei der Kostenfunktion um eine Hyperkugel handelt. Praktisch liegen solche Optimierungsprobleme nur in seltenen Fällen vor. Vielmehr muss häufig von einer schlechten Konditionierung ausgegangen werden, die zu einer erheblichen Erhöhung der Anzahl der notwendigen Iterationen führen kann. Eine Umskalierung der Optimierungsvariablen wird in einigen Fällen dazu genutzt, die Konditionierung des Optimierungsproblems zu verbessern. Unter Umständen ist damit eine beträchtliche Verringerung der Anzahl der Iterationsschritte möglich.

Die Optimierungsvariablen werden dazu mit einer regulären quadratischen Matrix $\mathbf{A}$ transformiert [72]

$$\tilde{\mathbf{x}} = \mathbf{A}\mathbf{x} \qquad \text{bzw.} \qquad \mathbf{x} = \mathbf{A}^{-1}\tilde{\mathbf{x}}. \tag{3.71}$$

Die ursprüngliche Kostenfunktion $f(\mathbf{x})$ kann nun in eine Funktion der transformierten Variablen überführt werden

$$f(\mathbf{x}) = f(\mathbf{A}^{-1}\tilde{\mathbf{x}}) = \tilde{f}(\tilde{\mathbf{x}}). \tag{3.72}$$

Der Zusammenhang zwischen den Gradienten der ursprünglichen und der transformierten Kostenfunktion ergibt sich mit [72]

$$\mathbf{g}(\mathbf{x}) = f_{\mathbf{x}}(\mathbf{x}) = \tilde{f}_{\mathbf{x}}(\tilde{\mathbf{x}}) = \left(\frac{d\tilde{\mathbf{x}}}{d\mathbf{x}}\right)^T \tilde{f}_{\tilde{\mathbf{x}}}(\tilde{\mathbf{x}}) = \mathbf{A}^T \tilde{\mathbf{g}}(\tilde{\mathbf{x}}). \tag{3.73}$$

Analog folgt für die Hesse-Matrix

$$\mathbf{g_x}(\mathbf{x}) = \frac{d[\mathbf{A}^T \tilde{\mathbf{g}}(\tilde{\mathbf{x}})]}{d\mathbf{x}} = \mathbf{A}^T \tilde{f}_{\tilde{\mathbf{x}}\tilde{\mathbf{x}}}(\tilde{\mathbf{x}})\mathbf{A} \tag{3.74}$$

bzw.

$$\tilde{f}_{\tilde{\mathbf{x}}\tilde{\mathbf{x}}}(\tilde{\mathbf{x}}) = \mathbf{A}^{-T} f_{\mathbf{x}\mathbf{x}}(\mathbf{x})\mathbf{A}^{-1}. \tag{3.75}$$

Eine gute Konditionierung liegt vor, wenn

$$\tilde{f}_{\tilde{\mathbf{x}}\tilde{\mathbf{x}}}(\tilde{\mathbf{x}}) \approx \mathbf{I}. \tag{3.76}$$

Probleme bei dieser Umskalierung ergeben sich nicht nur aus der Schwierigkeit, eine geeignete Matrix $\mathbf{A}$ zu finden, sondern vor allem auch aus dem Umstand, dass die Hesse-Matrizen im Allgemeinen nicht konstant sind, d.h. sich von Iteration zu Iteration verändern. Trotz der Veränderlichkeit der Hesse-Matrix sind jedoch oft Verbesserungen erreichbar. Gegebenenfalls kann die Umskalierung auch zu Beginn eines jeden Re-Starts neu durchgeführt werden, z.B. mit der Skalierungsmatrix [10, 72]

$$\mathbf{A} = diag\left(\sqrt{f_{x_i x_i}(\mathbf{x})}\right). \tag{3.77}$$

3.5 Minimierung unter Gleichungsnebenbedingungen

3.5.1 Problemstellung und Optimalitätsbedingungen

Optimalitätsbedingung nach Lagrange

Das allgemeine Optimierungsproblem in Gleichung 3.3 reduziert sich in diesem Fall auf

$$\min_{\mathbf{x} \in X} f(\mathbf{x}) \qquad \text{mit} \quad X = \{\mathbf{x} | \mathbf{c}(\mathbf{x}) = \mathbf{0}\}. \tag{3.78}$$

Zur Ableitung der Optimalitätsbedingung wird die Kostenfunktion um einen zulässigen Punkt $\bar{\mathbf{x}}$ in eine nach dem ersten Glied abgebrochene Taylor-Reihe entwickelt [72]

$$f(\bar{\mathbf{x}} + \Delta\mathbf{x}) \approx f(\bar{\mathbf{x}}) + f_{\mathbf{x}}(\bar{\mathbf{x}})^T \Delta\mathbf{x}. \tag{3.79}$$

Zulässig sind lediglich die Variationen $\Delta\mathbf{x}$, die in erster Näherung die Gleichungsnebenbedingungen erfüllen, d.h. für die $\mathbf{c}(\bar{\mathbf{x}} + \Delta\mathbf{x}) = \mathbf{0}$ gilt. Die nach dem ersten Glied abgebrochene Taylor-Reihenentwicklung der Gleichungsnebenbedingungen ergibt

$$\mathbf{c}(\bar{\mathbf{x}} + \Delta\mathbf{x}) \approx \mathbf{c}(\bar{\mathbf{x}}) + \mathbf{c}_{\mathbf{x}}(\bar{\mathbf{x}})\Delta\mathbf{x} \overset{!}{=} \mathbf{0}, \tag{3.80}$$

mit der Jacobi-Matrix

$$\mathbf{c_x} = \begin{pmatrix} c_{1,x_1} & c_{1,x_2} & \cdots & c_{1,x_N} \\ c_{2,x_1} & c_{2,x_2} & \cdots & c_{2,x_N} \\ \vdots & \vdots & \ddots & \vdots \\ c_{M,x_1} & c_{M,x_2} & \cdots & c_{M,x_N} \end{pmatrix} = \begin{pmatrix} -\!\!\!- c_{1,x} -\!\!\!- \\ -\!\!\!- c_{2,x} -\!\!\!- \\ \vdots \\ -\!\!\!- c_{M,x} -\!\!\!- \end{pmatrix}. \tag{3.81}$$

Da bereits $\bar{\mathbf{x}}$ zulässig ist, d.h. $\mathbf{c}(\bar{\mathbf{x}}) = \mathbf{0}$, muss als notwendige Bedingung

$$\mathbf{c_x}(\bar{\mathbf{x}})\varDelta\mathbf{x} = \mathbf{0} \tag{3.82}$$

gelten. Dies bedeutet, dass eine zulässige Variation $\varDelta\mathbf{x}$ orthogonal zu jeder Zeile der Jacobi-Matrix $\mathbf{c_x}(\bar{\mathbf{x}})$ sein muss. Die Zeilenvektoren $c_{i,x}$ der Jacobi-

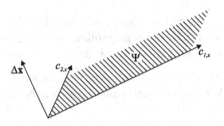

Abb. 3.10. Die zulässige Variation ist orthogonal zur Ableitung der Gleichungsnebenbedingungen (hier für den Fall $N = 3$ und $M = 2$).

Matrix sind an einem regulären Punkt unabhängig und spannen einen M-dimensionalen Vektorraum $\varPsi$ auf, der, wie in Abbildung 3.10 gezeigt, orthogonal zur Variation $\varDelta\mathbf{x}$ ist [72]. Die zulässige Variation $\varDelta\mathbf{x}$ liegt demnach im komplementären, $(N - M)$-dimensionalen Vektorraum $\varPhi$. Da jedoch auch die erste Variation $f_{\mathbf{x}}^T\varDelta\mathbf{x}$ der Kostenfunktion *im Optimum* verschwinden muss[12], ist auch der Gradient $f_{\mathbf{x}}$ orthogonal zur Variation $\varDelta\mathbf{x}$ und liegt daher ebenfalls im Vektorraum $\varPsi$ [72]. Aus diesem Grunde kann er durch die Linearkombination der Zeilenvektoren der Jacobi-Matrix dargestellt werden, d.h.

$$f_{\mathbf{x}}(\mathbf{x}^*) + \sum_{i=1}^{M} \lambda_i^* \mathbf{c}_{i,\mathbf{x}}^T(\mathbf{x}^*) = \mathbf{0}, \tag{3.83}$$

mit den skalaren λ_i^* als optimale Lagrange-Multiplikatoren. Gleichung 3.83 kann als Gradient der Lagrange-Funktion

$$L(\mathbf{x}, \boldsymbol{\lambda}) = f(\mathbf{x}) + \boldsymbol{\lambda}^T \mathbf{c}(\mathbf{x}) \tag{3.84}$$

---

[12] Nicht der gesamte Gradient $f_{\mathbf{x}}$ muss im Optimum Null sein, sondern lediglich seine Komponenten in die zulässigen Variationsrichtungen. Dies ist gleichbedeutend mit $f_{\mathbf{x}} \perp \varDelta\mathbf{x}$.

aufgefasst werden, wobei $\boldsymbol{\lambda}^T = [\lambda_1, \lambda_2, \ldots, \lambda_M]$ bezeichnet. Die notwendigen Optimalitätsbedingungen erster Ordnung sind damit

$$L_{\mathbf{x}}(\mathbf{x}^*, \boldsymbol{\lambda}^*) = f_{\mathbf{x}}(\mathbf{x}^*) + \mathbf{c}_{\mathbf{x}}^T(\mathbf{x}^*)\boldsymbol{\lambda}^* = \mathbf{0} \qquad \text{und} \qquad (3.85)$$

$$L_{\boldsymbol{\lambda}}(\mathbf{x}^*, \boldsymbol{\lambda}^*) = \mathbf{c}(\mathbf{x}^*) = \mathbf{0}. \qquad (3.86)$$

Als notwendige Bedingung zweiter Ordnung gilt wie im Falle der Optimierung ohne Gleichungsnebenbedingungen

$$L_{\mathbf{xx}}(\mathbf{x}^*, \boldsymbol{\lambda}^*) > 0. \qquad (3.87)$$

Die Bedeutung der Lagrange-Multiplikatoren

Die Lagrange-Multiplikatoren λ_i können als Maß für die Empfindlichkeit des Minimalwertes der Kostenfunktion gegenüber einer Veränderung der jeweiligen Gleichungsnebenbedingung $c_i(\mathbf{x})$ interpretiert werden (vgl. [72]).[13]

Die Begründung sei im Folgenden kurz skizziert. Es wird zunächst eine kleine Abweichung ε der Gleichungsnebenbedingungen vom Nullpunkt angenommen, d.h.[14]

$$c(\mathbf{x}) = \varepsilon, \qquad (3.88)$$

mit $0 < |\varepsilon| \ll 1$. Die Lagrange-Funktion wird dann zu

$$L(\mathbf{x}, \lambda, \varepsilon) = f(\mathbf{x}) + \lambda[c(\mathbf{x}) - \varepsilon]. \qquad (3.89)$$

Die Lösungen des Optimierungsproblems können nun, wie in Abbildung 3.11 beispielhaft gezeigt, als Funktionen von ε aufgefasst werden, d.h. $\mathbf{x}^* = \mathbf{x}^*(\varepsilon)$ und $\lambda^* = \lambda^*(\varepsilon)$ bzw. $f^*(\varepsilon) = f[\mathbf{x}^*(\varepsilon)]$ und $L^*(\varepsilon) = L(\mathbf{x}^*(\varepsilon), \lambda^*(\varepsilon))$.

Die Empfindlichkeit des Minimums der Kostenfunktion gegenüber Veränderungen der Gleichungsnebenbedingungen erhält man, indem man ε variiert, die zugehörigen Optimalstellen $\mathbf{x}^*(\varepsilon)$ zu einer Kurve verbindet und schließlich die Ableitung von $\partial f(\mathbf{x}^*(\varepsilon))/\partial \varepsilon$ entlang dieser Kurve berechnet[15]

$$\begin{aligned} \frac{\partial f(\mathbf{x}^*(\varepsilon))}{\partial \varepsilon} &= \lim_{\Delta\varepsilon \to 0} \frac{f(\mathbf{x}^*(\varepsilon + \Delta\varepsilon)) - f(\mathbf{x}^*(\varepsilon))}{\Delta\varepsilon} \\ &= \lim_{\Delta\varepsilon \to 0} \frac{L(\mathbf{x}^*(\varepsilon + \Delta\varepsilon)) - L(\mathbf{x}^*(\varepsilon))}{\Delta\varepsilon} = \frac{\partial L(\mathbf{x}^*(\varepsilon), \lambda^*(\varepsilon))}{\partial \varepsilon}. \end{aligned} \qquad (3.90)$$

---

[13] Mit der Änderung der Gleichungsnebenbedingungen ändert sich auch der zulässige Bereich. Deshalb ändern sich im Allgemeinen auch Stelle und Funktionswert des Minimums der Kostenfunktion.

[14] Aus Übersichtlichkeitsgründen wird in der folgenden Rechnung $M = 1$, d.h. nur eine Nebenbedingung, angenommen.

[15] Die ausreichende Differenzierbarkeit von $f(\mathbf{x}(\varepsilon))$ und $L(\mathbf{x}(\varepsilon), \lambda(\varepsilon))$ wird vorausgesetzt.

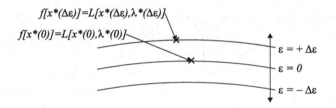

Abb. 3.11. Variation der Nebenbedingungen durch Variation von ε und die Veränderung der Kostenfunktion

Die Gleichheit der Ableitungen von Kosten- und Lagrangefunktion ergibt sich wegen $[c(\mathbf{x}) - \varepsilon] = 0$ in allen durch die Nebenbedingung vorgegebenen Punkten.

Aus Gleichung 3.90 folgt ferner

$$\frac{\partial f(\mathbf{x}^*(\varepsilon))}{\partial \varepsilon} = \frac{\partial L(\mathbf{x}^*(\varepsilon), \lambda^*(\varepsilon))}{\partial \varepsilon} \tag{3.91}$$

$$= f_{\mathbf{x}}^T(\mathbf{x}^*)\frac{\partial \mathbf{x}^*}{\partial \varepsilon} + \frac{\partial \lambda^*}{\partial \varepsilon}[c(\mathbf{x}^*) - \varepsilon] + \lambda^*\left[c_{\mathbf{x}}^T(\mathbf{x}^*)\frac{\partial \mathbf{x}^*}{\partial \varepsilon} - 1\right] \tag{3.92}$$

$$= \left[f_{\mathbf{x}}^T(\mathbf{x}^*) + \lambda^* c_{\mathbf{x}}^T(\mathbf{x}^*)\right]\frac{\partial \mathbf{x}^*}{\partial \varepsilon} + \frac{\partial \lambda^*}{\partial \varepsilon}[c(\mathbf{x}^*) - \varepsilon] - \lambda^* \tag{3.93}$$

$$= L_{\mathbf{x}}^T(\mathbf{x}^*, \lambda^*)\frac{\partial \mathbf{x}^*}{\partial \varepsilon} + \frac{\partial \lambda^*}{\partial \varepsilon}L_{\lambda}(\mathbf{x}^*, \lambda^*) - \lambda^*. \tag{3.94}$$

Aufgrund der Optimalitätsbedingungen $L_{\mathbf{x}}(\mathbf{x}^*, \lambda^*) = \mathbf{0}$ und $L_{\lambda}(\mathbf{x}^*, \lambda^*) = 0$ erhält man schließlich

$$\frac{\partial f(\mathbf{x}^*)}{\partial \varepsilon} = -\lambda^*. \tag{3.95}$$

Die Interpretation der Lagrange'schen Multiplikatormethode

Die Nebenbedingungen sind nicht in allen Punkten der Kostenfunktion $f(\mathbf{x})$ erfüllt, sondern nur in bestimmten Bereichen, z.B. entlang einer Kurve $c(\mathbf{x}) = 0$. Eine solche Kurve für genau eine Nebenbedingung ist in Abbildung 3.12 dargestellt.

Ein Optimalpunkt entlang dieser Kurve ist dann gefunden, wenn der Gradient $f_{\mathbf{x}}$ keine Anteile in Richtung der Nebenbedingungskurve aufweist, also senkrecht auf der Kurve steht. Der Gradient der Nebenbedingungen steht ebenfalls senkrecht auf der Kurve, da sich der Wert der Nebenbedingung entlang der Kurve nicht ändert. Für ein Optimum müssen also die Gradienten von Kostenfunktion und Nebenbedingung parallel verlaufen, d.h.

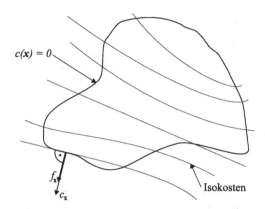

Abb. 3.12. Kurve, auf der die Nebenbedingungen erfüllt sind

$$f_{\mathbf{x}}(\mathbf{x}^*) = \tilde{\lambda} \cdot c_{\mathbf{x}}(\mathbf{x}^*). \tag{3.96}$$

Der skalare Proportionalitätsfaktor $\lambda = -\tilde{\lambda}$ sorgt für gleiche Länge und Vorzeichen der Gradientenvektoren. Durch Umstellen der Gleichung 3.96, d.h.

$$f_{\mathbf{x}}(\mathbf{x}^*) + \lambda \cdot c_{\mathbf{x}}(\mathbf{x}^*) = \mathbf{0} \tag{3.97}$$

wird deutlich, dass es sich hier um den Gradienten einer neuen Kostenfunktion

$$L(\mathbf{x}) = f(\mathbf{x}) + \lambda \cdot c(\mathbf{x}) \tag{3.98}$$

handelt. Bei mehreren Gleichungsnebenbedingungen kann diese letztere Gleichung erweitert werden auf

$$L(\mathbf{x}) = f(\mathbf{x}) + \sum_i \lambda_i \cdot c_i(\mathbf{x}), \tag{3.99}$$

womit man die Lagrange-Kostenfunktion erhält.

3.5.2 Optimierungsalgorithmen

Üblicherweise wird im Falle der Minimierung unter Gleichungsnebenbedingungen versucht, die Lagrange-Funktion aufzustellen und das daraus resultierende Gleichungssystem zur Optimierung zu lösen. Einen äquivalenten Weg bietet das *Einsetzverfahren*, das unter anderem in [84] und [2] ausführlich beschrieben ist.

3.6 Minimierung unter Gleichungs- und Ungleichungsnebenbedingungen

3.6.1 Problemstellung und Optimalitätsbedingungen

Die Optimierung mit Gleichungs- und Ungleichungsnebenbedingungen entspricht der allgemeinen Form des Optimierungsproblems in Gleichung 3.3

$$\min_{\mathbf{x} \in X} f(\mathbf{x}) \quad \text{mit} \quad X = \{\mathbf{x} | \mathbf{c}(\mathbf{x}) = \mathbf{0}; \mathbf{h}(\mathbf{x}) \le \mathbf{0}\}. \tag{3.100}$$

Für einen möglichen Lösungsansatz und zur Bestimmung der Optimalitätsbedingungen können die Ungleichungsnebenbedingungen $\mathbf{h}(\mathbf{x}) \le \mathbf{0}$ in *aktive* und *inaktive* Ungleichungsnebenbedingungen unterschieden werden, wobei im zulässigen Punkt $\bar{\mathbf{x}}$ für die aktiven Ungleichungsnebenbedingungen $\mathbf{h}^a(\bar{\mathbf{x}}) = \mathbf{0}$ und für die inaktiven Ungleichungsnebenbedingungen $\mathbf{h}^i(\bar{\mathbf{x}}) < \mathbf{0}$ gilt.

Die inaktiven Ungleichungsnebenbedingungen können bei der Optimierung zunächst unberücksichtigt bleiben. Für die aktiven Ungleichungsnebenbedingungen muss jedoch die zulässige Variation $\Delta\mathbf{x}$ um einen zulässigen Punkt der Bedingung

$$\mathbf{h}^a_{\mathbf{x}}(\bar{\mathbf{x}})\Delta\mathbf{x} \le \mathbf{0} \tag{3.101}$$

genügen. Mit der gleichen Begründung wie im Falle der Gleichungsnebenbedingungen ist der Gradient der Kostenfunktion im Optimum $\mathbf{x}^*$ eine Linearkombination der Zeilenvektoren der Jacobi-Matrizen der Gleichungs- und der aktiven Ungleichungsnebenbedingungen, d.h.

$$f_{\mathbf{x}}(\mathbf{x}^*) + \sum_{i=1}^{M} \lambda_i^* \mathbf{c}_{i,\mathbf{x}}^T(\mathbf{x}^*) + \sum_{i \in Q^a} \mu_i^* \mathbf{h}_{i,\mathbf{x}}^{a,T}(\mathbf{x}^*) = \mathbf{0}, \tag{3.102}$$

bei gleichzeitiger Gültigkeit von $\mathbf{c}(\mathbf{x}^*) = \mathbf{0}$ und $\mathbf{h}^a(\mathbf{x}^*) = \mathbf{0}$. Im Optimum gilt darüber hinaus $\mu_i^* \ge 0$. Dies bedeutet, dass, wie in Abbildung 3.13 für eine Ungleichungsnebenbedingung gezeigt, der Gradient der Kostenfunktion entgegengesetzt zum Gradienten der aktiven Ungleichungsnebenbedingung ausgerichtet sein muss. Andernfalls würde die Kostenfunktion im zulässigen Bereich ($\mathbf{h}^a < \mathbf{0}$) kleinere Werte annehmen können ohne die Ungleichungsnebenbedingung zu verletzen[16], der Punkt $\mathbf{x}^*$ also nicht optimal sein.

Die allgemeine Kostenfunktion einschließlich Gleichungs- und Ungleichungsnebenbedingungen ist

$$L(\mathbf{x}, \boldsymbol{\lambda}, \boldsymbol{\mu}) = f(\mathbf{x}) + \boldsymbol{\lambda}^T \mathbf{c}(\mathbf{x}) + \boldsymbol{\mu}^T \mathbf{h}(\mathbf{x}), \tag{3.103}$$

---

[16] Der negative Gradient zeigt in den zulässigen Bereich hinein.

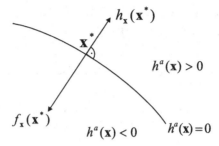

Abb. 3.13. Bedeutung der Ungleichungsnebenbedingung für eine UNB (vgl. [72])

mit $\boldsymbol{\lambda}$ als Vektor der *Lagrange-Multiplikatoren* und $\boldsymbol{\mu}$ als Vektor der *Kuhn-Tucker-Multiplikatoren*. Die notwendigen Bedingungen 1. Ordnung (Kuhn-Tucker-Bedingungen) für ein Optimum sind

$$L_{\mathbf{x}}(\mathbf{x}^*, \boldsymbol{\lambda}^*, \boldsymbol{\mu}^*) = f_{\mathbf{x}}(\mathbf{x}^*) + \mathbf{c}_{\mathbf{x}}(\mathbf{x}^*)^T \boldsymbol{\lambda}^* + \mathbf{h}_{\mathbf{x}}(\mathbf{x}^*)^T \boldsymbol{\mu}^* = \mathbf{0} \qquad (3.104)$$

$$L_{\boldsymbol{\lambda}}(\mathbf{x}^*, \boldsymbol{\lambda}^*, \boldsymbol{\mu}^*) = \mathbf{c}(\mathbf{x}^*) = \mathbf{0} \qquad (3.105)$$

$$\mathbf{h}(\mathbf{x}^*) \leq \mathbf{0} \qquad (3.106)$$

$$\mathbf{h}(\mathbf{x}^*)^T \boldsymbol{\mu}^* = \mathbf{0} \qquad (3.107)$$

$$\boldsymbol{\mu}^* \geq \mathbf{0}. \qquad (3.108)$$

Die notwendige Bedingung $\mathbf{h}(\mathbf{x}^*)^T \boldsymbol{\mu}^* = \mathbf{0}$ kann auch als

$$h_i(\mathbf{x}^*) \cdot \mu_i^* = 0, \qquad i = 1, \ldots, q \qquad (3.109)$$

interpretiert werden, da für die Kuhn-Tucker-Multiplikatoren $\mu_i \geq 0$ gilt und die Ungleichungsnebenbedingung $h_i(\mathbf{x}^*) \leq 0$ erfüllt sein muss. Dementsprechend sind alle Summanden dieser notwendigen Bedingung nicht-positiv. Da die Summe jedoch Null ist, müssen auch die Summanden Null sein. Daraus folgt, dass für die inaktiven Ungleichungsnebenbedingungen $\mu_i^* = 0$ und für die aktiven Ungleichungsnebenbedingungen $\mu_i^* \geq 0$ gilt.

Für die Lösung des Optimierungsproblems müssen nun alle möglichen Kombinationen von aktiven und inaktiven Ungleichungsnebenbedingungen abgearbeitet werden.

3.6.2 Weitere Lösungsansätze

Prinzipiell besteht die Möglichkeit, zunächst das Optimierungsproblem ohne Berücksichtigung der Ungleichungsnebenbedingungen zu lösen. Ist eine Lösung gefunden, kann geprüft werden, ob die gefundene Lösung den Ungleichungsnebenbedingungen genügt. Falls dies so ist, ist die Optimierungsaufgabe gelöst. Ist nur eine Nebenbedingung verletzt, kann eventuell noch auf heuristischem Wege eine Optimallösung gefunden werden. Bei mehreren verletzten Ungleichungsnebenbedingungen dürfte dies jedoch erheblich schwieriger sein, so dass insgesamt ein wie oben beschriebenes systematisches Verfahren benötigt wird.

3.7 Weitere Bemerkungen

Der Einsatz der hier vorgestellten Optimierungsverfahren ist im Allgemeinen auf Optimierungsprobleme niedriger Dimension beschränkt. Insbesondere bei großen Problemdimensionen ist die Anwendung anderer Methoden notwendig, z.B. Straffunktionsverfahren, Verfahren der zulässigen Richtung, Verfahren der Multiplikatoren-Straffunktion oder der exakten Straffunktion. Diese sind in vielen Mathematik-Programmbibliotheken verfügbar. Prinzipiell ist es sinnvoll, solche Bibliotheken zu benutzen, da die eigene Entwicklung im Allgemeinen zu aufwändig und fehleranfällig ist. Auskunft über geeignete Programmbibliotheken gibt unter anderem [14].

Die Entwicklungen der letzten Jahre haben viele weitere Optimierungsstrategien hervorgebracht, so zum Beispiel [85] genetische Algorithmen [43, 49, 42], Simulated Annealing [58] und evolutionäre Verfahren [79, 35, 36]. Insbesondere im Falle von stark zerklüfteten oder durch große Ebenen gekennzeichneten Kostenfunktionen können solche Verfahren vorteilhaft eingesetzt werden.

4

Bayes-Schätzung

4.1 Überblick

Die Bayes-Schätzung gehört zu den wichtigsten Konzepten der Signalverarbeitung. Sie stellt die Verallgemeinerung und damit ein Rahmenwerk für einen Großteil klassischer und moderner Schätzalgorithmen dar, so unter anderem für die *Maximum-Likelihood*-Schätzung, die Schätzung nach dem Prinzip des kleinsten mittleren Fehlerquadrats und die *Maximum-a-posteriori*-Schätzung.

Die Bayes-Schätzung basiert auf dem Satz von Bayes:

Mit den Auftretenswahrscheinlichkeiten $P(A)$ und $P(B)$ für die Ereignisse A und B, den bedingten Wahrscheinlichkeiten[1] $P(A|B)$ und $P(B|A)$ sowie der Wahrscheinlichkeit $P(A, B)$ des gemeinsamen Auftretens der Ereignisse A und B gilt

$$P(A|B)P(B) = P(B|A)P(A) = P(A, B). \qquad (4.1)$$

Direkt aus dem Satz von Bayes folgt

$$P(A|B) = \frac{P(B|A)P(A)}{P(B)}. \qquad (4.2)$$

Die Wahrscheinlichkeit $P(A)$ in Gleichung 4.2 wird als *A-priori*-Wahrscheinlichkeit bezeichnet, da sie die Wahrscheinlichkeit des Auftretens des Ereignisses A ohne Wissen um das Ereignis B wiedergibt. Die *A-priori*-Wahrscheinlichkeit repräsentiert im Bayes'schen Ansatz das Vorwissen. $P(A|B)$ ist die

---

[1] Die *bedingte Wahrscheinlichkeit* $P(A|B)$ ist die Auftretenswahrscheinlichkeit von Ereignis A, wenn das Ereignis B bei einem anderen Zufallsexperiment oder bei einer vorherigen Durchführung des gleichen Zufallsexperimentes bereits eingetreten ist.

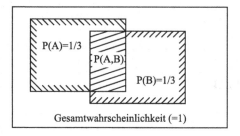

Abb. 4.1. Veranschaulichung des Satzes von Bayes ($P(B|A) = 1/4$, $P(A|B) = 1/4$, $P(A, B) = 1/12$)

A-posteriori-Wahrscheinlichkeit, die die Wahrscheinlichkeit des Ereignisses A nach Eintreffen des Ereignisses B angibt.

Analog zu den Auftretenswahrscheinlichkeiten in Gleichung 4.2 gilt für Verteilungsdichten der kontinuierlichen Zufallsvariablen X und Y

$$f_{X|Y}(x|y) = \frac{f_{Y|X}(y|x)f_X(x)}{f_Y(y)}. \tag{4.3}$$

4.2 Schätztheorie

4.2.1 Zielstellung

Die Schätztheorie beschäftigt sich zum einen mit der Entwicklung von Schätzalgorithmen, zum anderen aber auch mit der Bewertung und dem Vergleich verschiedener Schätzverfahren. Die Aufgabe von Schätzverfahren besteht in der Schätzung von Parametern von z.B. Verteilungsdichtefunktionen[2] bzw. statistischen Modellen[3], der Schätzung der Koeffizienten prädiktiver Modelle[4] oder auch der Schätzung von Signalen aus getätigten Beobachtungen.

---

[2] z.B. Mittelwert und Varianz

[3] Ein statistisches bzw. probabilistisches Modell beschreibt die zufälligen Signalfluktuationen mit Verteilungsdichtefunktionen und deren Parametern wie z.B. Mittelwert, Varianz, Kovarianz. Die Motivation für die Anwendung von Modellen in der Signalverarbeitung ergibt sich aus der Möglichkeit der Verknüpfung von im Modell enthaltenem Vorwissen mit den beobachteten Signalwerten. Auf diesem Wege ist zum Beispiel der Ausschluss abwegiger Messdaten möglich bzw. allgemein die Gewichtung von Vorwissen und beobachteten Signalwerten entsprechend ihrer statistischen Sicherheit. Darüber hinaus geben Modelle die Möglichkeit, Struktur, Zusammensetzung und Entstehung von Signalen zu verstehen und gezielt zu beeinflussen.

[4] Ein prädiktives Modell beschreibt die Korrelationsstruktur eines Signals, siehe z.B. lineare Prädiktion. Ebenso können auch konditionale probabilistische Modelle die Korrelationsstruktur erfassen.

4.2.2 Bewertungskriterien für Schätzer

Schätzalgorithmen[5] verarbeiten beobachtete Signalwerte. Diese Signalwerte sind in gewissem Grade zufällig oder unterliegen zufälligen Schwankungen. Deshalb sind die Ergebnisse eines Schätzers gleichfalls zufällig und können z.B. mit einer Verteilungsfunktion statistisch beschrieben werden. Mit Hilfe dieser statistischen Beschreibung der Schätzergebnisse ist deren Bewertung möglich.

Wichtig für die Bewertung eines Schätzverfahrens sind vor allem folgende Kennwerte:

- der Erwartungswert $E[\hat{\boldsymbol{\theta}}]$: Mit ihm wird das mittlere Ergebnis eines Schätzalgorithmus angegeben[6].

- der systematische Fehler[7] $E[\hat{\boldsymbol{\theta}} - \boldsymbol{\theta}] = E[\hat{\boldsymbol{\theta}}] - \boldsymbol{\theta}$: Mit ihm wird die durchschnittliche Abweichung des Schätzergebnisses vom wahren Parameterwert bemessen.

- die Kovarianz der Schätzung $\text{Cov}(\hat{\boldsymbol{\theta}}) = E[(\hat{\boldsymbol{\theta}} - E[\hat{\boldsymbol{\theta}}])(\hat{\boldsymbol{\theta}} - E[\hat{\boldsymbol{\theta}}])^T]$: Sie ist ein Index für die Schwankung des Schätzergebnisses um den mittleren Schätzwert sowie Abhängigkeiten der verschiedenen Schätzwertschwankungen untereinander.

Ein guter Schätzer weist keinen systematischen Fehler sowie eine möglichst kleine Kovarianz auf. Mit Bezug auf die Bewertungskriterien können folgende Eigenschaften von Schätzalgorithmen definiert werden:

- erwartungstreuer Schätzer[8]:

$$E[\hat{\boldsymbol{\theta}}] = \boldsymbol{\theta} \qquad (4.4)$$

Der Schätzalgorithmus ermittelt den wahren Parameterwert.

- asymptotisch erwartungstreuer Schätzer[9]:

$$\lim_{N \to \infty} E[\hat{\boldsymbol{\theta}}] = \boldsymbol{\theta} \qquad (4.5)$$

Das Ergebnis des Schätzalgorithmus nähert sich mit größerer Datenanzahl N an den wahren Parameterwert an.

---

[5] Schätzalgorithmen werden auch als Schätzer bezeichnet.
[6] $\hat{\boldsymbol{\theta}}$ bezeichnet den Schätzwert für den zu schätzenden Parameter $\boldsymbol{\theta}$.
[7] engl.: bias
[8] engl.: unbiased estimator
[9] engl.: asymptotically unbiased estimator

- konsistenter Schätzer[10]:

$$\lim_{N \to \infty} P[|\hat{\boldsymbol{\theta}} - \boldsymbol{\theta}| > \varepsilon] = 0, \tag{4.6}$$

mit $\varepsilon > 0$ und beliebig klein. Gleichung 4.6 beschreibt eine Konvergenz in Wahrscheinlichkeit und definiert die einfache bzw. schwache Konsistenz. Von starker Konsistenz spricht man bei Konvergenz mit Wahrscheinlichkeit 1 [13]

$$P[\lim_{N \to \infty} \hat{\boldsymbol{\theta}} = \boldsymbol{\theta}] = 1 \tag{4.7}$$

und von Konsistenz im quadratischen Mittel bei

$$\lim_{N \to \infty} E[(\hat{\boldsymbol{\theta}} - \boldsymbol{\theta})^T (\hat{\boldsymbol{\theta}} - \boldsymbol{\theta})] = 0. \tag{4.8}$$

Starke Konsistenz und Konsistenz im quadratischen Mittel schließen einfache Konsistenz mit ein.

- wirksamer Schätzer[11]:

$$\text{Cov}(\hat{\boldsymbol{\theta}}_{wirksam}) \leq \text{Cov}(\hat{\boldsymbol{\theta}}) \tag{4.9}$$

Die Varianz des Schätzergebnisses besitzt im eindimensionalen Fall, d.h. $\boldsymbol{\theta} = \theta$, den kleinstmöglichen Wert. Im Falle mehrdimensionaler Parametervektoren berührt $\text{Cov}(\hat{\boldsymbol{\theta}}_{wirksam})$ die Cramér-Rao-Schranke (siehe Abschnitt 4.2.3).

Beim Entwurf von Schätzalgorithmen ist man im Allgemeinen bemüht, wirksame Verfahren zu entwickeln. Dies ist mit den im Abschnitt 4.4 beschriebenen Maximum-Likelihood-Schätzern (ML-Schätzern) prinzipiell möglich. Allerdings sind ML-Schätzer oft schwierig zu berechnen, so dass in diesen Fällen auf einfachere, meist nicht-wirksame Methoden, z.B. Momenten-Verfahren, zurückgegriffen werden muss.

4.2.3 Die Cramér-Rao-Schranke

Das Kriterium der Wirksamkeit soll im Folgenden noch einmal näher betrachtet werden. Prinzipiell können Schätzalgorithmen einen Parameterwert nicht beliebig genau bestimmen. Es gibt vielmehr eine untere Schranke für die Varianz einer Schätzung. Die Varianz $\text{var}(\hat{\theta}) = E[(\hat{\theta} - \theta)^2]$ eines erwartungstreuen Schätzers ist von unten beschränkt durch die Cramér-Rao-Schranke (CR-Schranke), die sich aus der Verteilungsdichte des beobachteten Signals[12] $f(y|\theta)$ mit

---

[10] engl.: consistent estimator
[11] engl.: efficient estimator
[12] Aus Übersichtlichkeitsgründen wird die bedingte Verteilungsdichte $f_{Y|\Theta}(y|\theta)$ im Folgenden mit $f(y|\theta)$ notiert.

$$\text{var}(\hat{\theta}) \geq \frac{1}{E\left[(\partial \log f(y|\theta)/\partial \theta)^2\right]}\Bigg|_{\substack{\theta=\text{wahrer} \\ \text{Parameterwert}}} = I^{-1}(\theta) \qquad (4.10)$$

ergibt. $I(\theta)$ ist die Fisher-Information.

Zur Herleitung von Gleichung 4.10 wendet man die Cauchy-Schwarz'sche Ungleichung[13] auf $E[(\partial \log f(y|\theta)/\partial \theta)(\hat{\theta} - \theta)]$ an und erhält

$$(E[(\partial \log f(y|\theta)/\partial \theta)(\hat{\theta} - \theta)])^2 \leq E[(\partial \log f(y|\theta)/\partial \theta)^2]E[(\hat{\theta} - \theta)^2]. \qquad (4.11)$$

Ferner gilt bei vorausgesetzter Vertauschbarkeit von Differentiation und Integration sowie $E[\hat{\theta}] = \theta$

$$E\left[\frac{\partial \log f(y|\theta)}{\partial \theta}(\hat{\theta} - \theta)\right] = \int \frac{\partial \log f(y|\theta)}{\partial \theta}(\hat{\theta} - \theta)f(y|\theta)dy \qquad (4.12)$$

$$= \int \frac{\partial f(y|\theta)}{\partial \theta}(\hat{\theta} - \theta)dy \qquad (4.13)$$

$$= \int \frac{\partial f(y|\theta)}{\partial \theta}\hat{\theta}dy - \theta \int \frac{\partial f(y|\theta)}{\partial \theta}dy \qquad (4.14)$$

$$= \frac{\partial}{\partial \theta}\int f(y|\theta)\hat{\theta}dy - \theta\frac{\partial}{\partial \theta}\int f(y|\theta)dy \qquad (4.15)$$

$$= \frac{\partial}{\partial \theta}E[\hat{\theta}] - \theta\frac{\partial}{\partial \theta}1 = \frac{\partial}{\partial \theta}\theta - \theta \cdot 0 = 1. \qquad (4.16)$$

Wird dieses Ergebnis in Gleichung 4.11 eingesetzt, ergibt sich sofort die Cramér-Rao-Schranke. Ein Schätzer, der die CR-Schranke erreicht, ist wirksam.

Soll eine differenzierbare Funktion $g(\theta)$ geschätzt werden, ergibt sich die CR-Schranke mit

$$\text{var}(\hat{g}) \geq \frac{(\partial g/\partial \theta)^2}{E\left[(\partial \log f(y|\theta)/\partial \theta)^2\right]}. \qquad (4.17)$$

Für Parameter-Vektoren ist die CR-Schranke für die Kovarianz-Matrix des Parametervektors $\mathbf{C}_{\hat{\theta}}$ gegeben mit

$$\mathbf{C}_{\hat{\theta}} \geq \mathbf{I}_{\theta}^{-1}, \qquad (4.18)$$

wobei $\mathbf{I}_{\theta}$ die Informations-Matrix bezeichnet und Gleichung 4.18 die positive Semidefinitheit von $\mathbf{C}_{\hat{\theta}} - \mathbf{I}_{\theta}^{-1}$ bedeutet. Die Informations-Matrix ist definiert mit

$$\mathbf{I}_{\theta} = E\left[\left(\frac{\partial \log f(\mathbf{y}|\boldsymbol{\theta})}{\partial \boldsymbol{\theta}}\right)\left(\frac{\partial \log f(\mathbf{y}|\boldsymbol{\theta})}{\partial \boldsymbol{\theta}}\right)^T\right]\Bigg|_{\substack{\boldsymbol{\theta}=\text{wahrer} \\ \text{Parameterwert}}}. \qquad (4.19)$$

---

[13] $(E[x_1 x_2])^2 \leq E[x_1^2]E[x_2^2]$

Soll eine differenzierbare vektorwertige Funktion $\mathbf{g}(\boldsymbol{\theta})$ geschätzt werden, ergibt sich die CR-Schranke aus

$$\mathbf{C}(\hat{\mathbf{g}}) \geq \mathbf{J}\mathbf{I}_{\boldsymbol{\theta}}^{-1}\mathbf{J}^{T}, \tag{4.20}$$

mit $\mathbf{J}$ als Jacobi-Matrix der Funktion $\mathbf{g}(\boldsymbol{\theta})$.

4.3 Verfahren der Bayes-Schätzung

4.3.1 Die Berechnung der A-posteriori-Verteilungsdichte

Das Bayes'sche Konzept beruht auf der folgenden Idee: Vorhandenes Wissen über mögliche Signal- oder Parameterwerte kann zur Bewertung beobachteter Signal- oder geschätzter Parameterwerte genutzt werden. Das Vorwissen[14] legt einen *A-priori*-Raum aller möglichen Werte des Signals bzw. des zu schätzenden Parameters fest. Nach erfolgter Beobachtung, d.h. mit Kenntnis des gemessenen Signals entsteht ein *A-posteriori*-Raum, in dem alle sowohl mit dem Vorwissen als auch mit der Beobachtung konsistenten Werte enthalten sind.

Die Umsetzung dieser Idee erfolgt mit der Verknüpfung von *A-priori*- und *A-posteriori*-Verteilungsdichte gemäß dem Bayes'schen Satz. Zum Beispiel erhält man für einen beobachteten Signalvektor $\mathbf{y} = [y_1, y_2, \ldots, y_N]$ und den gesuchten Parametervektor $\boldsymbol{\theta}$

$$f_{\Theta|Y}(\boldsymbol{\theta}|\mathbf{y}) = \frac{f_{Y|\Theta}(\mathbf{y}|\boldsymbol{\theta})f_{\Theta}(\boldsymbol{\theta})}{f_Y(\mathbf{y})} = \frac{f_{Y|\Theta}(\mathbf{y}|\boldsymbol{\theta})f_{\Theta}(\boldsymbol{\theta})}{\int\limits_{\theta} f_{Y|\Theta}(\mathbf{y}|\boldsymbol{\theta})f_{\Theta}(\boldsymbol{\theta})d\boldsymbol{\theta}}. \tag{4.21}$$

Die *A-posteriori*-Verteilungsdichte $f_{\Theta|Y}(\boldsymbol{\theta}|\mathbf{y})$ ist proportional zum Produkt von *A-priori*-Verteilungsdichte $f_{\Theta}(\boldsymbol{\theta})$ und der aus der Beobachtung resultierenden Likelihood-Funktion $f_{Y|\Theta}(\mathbf{y}|\boldsymbol{\theta})$. Der Prior wichtet also die Beobachtung und sorgt so für deren Konsistenz mit dem Vorwissen.

Die Verteilungsdichte $f_Y(\mathbf{y})$ ist für eine konkrete Beobachtung konstant und besitzt lediglich die Aufgabe der Normierung. Allerdings ist $f_Y(\mathbf{y})$ wegen des Integrals im Nenner des rechten Terms von Gleichung 4.21 oft schwierig zu berechnen. Im Falle gaußscher Verteilungsdichten ist jedoch die analytische Berechnung von $f_Y(\mathbf{y})$ und damit auch von $f_{\Theta|Y}(\boldsymbol{\theta}|\mathbf{y})$ relativ einfach, wie das folgende Beispiel zeigt.

Beispiel 4.1. Gesucht ist die *A-posteriori*-Verteilungsdichte für den Mittelwert μ bei gaußschem Prior und N gaußverteilten, voneinander statistisch unabhängigen Messdaten. Die Varianz der Messdaten wird als bekannt vorausgesetzt.

---

[14] engl.: prior

Der Prior für den Mittelwert ist gegeben mit

$$f(\mu) = \frac{1}{\sqrt{2\pi\sigma_0^2}} \exp\left(-\frac{(\mu - \mu_0)^2}{2\sigma_0^2}\right),$$ (4.22)

wobei die Vorinformation sowohl in der gaußschen Verteilungsdichte als auch in den konkreten Werten für Varianz und Mittelwert, d.h. σ_0^2 bzw. μ_0 besteht. Da die N beobachteten Werte y_i laut Aufgabenstellung einer gaußschen Verteilungsdichte mit bekannter Varianz σ^2 entstammen und darüber hinaus untereinander statistisch unabhängig sind, ergibt sich die Likelihood-Funktion mit

$$f_{Y|\mu}(\mathbf{y}|\mu) = \prod_{i=1}^{N} f(y_i|\mu) = \prod_{i=1}^{N} \frac{1}{\sqrt{2\pi\sigma^2}} \exp\left(-\frac{(y_i - \mu)^2}{2\sigma^2}\right)$$ (4.23)

$$= (2\pi\sigma^2)^{-N/2} \exp\left(-\frac{\sum_{i=1}^{N}(y_i - \mu)^2}{2\sigma^2}\right).$$ (4.24)

Die Verteilungsdichte $f(\mathbf{y})$ ergibt sich unter Berücksichtigung der Gleichungen 4.22 und 4.24 zu

$$f(\mathbf{y}) = \int_{-\infty}^{\infty} f_{Y|\mu}(\mathbf{y}|\mu) f(\mu) d\mu = \int_{-\infty}^{\infty} \prod_{i=1}^{N} f(y_i|\mu) f(\mu) d\mu$$

$$= \frac{(2\pi\sigma^2)^{-N/2}}{\sqrt{2\pi\sigma_0^2}} \int_{-\infty}^{\infty} \exp\left(-\frac{\sigma^2(\mu - \mu_0)^2 + \sigma_0^2 \sum_{i=1}^{N}(y_i - \mu)^2}{2\sigma_0^2\sigma^2}\right) d\mu$$

$$= \frac{(2\pi\sigma^2)^{-N/2}}{\sqrt{2\pi\sigma_0^2}} \exp\left(-\frac{\sigma^2\mu_0^2 + \sigma_0^2 \sum_{i=1}^{N} y_i^2}{2\sigma_0^2\sigma^2}\right)$$

$$\times \int_{-\infty}^{\infty} \exp\left(-\frac{\mu^2(\sigma^2 + N\sigma_0^2)}{2\sigma_0^2\sigma^2} + \frac{\mu(\mu_0\sigma^2 + \sigma_0^2 \sum_{i=1}^{N} y_i)}{\sigma_0^2\sigma^2}\right) d\mu.$$ (4.25)

Mit [14]

$$\int_{-\infty}^{\infty} \exp\left(-\frac{1}{2}A \cdot \mu^2 + h \cdot \mu\right) d\mu = \sqrt{\frac{2\pi}{A}} \exp\left(\frac{h^2}{2A}\right)$$ (4.26)

und

$$A = \frac{\sigma^2 + N\sigma_0^2}{\sigma_0^2\sigma^2} \qquad h = \frac{\sigma^2\mu_0 + \sigma_0^2 \sum_{i=1}^{N} y_i}{\sigma_0^2\sigma^2}$$ (4.27)

erhält man

$$f(\mathbf{y}) \propto \exp\left(-\frac{1}{2}\frac{\sigma^2\mu_0^2 + \sigma_0^2\sum_{i=1}^{N}y_i^2}{\sigma_0^2\sigma^2} + \frac{1}{2}\frac{(\sigma^2\mu_0 + \sigma_0^2\sum_{i=1}^{N}y_i)^2}{\sigma_0^2\sigma^2(\sigma^2 + N\sigma_0^2)}\right).\qquad(4.28)$$

Nach Einsetzen der Gleichungen 4.22, 4.24 und 4.28 in Gleichung 4.21 ergibt sich die gaußsche *A-posteriori*-Verteilungsdichte $f_{\mu|Y}(\mu|\mathbf{y})$ mit dem Mittelwert und der Varianz

$$\mu_N = \mu_0\frac{\sigma^2}{\sigma^2 + N\sigma_0^2} + \frac{\sigma_0^2}{\sigma^2 + N\sigma_0^2}\sum_{i=1}^{N}y_i \qquad(4.29)$$

$$\frac{1}{\sigma_N^2} = \frac{N}{\sigma^2} + \frac{1}{\sigma_0^2} \qquad\text{bzw.}\qquad \sigma_N^2 = \sigma_0^2\frac{\sigma^2}{N\sigma_0^2 + \sigma^2}. \qquad(4.30)$$

Aus den Gleichungen 4.29 und 4.30 wird die Abhängigkeit der Parameterschätzwerte von der Datenanzahl deutlich. Wenn keine Messdaten vorhanden sind, gleichen die Parameterschätzwerte den Parameterwerten der *A-priori*-Verteilungsdichte. Für große N schrumpft jedoch der Einfluss des Vorwissens. Abbildung 4.2 zeigt dieses Prinzip qualitativ.

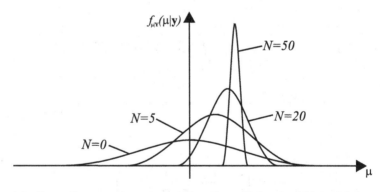

Abb. 4.2. Bayes-Lernen: *A-posteriori*-Verteilungsdichte in Abhängigkeit von der Datenanzahl N (qualitative Darstellung)

□

4.3.2 Klassische Schätzverfahren im Kontext der Bayes-Schätzung

Die Bayes'sche Risikofunktion

Während im vorigen Abschnitt die *A-posteriori*-Verteilungsdichte mit ihren Parametern direkt berechnet wurde, erfolgt die Parameterschätzung nun durch die Minimierung der Bayes'schen Risikofunktion

$$R(\hat{\theta}) = E[C(\hat{\theta}, \theta)] \tag{4.31}$$

$$= \int\limits_{\theta} \int\limits_{y} C(\hat{\theta}, \theta) f_{Y,\Theta}(y, \theta) dy d\theta \tag{4.32}$$

$$= \int\limits_{\theta} \int\limits_{y} C(\hat{\theta}, \theta) f_{\Theta|Y}(\theta|y) f_Y(y) dy d\theta, \tag{4.33}$$

mit $C(\hat{\theta}, \theta)$ als gewichtete Fehlerfunktion, die die um einen Gewichtsfaktor ergänzten Schätzfehler enthält.[15] Da bei gegebenem Beobachtungsvektor die Verteilungsdichte $f_Y(y)$ konstant, d.h. ohne Einfluss auf die Optimierung ist, kann die Risikofunktion reduziert werden auf (bedingte Risikofunktion)

$$R(\hat{\theta}|y) = \int\limits_{\theta} C(\hat{\theta}, \theta) f_{\Theta|Y}(\theta|y) d\theta. \tag{4.34}$$

Die Minimierung der bedingten Risikofunktion führt zum Bayes-Schätzwert des Parameters θ

$$\hat{\theta}_{Bayes} = \underset{\hat{\theta}}{\text{argmin}} \ R(\hat{\theta}|y) \tag{4.35}$$

$$= \underset{\hat{\theta}}{\text{argmin}} \ \left(\int\limits_{\theta} C(\hat{\theta}, \theta) f_{\Theta|Y}(\theta|y) d\theta \right) \tag{4.36}$$

$$= \underset{\hat{\theta}}{\text{argmin}} \ \left(\int\limits_{\theta} C(\hat{\theta}, \theta) f_{Y|\Theta}(y|\theta) f_{\Theta}(\theta) d\theta \right). \tag{4.37}$$

In Abhängigkeit von gewichteter Fehlerfunktion $C(\hat{\theta}, \theta)$ und Prior $f_{\Theta}(\theta)$ ergeben sich verschiedene Schätzungen, unter anderem die im Folgenden besprochene *Maximum-a-posteriori*-Schätzung (MAP), die *Maximum-Likelihood*-Schätzung (ML), die Schätzung nach dem kleinsten mittleren Fehlerquadrat (minimum mean square error, MMSE) und die Schätzung nach dem kleinsten mittleren Absolutfehler (minimum mean absolute value of error, MAVE).

---

[15] Die Berechnung der Risikofunktion kann als dreistufiges Verfahren interpretiert werden: Zunächst werden für alle denkbaren Kombinationen von y und θ die Schätzwerte $\hat{\theta}$ berechnet. Anschließend bewertet die gewichtete Fehlerfunktion $C(\hat{\theta}, \theta)$ die entstandenen Schätzfehler. Zum Beispiel können größere Fehler stärker gewichtet werden als kleine. Die Mittelung der bewerteten Schätzfehler im dritten Schritt liefert schließlich *einen einzigen* Kennwert für die Güte der Schätzung. Schätzverfahren können nun so entworfen werden, dass sie diesen Kennwert minimieren.

Maximum-a-posteriori-Schätzung

Die gewichtete Fehlerfunktion der MAP-Schätzung ist gegeben mit

$$C_{MAP}(\hat{\theta}, \theta) = 1 - \delta(\hat{\theta}, \theta). \tag{4.38}$$

Aus Gleichung 4.34 folgt somit für die bedingte Risikofunktion[16]

$$R_{MAP}(\hat{\theta}|y) = \int_{\theta} [1 - \delta(\hat{\theta}, \theta)] f_{\Theta|Y}(\theta|y) d\theta \tag{4.39}$$

$$= 1 - f_{\Theta|Y}(\hat{\theta}|y). \tag{4.40}$$

Das Minimum der bedingten Risikofunktion $R_{MAP}(\hat{\theta}|y)$ ist genau dort, wo die bedingte Verteilungsdichte $f_{\Theta|Y}(\hat{\theta}|y)$ maximal wird. Für den optimalen MAP-Schätzwert $\hat{\theta}_{MAP}$ folgt deshalb

$$\hat{\theta}_{MAP} = \operatorname*{argmax}_{\theta} f_{\Theta|Y}(\theta|y) = \operatorname*{argmax}_{\theta} f_{Y|\Theta}(y|\theta) f_{\Theta}(\theta). \tag{4.41}$$

Maximum-Likelihood-Schätzung

Die ML-Schätzung besitzt die gleiche gewichtete Fehlerfunktion wie die MAP-Schätzung

$$C_{ML}(\hat{\theta}, \theta) = 1 - \delta(\hat{\theta}, \theta). \tag{4.42}$$

Folglich erhält man die gleiche bedingte Risikofunktion

$$R_{ML}(\hat{\theta}|y) = \int_{\theta} [1 - \delta(\hat{\theta}, \theta)] f_{\Theta|Y}(\theta|y) d\theta \tag{4.43}$$

$$= 1 - f_{\Theta|Y}(\hat{\theta}|y). \tag{4.44}$$

Analog zur MAP-Schätzung liegt das Minimum der bedingten Risikofunktion $R_{ML}(\hat{\theta}|y)$ beim Maximum der bedingten Verteilungsdichte $f_{\Theta|Y}(\hat{\theta}|y)$, d.h.

$$\hat{\theta}_{ML} = \operatorname*{argmax}_{\theta} f_{\Theta|Y}(\theta|y) = \operatorname*{argmax}_{\theta} f_{Y|\Theta}(y|\theta) f_{\Theta}(\theta). \tag{4.45}$$

---

[16] unter Berücksichtigung der Ausblendeigenschaft der Deltafunktion

$$f(\hat{\theta}) = \int_{-\infty}^{\infty} f(\theta) \delta(\hat{\theta}, \theta) d\theta$$

und der Flächeneigenschaft der Verteilungsdichte

$$\int_{-\infty}^{\infty} f(\theta) d\theta = 1$$

Der Unterschied zur MAP-Schätzung resultiert aus einem anderen Prior. Bei der ML-Schätzung wird eine konstante *A-priori*-Verteilungsdichte $f_\Theta(\theta) = const.$ angenommen. Alle Werte von θ sind aufgrund dieser *A-priori*-Verteilungsdichte zunächst gleichwahrscheinlich. Es fließt demnach kein Vorwissen über den Parameter θ in die Schätzung ein. Der ML-Schätzer ist demnach gegeben mit

$$\hat{\theta}_{ML} = \underset{\theta}{\mathrm{argmax}}\ f_{Y|\Theta}(y|\theta). \tag{4.46}$$

Die Maximum-Likelihood-Schätzung wird im Abschnitt 4.4 vertieft.

Schätzung nach dem kleinsten mittleren Fehlerquadrat

Die gewichtete Fehlerfunktion ergibt sich bei diesem Schätzverfahren aus der quadrierten Differenz zwischen Schätzwert $\hat{\theta}$ und wahrem Parameter θ

$$C_{MSE}(\hat{\theta}, \theta) = (\hat{\theta} - \theta)^2. \tag{4.47}$$

Daraus folgt die bedingte Risikofunktion mit

$$R_{MSE}(\hat{\theta}|y) = E[(\hat{\theta} - \theta)^2|y] \tag{4.48}$$

$$= \int_\theta (\hat{\theta} - \theta)^2 f_{\Theta|Y}(\theta|y)d\theta. \tag{4.49}$$

Das Minimum der bedingten Risikofunktion erhält man mit

$$\frac{\partial R_{MSE}(\hat{\theta}|y)}{\partial \hat{\theta}} = 2\hat{\theta}\underbrace{\int_\theta f_{\Theta|Y}(\theta|y)d\theta}_{=1} - 2\int_\theta \theta f_{\Theta|Y}(\theta|y)d\theta \tag{4.50}$$

$$= 2\hat{\theta} - 2\int_\theta \theta f_{\Theta|Y}(\theta|y)d\theta \overset{!}{=} 0. \tag{4.51}$$

Somit entspricht die MMSE-Schätzung dem bedingten Erwartungswert

$$\hat{\theta}_{MMSE} = \int_\theta \theta f_{\Theta|Y}(\theta|y)d\theta = E[\theta|y]. \tag{4.52}$$

Schätzung nach dem kleinsten mittleren Absolutfehler

Als gewichtete Fehlerfunktion wird der Absolutwert der Abweichung zwischen Schätzwert $\hat{\theta}$ und wahrem Parameter θ genutzt

$$C_{MAVE}(\hat{\theta}, \theta) = |\hat{\theta} - \theta|. \tag{4.53}$$

Die daraus resultierende bedingte Risikofunktion ist

$$R_{MAVE}(\hat{\theta}|y) = E[|\hat{\theta} - \theta|] \tag{4.54}$$

$$= \int_{\theta} |\hat{\theta} - \theta| f_{\Theta|Y}(\theta|y) d\theta \tag{4.55}$$

$$= \int_{-\infty}^{\hat{\theta}(y)} [\hat{\theta} - \theta] f_{\Theta|Y}(\theta|y) d\theta + \int_{\hat{\theta}(y)}^{\infty} [\theta - \hat{\theta}] f_{\Theta|Y}(\theta|y) d\theta. \tag{4.56}$$

Die Minimierung erfolgt mit

$$\frac{\partial R_{MAVE}(\hat{\theta}|y)}{\partial \hat{\theta}} = \int_{-\infty}^{\hat{\theta}(y)} f_{\theta|Y}(\theta|y) d\theta - \int_{\hat{\theta}(y)}^{\infty} f_{\theta|Y}(\theta|y) d\theta \stackrel{!}{=} 0. \tag{4.57}$$

Durch Umstellen ergibt sich unmittelbar

$$\int_{-\infty}^{\hat{\theta}(y)} f_{\theta|Y}(\theta|y) d\theta = \int_{\hat{\theta}(y)}^{\infty} f_{\theta|Y}(\theta|y) d\theta. \tag{4.58}$$

Die MAVE-Schätzung $\hat{\theta}_{MAVE}$ ergibt somit den Median[17] der *A-posteriori*-Verteilungsdichte für den Parameter θ.

Die Abbildungen 4.3 und 4.4 fassen die verschiedenen gewichteten Fehlerfunktionen und die daraus resultierenden Schätzwerte am Beispiel einer bimodalen Verteilungsdichte noch einmal zusammen.

4.4 Die Maximum-Likelihood-Schätzung

Aufgrund ihrer hervorragenden Eigenschaften ist die ML-Schätzung ein sehr beliebtes Schätzverfahren. Sie ist *asymptotisch* erwartungstreu und gleichfalls wirksam. Die Schätzergebnisse sind gaußverteilt. Die ML-Schätzung liefert in der Regel auch bei kurzen Datensätzen gute Ergebnisse, obwohl die asymptotischen Eigenschaften dann keine Gültigkeit besitzen.

Die ML-Schätzung besitzt die Eigenschaft der Invarianz [57]. Dies bedeutet, dass die ML-Schätzung einer Funktion $\mathbf{g}(\boldsymbol{\theta})$ auch durch die Transformation des geschätzten Parametervektors $\hat{\boldsymbol{\theta}}$ berechnet werden kann, d.h.

---

[17] Der Median ist der Punkt einer Verteilung, für den größere Werte und kleinere Werte gleichwahrscheinlich sind, also $P(x < x_{Median}) = P(x > x_{Median})$.

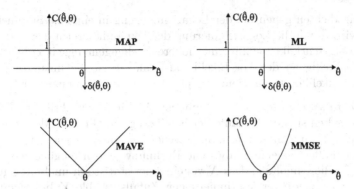

Abb. 4.3. Klassische gewichtete Fehlerfunktionen im Kontext der Bayes-Schätzung

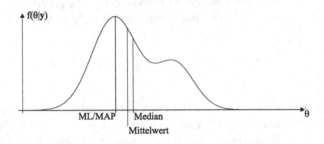

Abb. 4.4. Beispielhafte Resultate der klassischen Schätzverfahren im Kontext der Bayes-Schätzung (MAP für den Fall fehlender Vorinformation)

$$\hat{\mathbf{g}} = \mathbf{g}(\hat{\boldsymbol{\theta}}). \tag{4.59}$$

Gemäß Gleichung 4.46 muss im Rahmen der ML-Schätzung *der* Parametervektor $\hat{\boldsymbol{\theta}}$ gefunden werden, der die Likelihood-Funktion maximiert. Die vorliegenden Messwerte repräsentieren dann den wahrscheinlichsten Messwertvektor, der mit diesem gefundenen Parametervektor $\hat{\boldsymbol{\theta}}$ und der angenommenen Verteilungsdichtefunktion gemessen werden kann.[18]

Insbesondere bei Verteilungsdichten der exponentiellen Familie wird anstelle der Likelihood-Funktion L die Log-Likelihood-Funktion $\log L$ verwendet. Wegen der strengen Monotonie der Logarithmusfunktion ergeben sich für Likelihood- und Log-Likelihood-Funktion gleiche Optimalstellen. Der Grund für die Nutzung der Log-Likelihood-Funktion besteht in der sich vereinfachenden Rechnung, da zumindest bei exponentiellen Verteilungsdichten die Exponentialfunktion entfällt. Durch Produktbildung entstandene Verbund-

---

[18] Die der ML-Schätzung zugrunde liegende Idee ist: Der Messwertvektor $\mathbf{y}$ wurde gemessen; deshalb muss sein Auftreten sehr wahrscheinlich sein. Die ML-Schätzung gibt den Parametervektor, der den Messwertvektor zum Wahrscheinlichsten aller möglichen Messwertvektoren werden lässt.

verteilungsdichten gehen bei der Logarithmierung in einfache Summen über. Ferner wird durch die Logarithmierung der Dynamikbereich der Verteilungsdichten eingeschränkt, womit eine höhere Rechengenauigkeit erzielt werden kann. Nachteilig an der Log-Likelihood-Funktion ist die mitunter, im Vergleich zur Likelihood-Funktion, weniger deutliche Ausprägung der Optima.

Die Durchführung einer ML-Schätzung ist nicht immer praktikabel. Im Allgemeinen ergeben sich im Verlaufe der Schätzung nichtlineare Gleichungen, die gegebenenfalls aufwändig mit nummerischen Verfahren gelöst werden müssen. In einigen Fällen ist eine analytische Rechnung jedoch möglich. Dazu nutzt man häufig die Annahme, dass N voneinander statistisch unabhängige Messwerte $y_1, y_2, \ldots, y_N$ der kontinuierlichen Zufallsvariable Y beobachtet werden können[19]. Aufgrund der angenommenen statistischen Unabhängigkeit der Messwerte y_i resultiert die Likelihood-Funktion $L = f_{\mathbf{Y}|\Theta}(\mathbf{y}|\boldsymbol{\theta})$ aus der Multiplikation der Werte der Verteilungsdichtefunktion $f_{Y|\Theta}(y_i|\boldsymbol{\theta})$ für die beobachteten y_i

$$L(\mathbf{y}|\boldsymbol{\theta}) = f_{\mathbf{Y}|\Theta}(\mathbf{y}|\boldsymbol{\theta}) = \prod_{i=1}^{N} f_{Y|\Theta}(y_i|\boldsymbol{\theta}). \tag{4.60}$$

Beispiel 4.2. Aus N Messwerten y_i ist der wahrscheinlichste Mittelwert zu berechnen. Als Voraussetzung wird angenommen, dass alle Messwerte die gleiche gaußsche Verteilungsdichtefunktion mit gleicher unbekannter Varianz und gleichem unbekannten Mittelwert besitzen.

Die Likelihood-Funktion erhält man mit

$$L = \prod_{i=1}^{N} \frac{1}{\sqrt{2\pi}\sigma} \exp\left[-(y_i - \hat{\mu})^2/(2\sigma^2)\right] \tag{4.61}$$

$$= \left(\frac{1}{\sqrt{2\pi}\sigma}\right)^N \exp\left[-1/(2\sigma^2) \sum_{i=1}^{N}(y_i - \hat{\mu})^2\right]. \tag{4.62}$$

Daraus ergibt sich die Log-Likelihood-Funktion

$$\log L = -\frac{N}{2}\ln(2\pi) - N\ln\sigma - \frac{1}{2\sigma^2}\sum_{i=1}^{N}(y_i - \hat{\mu})^2. \tag{4.63}$$

Aus der Ableitung der Log-Likelihood-Funktion

$$\frac{\partial \log L}{\partial \hat{\mu}} = 0 = \sum_{i=1}^{N}(y_i - \hat{\mu}) \tag{4.64}$$

entsteht die bekannte Gleichung für den Mittelwert

---

[19] Die Messwerte können zu einem Messwertvektor zusammengestellt werden, d.h. $\mathbf{y} = [y_1, y_2, \ldots, y_N]^T$.

$$\hat{\mu} = \frac{1}{N} \sum_{i=1}^{N} y_i.$$ (4.65)

□

4.5 Der Expectation-Maximization-Algorithmus

4.5.1 Überblick

Der Expectation-Maximization-Algorithmus (EM-Algorithmus) gehört zu den wichtigsten Schätzalgorithmen der Signalverarbeitung. Er ist ein iteratives Verfahren und wird zur Maximum-Likelihood-Schätzung aus unvollständigen Daten verwendet [69]. Die Konvergenz des EM-Algorithmus wird unter anderem in [28] gezeigt.

4.5.2 Maximum-Likelihood-Schätzung mit unvollständigen Daten

Der EM-Algorithmus ermöglicht eine Parameter- oder Signalschätzung auf der Basis unvollständiger Daten. Unvollständig bedeutet in diesem Zusammenhang, dass nicht alle zur Schätzung notwendigen Informationen vorliegen. Der EM-Algorithmus versucht, diese fehlenden Informationen aus den vorhandenen Daten und vorhandenen Schätzwerten für die gesuchten Parameter zu gewinnen. Anschließend wird auf der Grundlage der beobachteten Daten und den Schätzwerten für die fehlenden Informationen eine Maximierung der Likelihood-Funktion bezüglich der gesuchten Parameter durchgeführt. Dies führt zu verbesserten Schätzwerten für die gesuchten Parameter. Da im Allgemeinen die Schätzung für die gesuchten Parameter zu diesem Zeitpunkt noch nicht ausreichend gut ist, wird diese Prozedur mehrfach wiederholt, wobei die verbesserten Parameterschätzwerte jeweils im nächsten Durchlauf zur Schätzung der fehlenden Information genutzt werden. Diese Vorgehensweise führt zu der in Abbildung 4.5 dargestellten Iteration.

Der E-Schritt

Die Schätzung der fehlenden Informationen erfolgt indirekt, indem der Erwartungswert der Log-Likelihood-Funktion[20] bezüglich der Verteilungsdichte der fehlenden Daten berechnet wird. Dieser Schritt wird deshalb als E-Schritt[21] bezeichnet. Dies wird im Folgenden vertieft.

---

[20] Die Log-Likelihood-Funktion hängt sowohl von den beobachteten Daten als auch von den fehlenden Informationen ab.

[21] Expectation (Erwartungswertbildung)

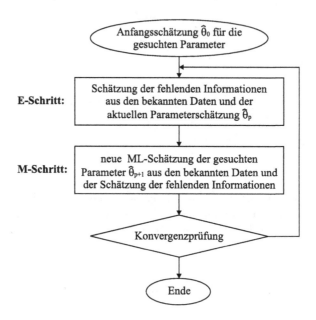

Abb. 4.5. Ablaufschema des EM-Algorithmus

Die unvollständigen[22] Daten werden mit **y** bezeichnet, die fehlenden Informationen bzw. fehlenden Daten mit **h**. Unvollständige und fehlende Daten vereinigen sich zu den vollständigen Daten **z**.

Die Log-Likelihood-Funktion der vollständigen Daten ist gegeben mit

$$\log L = \log f_Z(\mathbf{z}|\boldsymbol{\theta}) = \log f_Z(\mathbf{y}, \mathbf{h}|\boldsymbol{\theta}). \tag{4.66}$$

Durch das Fehlen der Daten **h** ist die Maximum-Likelihood-Schätzung meist erheblich erschwert. Deshalb wird zunächst eine Hilfsfunktion Q eingeführt, mit der der Erwartungswert der Log-Likelihood-Funktion der vollständigen Daten bezüglich der Verteilungsdichte der fehlenden Daten berechnet wird

$$Q = E[\log f_Z(\mathbf{y}, \mathbf{h}|\boldsymbol{\theta})]. \tag{4.67}$$

Die Verteilungsdichte der fehlenden Daten $f_H(\mathbf{h}|\mathbf{y}, \hat{\boldsymbol{\theta}}_p)$ wird hierbei unter Nutzung der bereits aus der Iteration p vorhandenen Schätzwerte $\hat{\boldsymbol{\theta}}_p$ der gesuchten Parameter berechnet. Damit ergibt sich

$$Q = \int_{\mathbf{h}} [\log f_Z(\mathbf{y}, \mathbf{h}|\boldsymbol{\theta})] f_H(\mathbf{h}|\mathbf{y}, \hat{\boldsymbol{\theta}}_p) d\mathbf{h}. \tag{4.68}$$

---

[22] d.h. die beobachteten Daten

Der M-Schritt

Die Hilfsfunktion Q ist der Erwartungswert der Log-Likelihood-Funktion. Das heißt, sie ist die Log-Likelihood-Funktion, die man im Mittel für die verschiedenen Werte der fehlenden Daten $\mathbf{h}$ erwarten kann. Deshalb ist es sinnvoll, mit ihr die Maximum-Likelihood-Schätzung für die gesuchten Parameter $\boldsymbol{\theta}$ durchzuführen

$$\hat{\boldsymbol{\theta}}_{neu} = \underset{\boldsymbol{\theta}}{\operatorname{argmax}} \, Q. \tag{4.69}$$

Die neu berechnete ML-Schätzung der gesuchten Parameter kann in der nächsten Iteration $p + 1$ zur Berechnung der Verteilungsdichte $f_H(\mathbf{h}|\mathbf{y}, \hat{\boldsymbol{\theta}}_{p+1})$ genutzt werden.

4.5.3 Die mathematischen Grundlagen des EM-Algorithmus

Der EM-Algorithmus kann als Maximierung einer unteren Schranke der Likelihood-Funktion angesehen werden. Die untere Schranke wird so gewählt, dass sie im Punkt der aktuellen Parameterschätzung die Likelihood-Funktion berührt. Die Maximierung dieser unteren Schranke führt automatisch zu einem Punkt im Parameterraum, bei dem die Likelihood-Funktion einen

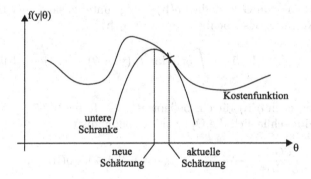

Abb. 4.6. Maximierung der Likelihood-Funktion mit einer unteren Schranke (nach [67])

größeren Wert einnimmt[23]. Dies veranschaulicht Abbildung 4.6. Der EM-Algorithmus entspricht der iterativen Durchführung dieses Zweischritt-Verfahrens aus Berechnung und anschließender Maximierung der unteren Schranke. Dies wird im Folgenden vertieft.

Die Likelihood-Funktion $f(\mathbf{y}|\boldsymbol{\theta}) = k(\boldsymbol{\theta})$ ist die zu maximierende Kostenfunktion. Sie ist gleichzeitig die Randdichte von $f_Z(\mathbf{y}, \mathbf{h}|\boldsymbol{\theta})$

---

[23] vorausgesetzt, dass der Gradient an der aktuellen Stelle ungleich Null ist

$$k(\boldsymbol{\theta}) = f(\mathbf{y}|\boldsymbol{\theta}) = \int\limits_{\mathbf{h}} f_Z(\mathbf{y}, \mathbf{h}|\boldsymbol{\theta})d\mathbf{h}. \tag{4.70}$$

Nach der Erweiterung um die weiter unten definierte Verteilungsdichte $q(\mathbf{h})$ kann die Jensen-Ungleichung[24] auf die Kostenfunktion angewendet werden [67]

$$k(\boldsymbol{\theta}) = \int\limits_{\mathbf{h}} \frac{f_Z(\mathbf{y}, \mathbf{h}|\boldsymbol{\theta})}{q(\mathbf{h})} q(\mathbf{h})d\mathbf{h} \geq g(\boldsymbol{\theta}, q(\mathbf{h})) = \prod_{\mathbf{h}} \left(\frac{f_Z(\mathbf{y}, \mathbf{h}|\boldsymbol{\theta})}{q(\mathbf{h})} \right)^{q(\mathbf{h})d\mathbf{h}}, \tag{4.71}$$

mit

$$\int\limits_{\mathbf{h}} q(\mathbf{h})d\mathbf{h} = 1. \tag{4.72}$$

Mit $g(\boldsymbol{\theta}, q(\mathbf{h}))$ ist man im Besitz einer unteren Schranke für die Kostenfunktion. Die Verteilungsdichte $q(\mathbf{h})$ muss nun so bestimmt werden, dass die untere Schranke die Kostenfunktion im Punkt der aktuellen Parameterschätzung $\hat{\boldsymbol{\theta}}_p$ berührt. Dazu wird die Funktion $g(\boldsymbol{\theta}, q(\mathbf{h}))$ zunächst logarithmiert

$$G(\boldsymbol{\theta}, q) = \log g(\boldsymbol{\theta}, q) = \int\limits_{\mathbf{h}} [q(\mathbf{h}) \log f_Z(\mathbf{y}, \mathbf{h}|\boldsymbol{\theta}) - q(\mathbf{h}) \log q(\mathbf{h})]d\mathbf{h}. \tag{4.73}$$

Die Maximierung von G bezüglich $q(\mathbf{h})$ erfolgt unter zusätzlicher Berücksichtigung der Normierungsnebenbedingung für $q(\mathbf{h})$[25]

$$G(\boldsymbol{\theta}, q) = \lambda(1 - \int\limits_{\mathbf{h}} q(\mathbf{h})d\mathbf{h}) + \int\limits_{\mathbf{h}} [q(\mathbf{h}) \log f_Z(\mathbf{y}, \mathbf{h}|\boldsymbol{\theta}) - q(\mathbf{h}) \log q(\mathbf{h})]d\mathbf{h}. \tag{4.74}$$

Die Ableitung nach $q(\mathbf{h})$ für ein beliebiges, aber festes $\mathbf{h}$ [67][26] sowie an der Stelle $\hat{\boldsymbol{\theta}}_p$ ergibt schließlich die Optimalitätsbedingung

$$\frac{\partial G}{\partial q(\mathbf{h})} = -\lambda - 1 + \log f_Z(\mathbf{y}, \mathbf{h}|\hat{\boldsymbol{\theta}}_p) - \log q(\mathbf{h}) = 0. \tag{4.75}$$

Durch Umstellen der letzten Gleichung erhält man

$$\lambda + 1 = \log(\frac{f_Z(\mathbf{y}, \mathbf{h}|\hat{\boldsymbol{\theta}}_p)}{q(\mathbf{h})}) \tag{4.76}$$

bzw.

---

[24] Jensen-Ungleichung: $\sum_j g(j)a_j \geq \prod_j g^{a_j}(j)$ mit $\sum_j a_j = 1$, $a_j \geq 0$ und $g(j) \geq 0$ (Das arithmetische Mittel ist nie kleiner als das geometrische Mittel [67].)

[25] Zur Optimierung mit Gleichungsnebenbedingungen (Lagrangesche Multiplikatormethode): siehe Abschnitt 3.5.

[26] Aufgrund $\mathbf{h}$ beliebig, aber fest entfällt das Integral beim Differenzieren.

$$\exp(\lambda + 1)q(\mathbf{h}) = f_Z(\mathbf{y}, \mathbf{h}|\hat{\boldsymbol{\theta}}_p). \tag{4.77}$$

Die Integration beider Seiten bezüglich $\mathbf{h}$ führt zu

$$\exp(\lambda + 1) = \int_{\mathbf{h}} f_Z(\mathbf{y}, \mathbf{h}|\hat{\boldsymbol{\theta}}_p)d\mathbf{h}. \tag{4.78}$$

Substituiert man in dieser letzten Gleichung $\exp(\lambda + 1) = f_Z(\mathbf{y}, \mathbf{h}|\hat{\boldsymbol{\theta}}_p)/q(\mathbf{h})$, erhält man für $q(\mathbf{h})$

$$q(\mathbf{h}) = \frac{f_Z(\mathbf{y}, \mathbf{h}|\hat{\boldsymbol{\theta}}_p)}{\int_{\mathbf{h}} f_Z(\mathbf{y}, \mathbf{h}|\hat{\boldsymbol{\theta}}_p)d\mathbf{h}} = f_H(\mathbf{h}|\mathbf{y}, \hat{\boldsymbol{\theta}}_p). \tag{4.79}$$

Für dieses $q(\mathbf{h})$ ergibt sich für den Wert der unteren Schranke $g(\boldsymbol{\theta}, q(\mathbf{h}))$ an der Stelle $\hat{\boldsymbol{\theta}}_p$

$$g(\hat{\boldsymbol{\theta}}_p, q) = \prod_{\mathbf{h}} \left(\frac{f_Z(\mathbf{y}, \mathbf{h}|\hat{\boldsymbol{\theta}}_p)}{q(\mathbf{h})} \right)^{q(\mathbf{h})d\mathbf{h}} = \prod_{\mathbf{h}} \left(\frac{f_Z(\mathbf{y}, \mathbf{h}|\hat{\boldsymbol{\theta}}_p)}{f_H(\mathbf{h}|\mathbf{y}, \hat{\boldsymbol{\theta}}_p)} \right)^{q(\mathbf{h})d\mathbf{h}} \tag{4.80}$$

$$= \prod_{\mathbf{h}} \left(f(\mathbf{y}|\hat{\boldsymbol{\theta}}_p) \right)^{q(\mathbf{h})d\mathbf{h}} \tag{4.81}$$

$$= [f(\mathbf{y}|\hat{\boldsymbol{\theta}}_p)]^{\int_{\mathbf{h}} q(\mathbf{h})d\mathbf{h}} = f(\mathbf{y}|\hat{\boldsymbol{\theta}}_p). \tag{4.82}$$

Das Ergebnis[27] in Gleichung 4.82 bedeutet, dass die untere Schranke $g(\boldsymbol{\theta}, q(\mathbf{h}))$ die Kostenfunktion $f(\mathbf{y}|\boldsymbol{\theta})$ im Punkt $\hat{\boldsymbol{\theta}}_p$ berührt.

Um das Maximum der untere Schranke zu finden, muss in $G(\boldsymbol{\theta}, q)$ lediglich der Term

$$\int_{\mathbf{h}} q(\mathbf{h}) \log f_Z(\mathbf{y}, \mathbf{h}|\boldsymbol{\theta})d\mathbf{h} = \int_{\mathbf{h}} f_H(\mathbf{h}|\mathbf{y}, \hat{\boldsymbol{\theta}}_p) \log f_Z(\mathbf{y}, \mathbf{h}|\boldsymbol{\theta})d\mathbf{h} \tag{4.83}$$

bezüglich $\boldsymbol{\theta}$ maximiert werden. Dies aber entspricht exakt dem EM-Algorithmus in den Gleichungen 4.68 und 4.69.

4.5.4 Der EM-Algorithmus am Beispiel von MOG-Modellen

MOG-Modelle

Kompliziert strukturierte Verteilungsdichten werden häufig mit einer Summe gewichteter Gaußverteilungsdichten, sogenannten MOG[28]-Modelle approximiert. Diese Modelle sind einfach handhabbar und ermöglichen die statistische Erfassung sehr komplexer Prozesse.

---

[27] Beim Schritt von Gleichung 4.81 zu Gleichung 4.82 wurde die Beziehung $\prod_{i=1}^{N} a^{b_i} = a^{\sum_{i=1}^{N} b_i}$ genutzt.

[28] MOG: Mixture of Gaussians (Mischung gaußscher Verteilungsdichten)

MOG-Modelle besitzen die Form

$$f(\mathbf{y}) = \sum_{m=1}^{M} f(\mathbf{y}|m)P(m),\tag{4.84}$$

mit $P(m)$ als Gewichtungsfaktoren für die Gaußverteilungsdichten $f(\mathbf{y}|m)$. Die Gewichtungsfaktoren $P(m)$ erfüllen die Randbedingung

$$\sum_{m=1}^{M} P(m) = 1, \qquad 0 \leq P(m) \leq 1.\tag{4.85}$$

Sie können als Wahrscheinlichkeiten interpretiert werden, mit der ein Signalsample $\mathbf{y}_i$ von der Komponente m des MOG-Modells generiert wurde.

Die Verteilungsdichten $f(\mathbf{y}|m)$ sind im Allgemeinen multivariat und besitzen als Parameter jeweils den Mittelwertvektor $\boldsymbol{\mu}_m$ und die Kovarianzmatrix $\mathbf{R}_m$. Die Gaußverteilungsdichten bzw. Komponenten des MOG-Modells sind somit

$$f(\mathbf{y}|m) = \frac{1}{(2\pi)^{d/2}|\mathbf{R}_m|^{1/2}} \exp\left(-\frac{1}{2}(\mathbf{y} - \boldsymbol{\mu}_m)^T \mathbf{R}_m^{-1}(\mathbf{y} - \boldsymbol{\mu}_m)\right),\tag{4.86}$$

wobei d die Dimension von $\mathbf{y}$ angibt.

In der Nomenklatur des EM-Algorithmus repräsentieren die jeweils zum Zeitpunkt i beobachteten Signalsamples $\mathbf{y}_i$ die unvollständigen Daten, während die vollständigen Daten aus den Wertepaaren $\{\mathbf{y}_i, m_i\}$ bestehen. Die Komponenten-Label m_i können nicht direkt beobachtet werden.

Der EM-Algorithmus für MOG-Modelle

Die Log-Likelihood-Funktion der vollständigen Daten

Die Verbundverteilungsdichte aller beobachteten Daten bei gegebenem Parametervektor $\boldsymbol{\theta}$ und angenommener statistischer Unabhängigkeit zwischen den Signalsamples ist

$$\tilde{f}(\mathbf{y}|\boldsymbol{\theta}) = \prod_{i=1}^{N} f(\mathbf{y}_i|\boldsymbol{\theta}).\tag{4.87}$$

Die Kombination der Gleichungen 4.84 und 4.87 sowie die anschließende Logarithmierung ergeben die Log-Likelihood-Funktion der unvollständigen Daten

$$L_u = \log \tilde{f}(\mathbf{y}|\boldsymbol{\theta}) = \sum_{i=1}^{N} \log f(\mathbf{y}_i|\boldsymbol{\theta}) = \sum_{i=1}^{N} \log \left\{ \sum_{m=1}^{M} f(\mathbf{y}_i|m, \boldsymbol{\theta}_m)P(m) \right\}.$$
$$\tag{4.88}$$

Mit dem EM-Algorithmus sollen nun die Parameter der einzelnen Normal-verteilungen $\boldsymbol{\theta}_m = \{\boldsymbol{\mu}_m, \mathbf{R}_m\}$ sowie die Wahrscheinlichkeiten $P(m)$ geschätzt werden.[29]

Aufgrund der Summe innerhalb des Logarithmus ist dieses Schätzproblem schwierig zu lösen. Wenn die fehlenden Daten, d.h. das Komponenten-Label m für jeden Zeitpunkt i, bekannt wären, würde sich Gleichung 4.88 erheblich vereinfachen, da so die Summe innerhalb des Logarithmus entfällt. Die Log-Likelihood-Funktion der dann vollständigen Daten wäre [11]

$$L_v = \sum_{i=1}^{N} \log\left[f(\mathbf{y}_i, m_i | \boldsymbol{\theta})\right] = \sum_{i=1}^{N} \log\left[f(\mathbf{y}_i | m_i, \boldsymbol{\theta})P(m_i)\right]. \qquad (4.89)$$

Der E-Schritt

Im E-Schritt des EM-Algorithmus wird zunächst die diskrete Wahrscheinlich-keitsverteilung der fehlenden Daten $f(\mathbf{m}|\mathbf{y}, \hat{\boldsymbol{\theta}}_p)$ für die aktuelle Iteration p des EM-Algorithmus geschätzt[30]

$$f(\mathbf{m}|\mathbf{y}, \hat{\boldsymbol{\theta}}_p) = \prod_{i=1}^{N} f(m_i | \mathbf{y}_i, \hat{\boldsymbol{\theta}}_p), \qquad (4.90)$$

wobei die diskreten Wahrscheinlichkeitsverteilungen $f(m_i | \mathbf{y}_i, \hat{\boldsymbol{\theta}}_p)$ unter Ver-wendung des Bayes'schen Satzes sowie der Schätzwerte $\hat{P}_p(m_i)$ und $\hat{\boldsymbol{\theta}}_p$ mit

$$f(m_i | \mathbf{y}_i, \hat{\boldsymbol{\theta}}_p) = \frac{f(\mathbf{y}_i | m_i, \hat{\boldsymbol{\theta}}_p)\hat{P}_p(m_i)}{f(\mathbf{y}_i | \hat{\boldsymbol{\theta}}_p)} = \frac{f(\mathbf{y}_i | m_i, \hat{\boldsymbol{\theta}}_p)\hat{P}_p(m_i)}{\sum_{m=1}^{M} f_m(\mathbf{y}_i | m_i, \hat{\boldsymbol{\theta}}_p)\hat{P}_p(m_i)}. \qquad (4.91)$$

ermittelt werden. Der Erwartungswert folgt mit

$$Q = \sum_{\mathbf{m}} L_v f(\mathbf{m}|\mathbf{y}, \hat{\boldsymbol{\theta}}_p) \qquad (4.92)$$

$$= \sum_{\mathbf{m}} \left[\sum_{i=1}^{N} \log f(\mathbf{y}_i | m_i, \boldsymbol{\theta})P(m_i)\right]\left[\prod_{k=1}^{N} f(m_k | \mathbf{y}_k, \hat{\boldsymbol{\theta}}_p)\right] \qquad (4.93)$$

$$= \sum_{m_1=1}^{M} \sum_{m_2=1}^{M} \cdots$$

$$\cdots \sum_{m_N=1}^{M} \sum_{i=1}^{N} \log\left[f(\mathbf{y}_i | m_i, \boldsymbol{\theta})P(m_i)\right]\left[\prod_{k=1}^{N} f(m_k | \mathbf{y}_k, \hat{\boldsymbol{\theta}}_p)\right]. \qquad (4.94)$$

---

[29] Aus Übersichtlichkeitsgründen wird der Index von $\boldsymbol{\theta}_m$ im Folgenden nicht wei-ter mitgeschrieben. $\boldsymbol{\theta}$ symbolisiert den im jeweiligen Kontext zu bestimmenden Parametervektor.

[30] Zu beachten ist, dass $f(\mathbf{m}|\mathbf{y}, \hat{\boldsymbol{\theta}}_p)$ eine multivariate diskrete Wahrscheinlichkeits-verteilung der vektoriellen Zufallsvariable $\mathbf{m} = [m_1, m_2, \ldots, m_N]$ ist. Dies muss unter anderem bei der Bildung des Erwartungswertes berücksichtigt werden, in dem über jedes einzelne Element von $\mathbf{m}$ summiert wird.

Die Struktur dieses Ausdrucks soll anhand eines Beispiels veranschaulicht werden.

Beispiel 4.3. Gleichung 4.94 wird für den Fall $N = 3$ untersucht.

Die diskrete Wahrscheinlichkeitsverteilung der fehlenden Daten ist

$$f(\mathbf{m}|\mathbf{y}, \hat{\boldsymbol{\theta}}_p) = f(m_1|\mathbf{y}_1, \hat{\boldsymbol{\theta}}_p) \cdot f(m_2|\mathbf{y}_2, \hat{\boldsymbol{\theta}}_p) \cdot f(m_3|\mathbf{y}_3, \hat{\boldsymbol{\theta}}_p). \tag{4.95}$$

Als Log-Likelihood-Funktion der vollständigen Daten bekommt man

$$\begin{aligned} L_v &= \log\left[f(\mathbf{y}_1|m_1, \boldsymbol{\theta})P(m_1)\right] + \log\left[f(\mathbf{y}_2|m_2, \boldsymbol{\theta})P(m_2)\right] \\ &\quad + \log\left[f(\mathbf{y}_3|m_3, \boldsymbol{\theta})P(m_3)\right]. \end{aligned} \tag{4.96}$$

Zur Berechnung des Erwartungswertes Q werden nun $f(\mathbf{m}|\mathbf{y}, \hat{\boldsymbol{\theta}}_p)$ und L_v in Gleichung 4.92 eingesetzt

$$Q = \sum_{m_1=1}^{M} \sum_{m_2=1}^{M} \sum_{m_3=1}^{M} L_v f(\mathbf{m}|\mathbf{y}, \hat{\boldsymbol{\theta}}_p) \tag{4.97}$$

$$= \sum_{m_1=1}^{M} \sum_{m_2=1}^{M} \sum_{m_3=1}^{M} \log\left[f(\mathbf{y}_1|m_1, \boldsymbol{\theta})P(m_1)\right] f(\mathbf{m}|\mathbf{y}, \hat{\boldsymbol{\theta}}_p)$$

$$+ \sum_{m_1=1}^{M} \sum_{m_2=1}^{M} \sum_{m_3=1}^{M} \log\left[f(\mathbf{y}_2|m_2, \boldsymbol{\theta})P(m_2)\right] f(\mathbf{m}|\mathbf{y}, \hat{\boldsymbol{\theta}}_p) \tag{4.98}$$

$$+ \sum_{m_1=1}^{M} \sum_{m_2=1}^{M} \sum_{m_3=1}^{M} \log\left[f(\mathbf{y}_3|m_3, \boldsymbol{\theta})P(m_3)\right] f(\mathbf{m}|\mathbf{y}, \hat{\boldsymbol{\theta}}_p).$$

Bei genauer Betrachtung der drei Terme in Gleichung 4.98 können Vereinfachungen vorgenommen werden. Dies soll zunächst am Beispiel des ersten Terms gezeigt werden. Es gilt

$$\sum_{m_1=1}^{M} \sum_{m_2=1}^{M} \sum_{m_3=1}^{M} \log\left[f(\mathbf{y}_1|m_1, \boldsymbol{\theta})P(m_1)\right] f(\mathbf{m}|\mathbf{y}, \hat{\boldsymbol{\theta}}_p)$$

$$= \sum_{m_1=1}^{M} \sum_{m_2=1}^{M} \sum_{m_3=1}^{M} \log\left[f(\mathbf{y}_1|m_1, \boldsymbol{\theta})P(m_1)\right] f(m_1|\mathbf{y}_1, \hat{\boldsymbol{\theta}}_p) f(m_2|\mathbf{y}_2, \hat{\boldsymbol{\theta}}_p)$$

$$\times f(m_3|\mathbf{y}_3, \hat{\boldsymbol{\theta}}_p) \tag{4.99}$$

$$= \sum_{m_1=1}^{M} \log\left[f(\mathbf{y}_1|m_1, \boldsymbol{\theta})P(m_1)\right] f(m_1|\mathbf{y}_1, \hat{\boldsymbol{\theta}}_p)$$

$$\times \sum_{m_2=1}^{M} f(m_2|\mathbf{y}_2, \hat{\boldsymbol{\theta}}_p) \sum_{m_3=1}^{M} f(m_3|\mathbf{y}_3, \hat{\boldsymbol{\theta}}_p). \tag{4.100}$$

Da jedoch auch

$$\sum_{m_2=1}^{M} f(m_2|\mathbf{y}_2,\hat{\boldsymbol{\theta}}_p) = \sum_{m_3=1}^{M} f(m_3|\mathbf{y}_3,\hat{\boldsymbol{\theta}}_p) = 1 \qquad (4.101)$$

gilt, erhält man für den ersten Term von Gleichung 4.98

$$\sum_{m_1=1}^{M}\sum_{m_2=1}^{M}\sum_{m_3=1}^{M} \log\left[f(\mathbf{y}_1|m_1,\boldsymbol{\theta})P(m_1)\right] f(\mathbf{m}|\mathbf{y},\hat{\boldsymbol{\theta}}_p)$$

$$= \sum_{m_1=1}^{M} \log\left[f(\mathbf{y}_1|m_1,\boldsymbol{\theta})P(m_1)\right] f(m_1|\mathbf{y}_1,\hat{\boldsymbol{\theta}}_p). \qquad (4.102)$$

Überträgt man dieses Ergebnis auf die anderen Terme in Gleichung 4.98, ergibt sich für den Erwartungswert

$$Q = \sum_{m_1=1}^{M} \log\left[f(\mathbf{y}_1|m_1,\boldsymbol{\theta})P(m_1)\right] f(m_1|\mathbf{y}_1,\hat{\boldsymbol{\theta}}_p)$$

$$+ \sum_{m_2=1}^{M} \log\left[f(\mathbf{y}_2|m_2,\boldsymbol{\theta})P(m_2)\right] f(m_2|\mathbf{y}_2,\hat{\boldsymbol{\theta}}_p)$$

$$+ \sum_{m_3=1}^{M} \log\left[f(\mathbf{y}_3|m_3,\boldsymbol{\theta})P(m_3)\right] f(m_3|\mathbf{y}_3,\hat{\boldsymbol{\theta}}_p). $$

$$(4.103)$$

Durch die Umbenennung $m = m_i$ bekommt man schließlich

$$Q = \sum_{i=1}^{3}\sum_{m=1}^{M} \log\left[f(\mathbf{y}_i|m,\boldsymbol{\theta})P(m)\right] f(m|\mathbf{y}_i,\hat{\boldsymbol{\theta}}_p). \qquad (4.104)$$

□

Das Ergebnis aus Gleichung 4.104 kann auf einen beliebigen Wert N verallgemeinert werden und man erhält für den E-Schritt

$$Q = \sum_{i=1}^{N}\sum_{m=1}^{M} \log(f(\mathbf{y}_i|m,\boldsymbol{\theta})P(m)) f(m|\mathbf{y}_i,\hat{\boldsymbol{\theta}}_p) \qquad (4.105)$$

$$= \sum_{i=1}^{N}\sum_{m=1}^{M} \log[f(\mathbf{y}_i|m,\boldsymbol{\theta})] f(m|\mathbf{y}_i,\hat{\boldsymbol{\theta}}_p)$$

$$+ \sum_{i=1}^{N}\sum_{m=1}^{M} \log[P(m)] f(m|\mathbf{y}_i,\hat{\boldsymbol{\theta}}_p). \qquad (4.106)$$

Die Maximierung von Gleichung 4.106 kann nach $P(m)$ und $\boldsymbol{\theta}$ getrennt erfolgen, da beide unabhängig voneinander in verschiedenen Termen von Gleichung 4.106 existieren.

Der M-Schritt

Zunächst wird Gleichung 4.106 bezüglich $P(m)$ maximiert. Dabei ist die Gleichungsnebenbedingung $\sum P(m) = 1$ zu berücksichtigen. Zusammen mit der Nebenbedingung erhält man für die Ableitung bezüglich $P(m)$

$$\frac{\partial}{\partial P(m)} \left[\sum_{m=1}^{M} \sum_{i=1}^{N} \log[P(m)]f(m|\mathbf{y}_i, \hat{\boldsymbol{\theta}}_p) + \lambda \left((\sum_{m=1}^{M} P(m)) - 1 \right) \right] \overset{!}{=} 0.$$
(4.107)

Daraus folgen

$$\sum_{i=1}^{N} \frac{1}{P(m)} f(m|\mathbf{y}_i, \hat{\boldsymbol{\theta}}_p) + \lambda = 0$$
(4.108)

und weiter

$$-\lambda P(m) = \sum_{i=1}^{N} f(m|\mathbf{y}_i, \hat{\boldsymbol{\theta}}_p).$$
(4.109)

Wird die letzte Gleichung über m summiert, ergibt sich wegen $\sum_m P(m) = 1$ für λ der Wert $\lambda = -N$ und somit[31]

$$P(m) = \frac{1}{N} \sum_{i=1}^{N} f(m|\mathbf{y}_i, \hat{\boldsymbol{\theta}}_p) \overset{!}{=} \hat{P}_{p+1}(m).$$
(4.110)

Bei der Maximierung des verbleibenden Terms von Gleichung 4.106 gilt zunächst für die gaußschen Verteilungsdichten

$$\sum_{m=1}^{M} \sum_{i=1}^{N} \log[f(\mathbf{y}_i|m, \boldsymbol{\theta})]f(m|\mathbf{y}_i, \hat{\boldsymbol{\theta}}_p)$$

$$= \sum_{m=1}^{M} \sum_{i=1}^{N} \left(-\frac{d}{2} \log(2\pi) - \frac{1}{2} \log|\mathbf{R}_m| - \frac{1}{2}(\mathbf{y}_i - \boldsymbol{\mu}_m)^T \mathbf{R}_m^{-1}(\mathbf{y}_i - \boldsymbol{\mu}_m) \right)$$

$$\times f(m|\mathbf{y}_i, \hat{\boldsymbol{\theta}}_p).$$
(4.111)

Das Nullsetzen der Ableitung nach $\boldsymbol{\mu}_m$ führt auf

$$\sum_{i=1}^{N} \mathbf{R}_m^{-1}(\mathbf{y}_i - \boldsymbol{\mu}_m)f(m|\mathbf{y}_i, \hat{\boldsymbol{\theta}}_p) = \mathbf{0}$$
(4.112)

und

$$\boldsymbol{\mu}_m = \frac{\sum_{i=1}^{N} \mathbf{y}_i f(m|\mathbf{y}_i, \hat{\boldsymbol{\theta}}_p)}{\sum_{i=1}^{N} f(m|\mathbf{y}_i, \hat{\boldsymbol{\theta}}_p)} \overset{!}{=} \hat{\boldsymbol{\mu}}_{m,p+1}.$$
(4.113)

---

[31] Die diskreten Wahrscheinlichkeitsverteilungen $f(m|\mathbf{y}_i, \hat{\boldsymbol{\theta}}_p)$ ergeben sich aus Gleichung 4.91, wobei auch dort die Substitution $m = m_i$ vorgenommen werden muss.

Die Bestimmung der Kovarianzmatrix $\mathbf{R}_m$ erfolgt aus Gleichung 4.111 unter Nutzung von $\sum_i \mathbf{y}_i^T \mathbf{R}^{-1} \mathbf{y}_i = tr(\mathbf{R}^{-1} \sum_i \mathbf{y}_i \mathbf{y}_i^T)$

$$\sum_{m=1}^{M} \sum_{i=1}^{N} \log[f(\mathbf{y}_i|m,\boldsymbol{\theta})]f(m|\mathbf{y}_i,\hat{\boldsymbol{\theta}}_p)$$

$$= \sum_{m=1}^{M} \sum_{i=1}^{N} \left[-\frac{d}{2}\log(2\pi) + \frac{1}{2}\log(|\mathbf{R}_m^{-1}|) \right] f(m|\mathbf{y}_i,\hat{\boldsymbol{\theta}}_p)$$

$$-\frac{1}{2} \sum_{m=1}^{M} \sum_{i=1}^{N} (\mathbf{y}_i - \boldsymbol{\mu}_m)^T \mathbf{R}_m^{-1}(\mathbf{y}_i - \boldsymbol{\mu}_m)f(m|\mathbf{y}_i,\hat{\boldsymbol{\theta}}_p) \qquad (4.114)$$

$$= \sum_{m=1}^{M} \sum_{i=1}^{N} \left[-\frac{d}{2}\log(2\pi) + \frac{1}{2}\log(|\mathbf{R}_m^{-1}|) \right] f(m|\mathbf{y}_i,\hat{\boldsymbol{\theta}}_p)$$

$$-\frac{1}{2} \sum_{m=1}^{M} tr \left[\mathbf{R}_m^{-1} \sum_{i=1}^{N} (\mathbf{y}_i - \boldsymbol{\mu}_m)(\mathbf{y}_i - \boldsymbol{\mu}_m)^T f(m|\mathbf{y}_i,\hat{\boldsymbol{\theta}}_p) \right]. \quad (4.115)$$

Die Ableitung von Gleichung 4.115 nach $\mathbf{R}_m^{-1}$ erfolgt unter Berücksichtigung der Beziehungen

$$\frac{\partial \log|det(\mathbf{A})|}{\partial \mathbf{A}} = \mathbf{A}^{-T} \quad \text{und} \quad \frac{\partial tr(\mathbf{AB})}{\partial \mathbf{A}} = \mathbf{B}^T \qquad (4.116)$$

sowie mit Hilfe der Symmetrie-Eigenschaft der Kovarianzmatrix $\mathbf{R}_m = \mathbf{R}_m^T$. Damit bekommt man

$$\mathbf{R}_m \sum_{i=1}^{N} f(m|\mathbf{y}_i,\hat{\boldsymbol{\theta}}_p) - \sum_{i=1}^{N}(\mathbf{y}_i - \boldsymbol{\mu}_m)(\mathbf{y}_i - \boldsymbol{\mu}_m)^T f(m|\mathbf{y}_i,\hat{\boldsymbol{\theta}}_p) = \mathbf{0} \qquad (4.117)$$

und schließlich

$$\mathbf{R}_m = \frac{\sum_{i=1}^{N} f(m|\mathbf{y}_i,\hat{\boldsymbol{\theta}}_p)(\mathbf{y}_i - \boldsymbol{\mu}_m)(\mathbf{y}_i - \boldsymbol{\mu}_m)^T}{\sum_{i=1}^{N} f(m|\mathbf{y}_i,\hat{\boldsymbol{\theta}}_p)} \stackrel{!}{=} \hat{\mathbf{R}}_{m,p+1}. \qquad (4.118)$$

Die Adaptionsgleichungen in jeder Iteration sind somit

$$\hat{P}_{p+1}(m) = \frac{1}{N} \sum_{i=1}^{N} f(m|\mathbf{y}_i,\hat{\boldsymbol{\theta}}_p) \qquad (4.119)$$

$$\hat{\boldsymbol{\mu}}_{m,p+1} = \frac{\sum_{i=1}^{N} \mathbf{y}_i f(m|\mathbf{y}_i,\hat{\boldsymbol{\theta}}_p)}{\sum_{i=1}^{N} f(m|\mathbf{y}_i,\hat{\boldsymbol{\theta}}_p)} \qquad (4.120)$$

$$\hat{\mathbf{R}}_{m,p+1} = \frac{\sum_{i=1}^{N} f(m|\mathbf{y}_i,\hat{\boldsymbol{\theta}}_p)(\mathbf{y}_i - \boldsymbol{\mu}_{m,p+1})(\mathbf{y}_i - \boldsymbol{\mu}_{m,p+1})^T}{\sum_{i=1}^{N} f(m|\mathbf{y}_i,\hat{\boldsymbol{\theta}}_p)}. \qquad (4.121)$$

Beispiel 4.4. Ein Beispiel-Datensatz wurde mit folgenden Parametern generiert:

$$P(1) = 0.7, \mu_1 = -1, \sigma_1^2 = 0.1; P(2) = 0.3, \mu_2 = 1, \sigma_2^2 = 0.5.$$

Die Anzahl der generierten Daten beträgt $N = 10000$. Die Iteration erfolgt
mit den Gleichungen 4.119 bis 4.121. Die diskreten Wahrscheinlichkeitsvertei-
lungen $f(m|\mathbf{y}_i, \hat{\boldsymbol{\theta}}_p)$ werden mit Gleichung 4.91 berechnet. Tabelle 4.1 und die
folgenden Abbildungen zeigen den Verlauf der Iteration.

Iteration	$P(1)$	μ_1	σ_1^2	$P(2)$	μ_2	σ_2^2
Startwert	0.1	0.0	0.1	0.9	10.0	1.0
1	0.990996565	-0.430898603	0.986740580	0.009003435	2.668559073	0.076061023
10	0.883977031	-0.670766489	0.556306624	0.116022969	1.637170064	0.225741481
20	0.709794409	-0.993638696	0.103459381	0.290205591	1.041628295	0.474012113
30	0.706746846	-0.996091761	0.102033667	0.293253154	1.026389209	0.492333730
40	0.706686218	-0.996138296	0.102007413	0.293313782	1.026083285	0.492708181
50	0.706684955	-0.996139265	0.102006866	0.293315045	1.026076907	0.492715989
60	0.706684928	-0.996139286	0.102006855	0.293315072	1.026076774	0.492716152

Tabelle 4.1. Konvergenz des Verfahrens

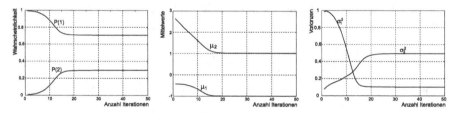

Abb. 4.7. Konvergenz der Komponentenwahrscheinlichkeiten (links), der Mittel-
werte (mitte) und der Varianzen (rechts)

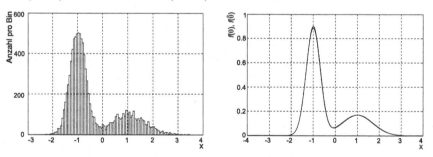

Abb. 4.8. Histogramm der beobachteten Daten (links) sowie die theoretische und
die berechnete Verteilungsdichte (beide sind nahezu überlappend) der beobachteten
Daten (rechts).

Die Konvergenz des Verfahrens ist in diesem Falle unproblematisch. Dies liegt
vor allem an der Gültigkeit des Modells, der geringen Parameterzahl, der
einfachen Struktur der zu approximierenden Verteilungsdichte sowie an der
hohen Anzahl von Datensamples.   □

Blinde Quellentrennung

5.1 Überblick

Blinde Quellentrennung[1] ist ein Verfahren zur Rekonstruktion unbeobachteter Signale (Quellen) aus beobachteten Signalvektoren. Es wird angenommen, dass die beobachteten Signale durch Mischung aus den unbeobachteten Quellsignalen hervorgegangen sind. Dabei sind weder konkrete Informationen über den Verlauf der Quellsignale noch über die Gewichtungsfaktoren der Mischung vorhanden. Diese Restriktionen werden bei existierenden Algorithmen durch die physikalisch häufig gut begründete Annahme der statistischen Unabhängigkeit der Quellsignale kompensiert. Die Realisierung der blinden Quellentrennung erfolgt dementsprechend mit der Suche nach statistisch unabhängigen Signalkomponenten, die bei Gültigkeit der Unabhängigkeitsannahme identisch mit den unbeobachteten Quellen sind.

Das einfachste Mischungsmodell ist in diesem Zusammenhang die *lineare* Mischung wie sie in Abbildung 5.1 gezeigt wird. Die unabhängigen (unbeobachteten) Quellsignale $s_1, s_2, \ldots, s_N$ werden im Mischungssystem $\mathbf{A}$ linear mit-

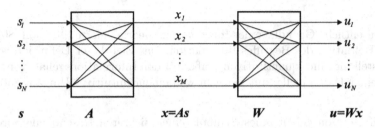

Abb. 5.1. System zur blinden Quellentrennung

---

[1] engl.: blind source separation, BSS

einander vermischt. Das Mischungssystem hat den Rang N. Die beobachteten Signale $x_1, x_2, \ldots, x_M$ ($M \geq N$) dienen als Eingangssignale für das Entmischungssystem $\mathbf{W}$. Der Signalvektor $\mathbf{u} = [u_1, u_2, \ldots, u_N]^T$ enthält die rekonstruierten Signale. Daraus ergeben sich das Mischungs- und das Entmischungs-Gleichungssystem

$$\begin{pmatrix} x_1 \\ x_2 \\ \vdots \\ x_M \end{pmatrix} = \begin{pmatrix} a_{11} & a_{12} & \cdots & a_{1N} \\ a_{21} & a_{22} & \cdots & a_{2N} \\ \vdots & \vdots & \ddots & \vdots \\ a_{M1} & a_{M2} & \cdots & a_{MN} \end{pmatrix} \cdot \begin{pmatrix} s_1 \\ s_2 \\ \vdots \\ s_N \end{pmatrix} \qquad \text{Mischung} \qquad (5.1)$$

$$\begin{pmatrix} u_1 \\ u_2 \\ \vdots \\ u_N \end{pmatrix} = \begin{pmatrix} w_{11} & w_{12} & \cdots & w_{1M} \\ w_{21} & w_{22} & \cdots & w_{2M} \\ \vdots & \vdots & \ddots & \vdots \\ w_{N1} & w_{N2} & \cdots & w_{NM} \end{pmatrix} \cdot \begin{pmatrix} x_1 \\ x_2 \\ \vdots \\ x_M \end{pmatrix} \qquad \text{Entmischung.} \qquad (5.2)$$

Erweiterungen dieses einfachen Modells sind unter anderem nichtlineare Mischungsmodelle, konvolutive Mischungen, zusätzliche Rauschquellen, komplexwertige Signale oder unterbestimmte Mischungssysteme[2]. Für alle Erweiterungen und Varianten dieser Mischungsmodelle existieren vielfältige Anwendungen, siehe auch [19].

Die Suche nach statistisch unabhängigen Signalkomponenten wird in der Literatur auch als Independent Component Analysis (ICA) bezeichnet. ICA findet als Methode nicht nur Anwendung im Rahmen der blinden Quellentrennung, sondern auch in anderen Bereichen, wie der Datenanalyse oder der Kodierung und Datenkompression. Für das Verständnis der Prinzipien der ICA-basierten blinden Quellentrennung ist es notwendig, zunächst einige Grundbegriffe der Informationstheorie zu erläutern.

5.2 Informationstheorie

Eine wesentliche Grundlage der Informationstheorie lieferte Shannon [80] mit seiner Definition des Begriffes Information. Das Ziel dieser Definition ist die Bereitstellung eines quantitativen Maßes für den Informationsgehalt von Symbolen einer Datenquelle, mit dem ein weitgehend intuitiver Umgang möglich sein soll.

Der Informationsgehalt eines Symbols einer diskreten Datenquelle wird im Shannonschen Sinne definiert als Maß für die Überraschung des Empfängers, der dieses Symbol erhält. D.h., je geringer die Auftretenswahrscheinlichkeit

---

[2] Das System ist unterbestimmt für den Rang $r\{\mathbf{A}\} < N$.

eines Symbols, desto größer ist die damit verbundene Information. Nach Shannon wird der Informationsgehalt eines Symbols x_i der diskreten Datenquelle berechnet mit

$$H(x_i) = \log\left(\frac{1}{P(x_i)}\right) = -\log P(x_i). \tag{5.3}$$

Die Entropie, d.h. der Informationsgehalt einer Datenquelle wird gemäß der Shannonschen Definition[3] mit dem Mittelwert der Informationsgehalte der einzelnen Quellensymbole beschrieben, d.h.

$$H(X) = E[H(x_i)] = -\sum_{\forall i} P(x_i) \log P(x_i) \qquad \text{diskrete Quelle.} \tag{5.4}$$

Für den kontinuierlichen Fall divergiert die Entropie[4]. Deshalb wird hier mit der *differentiellen Entropie* gearbeitet. Sie ist definiert als

$$H(X) = -\int_{-\infty}^{\infty} f_X(x) \log f_X(x) dx \qquad \text{kontinuierliche Quelle.} \tag{5.5}$$

Im Gegensatz zur Entropie diskreter Quellen kann die differentielle Entropie auch negative Werte annehmen.

---

[3] Neben der Shannonschen Entropie existieren weitere Entropiedefinitionen, so unter anderem die Rènyi-Entropie [26] für diskrete Quellen

$$H_r(X) = \begin{cases} \frac{1}{1-r} \log\left[\sum_i P^r(x_i)\right] & 0 < r < \infty, r \neq 1 \\ -\sum_i P(x_i) \log P(x_i) & r = 1, \end{cases}$$

bzw. für kontinuierliche Quellen

$$H_r(X) = \begin{cases} \frac{1}{1-r} \log\left[\int f_X^r(x) dx\right] & 0 < r < \infty, r \neq 1 \\ -\int f_X(x) \log f_X(x) dx & r = 1. \end{cases}$$

[4] In $-\sum_i P(x_i) \log P(x_i) \approx -\sum_i f_X(x_i)\Delta x \log[f_X(x_i)\Delta x]$ ergibt sich als Grenzwert für $\Delta x \to 0$

$$\lim_{\Delta x \to 0}[-\sum_{\forall i} f_X(x_i)\Delta x \log(f_X(x_i)\Delta x)] =$$

$$= \lim_{\Delta x \to 0}[-\sum_{\forall i} \log[f_X(x_i)] f_X(x_i)\Delta x - \log[\Delta x] \sum_{\forall i} f_X(x_i)\Delta x]$$

$$= -\int \log[f_X(x)] f_X(x) dx - \lim_{\Delta x \to 0} \log[\Delta x] \cdot \int f_X(x) dx.$$

Der Term $\log[\Delta x]$ divergiert für $\Delta x \to 0$.

Der Informationsgehalt einer Verbundquelle wird als Verbundentropie bezeichnet und ist gegeben mit

$$H(X,Y) = -\sum_{\forall i}\sum_{\forall j} P(x_i,y_j)\log P(x_i,y_j). \tag{5.6}$$

Die bedingte Entropie einer Quelle Y bei Kenntnis der Quelle X ist der Mittelwert über die Entropie der Quelle Y, wenn jeweils ein (konkretes) x_i gegeben ist, d.h.

$$H(Y|X) = \sum_{\forall i} H(Y|x_i)P(x_i) \tag{5.7}$$

$$= -\sum_{\forall i} P(x_i)\sum_{\forall j} P(y_j|x_i)\log P(y_j|x_i) \tag{5.8}$$

$\downarrow$ Satz von Bayes

$$= -\sum_{\forall i}\sum_{\forall j} P(x_i,y_j)\log P(y_j|x_i). \tag{5.9}$$

Die bedingte Entropie $H(Y|X)$ ist die Information, die Y noch erbringen kann, wenn X bereits bekannt ist.

Die Entropie besitzt eine Reihe nützlicher Eigenschaften[5]:

- Die Gesamtinformation einer Verbundquelle besteht aus der Information, die X enthält plus der Information, die Y noch *zusätzlich* beisteuert, d.h.

$$H(X,Y) = H(X) + H(Y|X), \tag{5.10}$$

denn

$$H(X,Y) = -\sum_{\forall i}\sum_{\forall j} P(x_i,y_j)\log P(x_i,y_j) \tag{5.11}$$

$$= -\sum_{\forall i}\sum_{\forall j} P(x_i,y_j)\log[P(x_i)P(y_j|x_i)] \tag{5.12}$$

$$= -\sum_{\forall i}\sum_{\forall j} P(x_i,y_j)\log P(x_i)$$
$$-\sum_{\forall i}\sum_{\forall j} P(x_i,y_j)\log P(y_j|x_i) \tag{5.13}$$

$$= -\sum_{\forall i} P(x_i)\log P(x_i)$$
$$-\sum_{\forall i}\sum_{\forall j} P(x_i,y_j)\log P(y_j|x_i). \tag{5.14}$$

---

[5] Die folgenden Eigenschaften der Entropie werden überwiegend am Beispiel der Entropie diskreter Quellen gezeigt. Sie sind jedoch auch für differentielle Entropien kontinuierlicher Quellen gültig.

- Falls X und Y statistisch unabhängig sind, gilt

$$H(X,Y) = H(X) + H(Y) \tag{5.15}$$

$$= -\sum_{\forall i} \sum_{\forall j} P(x_i, y_j) \log P(x_i, y_j) \tag{5.16}$$

$$= -\sum_{\forall i} \sum_{\forall j} P(x_i) P(y_j) \log[P(x_i) P(y_j)] \tag{5.17}$$

$$= -\sum_{\forall i} \sum_{\forall j} P(x_i) P(y_j) \log P(x_i)$$

$$\qquad -\sum_{\forall i} \sum_{\forall j} P(x_i) P(y_j) \log P(y_j) \tag{5.18}$$

$$= -\sum_{\forall i} P(x_i) \log P(x_i) - \sum_{\forall j} P(y_j) \log P(y_j). \tag{5.19}$$

- Allgemein gilt

$$H(X,Y) \le H(X) + H(Y). \tag{5.20}$$

- Ein wichtiges Kriterium für die Bewertung der Unterschiedlichkeit zweier Verteilungsdichtefunktionen ist die Kullback-Leibler-Distanz[6]

$$D[P(x)\|Q(x)] = \sum_{\forall i} P(x_i) \log \frac{P(x_i)}{Q(x_i)} \qquad \text{diskret}$$

$$D[f_X(x)\|q_X(x)] = \int f_X(x) \log \frac{f_X(x)}{q_X(x)} dx \qquad \text{kontinuierlich.} \tag{5.21}$$

Die Kullback-Leibler-Distanz weist unter anderem folgende Eigenschaften auf:

- $D \ge 0$, mit Gleichheit für $P(x) = Q(x)$ bzw. $f_X(x) = q_X(x)$

- kein Abstandsmaß wegen $D[P(x)\|Q(x)] \ne D[Q(x)\|P(x)]$ und Nichterfüllung der Dreiecksungleichung[7]

- Die gemeinsame Information[8] ist ein Sonderfall der Kullback-Leibler-Distanz. Sie ist definiert mit

$$I(X;Y) = \sum_{\forall i} \sum_{\forall j} P(x_i, y_j) \log \frac{P(x_i, y_j)}{P(x_i) \cdot P(y_j)} \tag{5.22}$$

$$= D\left[P(x,y)\|P(x)P(y)\right]. \tag{5.23}$$

Bei $I(X;Y) = 0$ sind die Zufallsvariablen X und Y statistisch unabhängig.

---

[6] Die Kullback-Leibler-Distanz wird auch als *relative Entropie* bezeichnet.

[7] Für $x, y, z \in X$ und die Funktion ρ ist die Dreiecksungleichung gegeben mit $\rho(x,y) \le \rho(x,z) + \rho(z,y)$ [14].

[8] engl.: mutual information

- Die Relation zwischen Entropie und gemeinsamer Information ist

$$I(X;Y) = H(X) - H(X|Y) \tag{5.24}$$

$$= \sum_{\forall i} \sum_{\forall j} P(x_i, y_j) \log \frac{P(x_i, y_j)}{P(x_i)P(y_j)} \tag{5.25}$$

$$= \sum_{\forall i} \sum_{\forall j} P(x_i, y_j) \log \frac{P(x_i|y_j)P(y_j)}{P(x_i)P(y_j)} \tag{5.26}$$

$$= -\sum_{\forall i} \sum_{\forall j} P(x_i, y_j) \log P(x_i)$$
$$+ \sum_{\forall i} \sum_{\forall j} P(x_i, y_j) \log P(x_i|y_j) \tag{5.27}$$

$$= -\sum_{\forall i} P(x_i) \log P(x_i)$$
$$+ \sum_{\forall i} \sum_{\forall j} P(x_i, y_j) \log P(x_i|y_j). \tag{5.28}$$

Die gemeinsame Information I ist die Reduktion der Unsicherheit von X durch die Kenntnis von Y. Ferner gilt

$$I(X;Y) = H(Y) - H(Y|X) \tag{5.29}$$
$$= H(X) + H(Y) - H(X,Y). \tag{5.30}$$

Die Beziehungen zwischen den einzelnen Entropien sind im Venn-Diagramm in Abbildung 5.2 dargestellt.

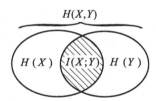

Abb. 5.2. Venn-Diagramm für die Entropien

5.3 Independent Component Analysis

Die Zielsetzung der Independent Component Analysis besteht in der Extraktion statistisch unabhängiger Komponenten s_i eines meist vektoriellen Signals $\mathbf{x}$. Dazu wird die Entstehung des Signals $\mathbf{x}$ zunächst mit einer linearen oder nichtlinearen Funktion $\mathbf{x} = \mathbf{f}(s_1, s_2, \ldots) = \mathbf{f}(\mathbf{s})$ modelliert. Die Aufgabe der ICA besteht dann in der Suche nach einer geeigneten Umkehrfunktion $\mathbf{s} = \mathbf{f}^{-1}(\mathbf{x})$.

Um diese Aufgabe mathematisch traktabel zu machen, ist es sinnvoll, die Freiheitsgrade der Funktion $\mathbf{f}$ zu beschränken. Zur Vereinfachung wird für $\mathbf{f}$ häufig eine lineare, vektorwertige Funktion angenommen. Daraus resultiert ein lineares Mischungsmodell, das dem der linearen blinden Quellentrennung gleicht, d.h.[9]

$$\mathbf{x} = \mathbf{f}(\mathbf{s}) = \mathbf{A}\mathbf{s}$$
$$= \begin{pmatrix} a_{11} & a_{12} & \cdots & a_{1N} \\ a_{21} & a_{22} & \cdots & a_{2N} \\ \vdots & \vdots & \ddots & \vdots \\ a_{N1} & a_{N2} & \cdots & a_{NN} \end{pmatrix} \cdot \begin{pmatrix} s_1 \\ s_2 \\ \vdots \\ s_N \end{pmatrix}. \quad (5.31)$$

Dementsprechend besteht die ICA-Zielstellung auf der Basis dieses linearen Modells in der Berechnung einer inversen Matrix $\mathbf{W} = \mathbf{A}^{-1}$, wobei gegebenenfalls auch Zeilenpermutationen in $\mathbf{W}$ und zeilenweise unterschiedliche Skalierungen zulässig sind[10,11]. Diese Zielstellung setzt die Invertierbarkeit von $\mathbf{A}$ voraus.

Unter den Quellsignalen darf maximal ein Signal mit einer gaußschen Verteilungsdichte vertreten sein. Der Grund für die Beschränkung wird aus einer kurzen Rechnung deutlich (vgl. [54]). Wäre beispielsweise die Verbundverteilungsdichte zweier unabhängiger Komponenten s_1 und s_2 eine Gaußverteilungsdichte, d.h.

$$f(s_1, s_2) = \frac{1}{2\pi} \exp(-\frac{s_1^2 + s_2^2}{2}) = \frac{1}{2\pi} \exp(-\frac{\|\mathbf{s}\|^2}{2}) \quad (5.32)$$

und die Mischungsmatrix $\mathbf{A}$ orthogonal, d.h. $\mathbf{A}^{-1} = \mathbf{A}^T$, dann würde man für die gemischten Signale die Verbundverteilungsdichte

$$f(x_1, x_2) = \frac{1}{2\pi} \exp(-\frac{\|\mathbf{A}^T\mathbf{x}\|^2}{2})|\det(\mathbf{A}^T)| \quad (5.33)$$

erhalten. Aufgrund der Orthogonalität gelten jedoch $\|\mathbf{A}^T\mathbf{x}\|^2 = \|\mathbf{x}\|^2$ und $|\det(\mathbf{A}^T)| = 1$. Daraus ergibt sich für die Verbundverteilungsdichte der gemischten Signale

---

[9] Dieses lineare Modell ist die Grundlage der folgenden Ausführungen.

[10] Bei Auftreten von Zeilenpermutationen gilt $\mathbf{W} = \mathbf{P}\mathbf{A}^{-1}$, wobei $\mathbf{P}$ aus einer Einheitsmatrix durch Vertauschen von Zeilen abgeleitet wird.

[11] Dies zeigt zwei wesentliche Mehrdeutigkeiten bei der Rekonstruktion der statistisch unabhängigen Signalkomponenten: Zum einen ist die ursprüngliche Amplitude der Signale nicht rekonstruierbar und zum anderen ist die Wiederherstellung der ursprünglichen Reihenfolge der Signale im Signalvektor $\mathbf{s}$ nicht möglich.

$$f(x_1, x_2) = \frac{1}{2\pi} \exp(-\frac{\|\mathbf{x}\|^2}{2}). \tag{5.34}$$

Die Gegenüberstellung der Gleichungen 5.32 und 5.34 zeigt, dass im Falle gaußscher Signale und einer orthogonalen Mischung die Verteilungsdichten der gemischten und ungemischten Signale übereinstimmen. Eine Unterscheidung und dementsprechend eine Trennung auf der Basis eines Unabhängigkeitskriteriums wären unmöglich. Mit anderen Worten: Bei mehreren gaußverteilten Quellsignalen kann die ICA-Mischungsmatrix nur bis auf eine orthogonale Drehung bestimmt werden.

Zusammenfassend ergeben sich folgende Voraussetzungen für die Durchführung der linearen ICA [54]:

- die Signale s_i sind gegenseitig statistisch unabhängig,

- maximal eine unabhängige Komponente darf eine gaußsche Verteilungsdichte besitzen,

- die Mischungsmatrix $\mathbf{A}$ ist invertierbar.

5.4 Kontrastfunktionen und ihre Optimierung

5.4.1 Definition

Im Kontext der ICA werden Kostenfunktionen auch als *Kontrastfunktionen* bezeichnet. Sie sind reellwertige, von einer Verteilungsdichte abhängige Funktionen. Die Notation $\phi[u]$ bezeichnet eine Kontrastfunktion, die von der Verteilungsdichte $f_U(u)$ abhängt. Kontrastfunktionen werden so aufgestellt, dass sie ihr Minimum genau dann erreichen, wenn die rekonstruierten Signale einen maximal möglichen Trennungsgrad aufweisen, d.h. [19]

$$\phi[\mathbf{u} = \hat{\mathbf{W}}\mathbf{A}\mathbf{s}] \geq \phi[\mathbf{s}], \tag{5.35}$$

mit Gleichheit bei maximal möglicher Trennung.

Für den Fall, dass die gesuchte Entmischungsmatrix orthogonal ist, kann es sinnvoll sein, orthogonale Kontrastfunktionen $\phi^o[\mathbf{u}]$ zu nutzen, die unter der Restriktion $E[\mathbf{u}\mathbf{u}^T] = \mathbf{I}$ minimiert werden.

5.4.2 Informationstheoretische Kontrastfunktionen

Maximum Likelihood

Die Maximum-Likelihood-Schätzung der Entmischungsmatrix erhält man mit

$$\hat{\mathbf{W}} = \underset{\mathbf{W}}{\mathrm{argmax}}\, f_X(\mathbf{x}|\mathbf{W}), \tag{5.36}$$

d.h., es ist diejenige Entmischungsmatrix $\hat{\mathbf{W}} \approx \mathbf{A}^{-1}$ zu finden, für die $f_X(\mathbf{x}|\mathbf{W})$ maximal wird. Bei der Verteilungsdichte $f_X(\mathbf{x}|\mathbf{W})$ handelt es sich hier nicht um die wahre (gemessene) Verteilungsdichte der Signale $\mathbf{x}$, sondern um ein parametrisches Modell, das die Signale $\mathbf{x}$ als Ergebnis der Transformation $\mathbf{x} = \mathbf{As}$ betrachtet [64, 54]. Für die Verteilungsdichte ergibt sich mit Gleichung 2.83

$$f_X(\mathbf{x}|\mathbf{W}) = |\det(\mathbf{W})| f_S(\mathbf{s}) = |\det(\mathbf{W})| \prod_{i=1}^{N} f_S(s_i) \tag{5.37}$$

bzw.

$$f_X(\mathbf{x}|\mathbf{W}) = |\det(\mathbf{W})| \prod_{i=1}^{N} f_S(\mathbf{w}_i^T \mathbf{x}), \tag{5.38}$$

mit $\mathbf{w}_i^T$ als i-ter Zeilenvektor von $\mathbf{W}$. Bei T unabhängigen Beobachtungen $\mathbf{x}_1, \ldots, \mathbf{x}_T$ erhält man, bei vorausgesetzter Gültigkeit des Modells in Gleichung 5.38, die Likelihood-Funktion für das Auftreten genau dieser Beobachtungen

$$L(\mathbf{W}) = \prod_{t=1}^{T} f_X(\mathbf{x}_t|\mathbf{W}) \tag{5.39}$$

bzw. als Log-Likelihood-Funktion und unter Normierung auf die Anzahl der Samples T

$$\frac{1}{T} \log L(\mathbf{W}) = \frac{1}{T} \sum_{t=1}^{T} \log f_X(\mathbf{x}_t|\mathbf{W}). \tag{5.40}$$

Für $T \to \infty$ geht die Summe in den Erwartungswert über

$$\lim_{T \to \infty} \frac{1}{T} \log L(\mathbf{W}) = E[\log f_X(\mathbf{x}|\mathbf{W})] \tag{5.41}$$

$$= \int \hat{f}_X(\mathbf{x}) \log f_X(\mathbf{x}|\mathbf{W}) d\mathbf{x}, \tag{5.42}$$

mit $\hat{f}_X(\mathbf{x})$ als gemessene Verteilungsdichte der Signale $\mathbf{x}$. Damit erhält man ferner

$$\int \hat{f}_X(\mathbf{x}) \log f_X(\mathbf{x}|\mathbf{W}) d\mathbf{x} = \int \hat{f}_X(\mathbf{x}) \log \left[\frac{f_X(\mathbf{x}|\mathbf{W}) \hat{f}_X(\mathbf{x})}{\hat{f}_X(\mathbf{x})} \right] d\mathbf{x} \tag{5.43}$$

$$= \int \hat{f}_X(\mathbf{x}) \log \left[\frac{f_X(\mathbf{x}|\mathbf{W})}{\hat{f}_X(\mathbf{x})} \right] d\mathbf{x}$$

$$+ \int \hat{f}_X(\mathbf{x}) \log \hat{f}_X(\mathbf{x}) d\mathbf{x} \tag{5.44}$$

$$= -D[\hat{f}_X(\mathbf{x}) \| f_X(\mathbf{x}|\mathbf{W})] - H[\hat{f}_X(\mathbf{x})]. \tag{5.45}$$

Der Term $H[\hat{f}_X(\mathbf{x})]$ ist konstant und spielt bei einer Optimierung keine Rolle. Die Log-Likelihood-Funktion kann deshalb auf die negative Kullback-Leibler-Distanz zwischen der beobachteten Verteilungsdichte $\hat{f}_X(\mathbf{x})$ und dem Modell $f_X(\mathbf{x}|\mathbf{W})$ zurückgeführt werden. Da im Modell die statistische Unabhängigkeit der Quellen enthalten ist, führt die Maximierung der Log-Likelihood-Funktion bzw. die Minimierung der Kullback-Leibler-Distanz zur Quellentrennung. Die Kullback-Leibler-Distanz in Gleichung 5.45 ist deshalb die Kontrastfunktion der Maximum-Likelihood-Schätzung.

Setzt man Gleichung 5.38 in Gleichung 5.41 ein, ergibt sich

$$\lim_{T \to \infty} \frac{1}{T} \log L(\mathbf{W}) = \log |\det(\mathbf{W})| + E\left[\sum_{i=1}^{N} \log f_S(\mathbf{w}_i^T \mathbf{x})\right]. \qquad (5.46)$$

Für den Gradienten bezüglich der Entmischungsmatrix $\mathbf{W}$ folgt daraus[12]

$$\frac{\partial}{\partial \mathbf{W}} \frac{1}{T} \log L(\mathbf{W}) = \frac{\partial}{\partial \mathbf{W}} \log |\det(\mathbf{W})|$$

$$+ \frac{\partial}{\partial \mathbf{W}} E\left[\sum_{i=1}^{N} \log f_S(\mathbf{w}_i^T \mathbf{x})\right] \qquad (5.47)$$

$$= \mathbf{W}^{-T} + \frac{\partial}{\partial \mathbf{W}} E\left[\sum_{i=1}^{N} \log f_S(\mathbf{w}_i^T \mathbf{x})\right]. \qquad (5.48)$$

Der Gradient in Gleichung 5.48 nutzt Modellannahmen über die Verteilungsdichten der Quellsignale. Wird die Optimierung per Gradientenverfahren durchgeführt, kann dies bei ungünstiger Auswahl der Verteilungsdichten zu einer schlechten Konvergenz und zum Fehlschlagen der Quellentrennung führen. Durch Nutzung des natürlichen Gradienten (siehe Abschnitt 5.5) kann die Konvergenz deutlich beschleunigt werden.

Infomax

Eng mit dem Maximum-Likelihood-Ansatz verknüpft ist das Infomax-Prinzip [63], das im Kontext der blinden Quellentrennung vor allem im Bereich der neuronalen Netze genutzt wird [4].

---

[12] Die zur Berechnung des Gradienten notwendige Ableitung des Logarithmus der Quellenverteilungsdichte

$$\varphi_i = -(\log f_S(s_i))' = -\frac{f_S'(s_i)}{f_S(s_i)}$$

wird in der Literatur auch als Score-Funktion bezeichnet [19].

Eine entscheidende Rolle innerhalb dieser Betrachtungen spielt die Transformation von Zufallsprozessen $\mathbf{X}$ durch Nichtlinearitäten der Form

$$y = g(\mathbf{w}^T\mathbf{x}) = g(u), \qquad g : \mathfrak{R} \to (0; 1), \text{streng monoton.} \qquad (5.49)$$

Diese Nichtlinearität kann bei einem eindimensionalen Ausgangssignal als ein wie in Abbildung 5.3 dargestelltes konnektionistisches Neuron interpretiert werden (vgl. Kapitel 10).

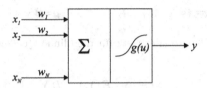

Abb. 5.3. Konnektionistisches Neuron

Die Veränderung der Verteilungsdichtefunktion bei der nichtlinearen Transformation eines Zufallsprozesses durch eine streng monoton steigende Funktion ist im eindimensionalen Fall gegeben mit (vgl. Abschnitt 2.1.12)

$$p_Y(y) = \frac{p_U(u)}{g'(u)} = \frac{p_U(u)}{dy/du}. \qquad (5.50)$$

Es gilt also

$$p_Y(y) \cdot dy = p_U(u) \cdot du. \qquad (5.51)$$

Die Entropie des Ausgangssignals ist somit

$$H(Y) = - \int_{-\infty}^{\infty} p_Y(y) \log p_Y(y) dy \qquad (5.52)$$

$$= - \int_{-\infty}^{\infty} p_U(u) \log \frac{p_U(u)}{g'(u)} du. \qquad (5.53)$$

Letzteres Integral ist wieder die Kullback-Leibler-Distanz. Daher ist die Entropie $H(Y)$ maximal[13], wenn $p_U(u) = g'(u)$ gilt. D.h., für eine maximale Ausgangsentropie muss die Nichtlinearität $g(u)$ gleich der Verteilungsfunktion von U sein.

Im multikanaligen Fall wird ein Netzwerk konnektionistischer Neuronen entsprechend Abbildung 5.4 konstruiert. Für die Verbund-Ausgangsentropie gilt dann

---

[13] Maximal bedeutet hier $H(Y) = 0$.

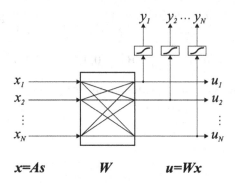

Abb. 5.4. Neuronales Netz für die blinde Quellentrennung

$$H(\mathbf{Y}) = \sum_{\forall i} H(Y_i) - I(\mathbf{Y}). \tag{5.54}$$

Die Nichtlinearitäten werden durch die Elemente der Entmischungsmatrix $\mathbf{W}$ parametrisiert. Eine Maximierung der Verbund-Ausgangsentropie bezüglich der Elemente der Entmischungsmatrix $\mathbf{W}$ bewirkt:

- die Maximierung der Einzelentropien $H(Y_i)$, d.h. die Nichtlinearitäten $g(u)$ schmiegen sich an die Verteilungsfunktionen an,

- die Reduktion der gemeinsamen Information $I(\mathbf{Y})$ zwischen den Signalen y_i.

Ist jedoch die gemeinsame Information zwischen den Signalen y_i minimal, dann trifft dies aufgrund der Systemanordnung auch auf die Signale u_i zu, die in diesem Falle gegenseitig maximal unabhängig sind. Damit ist das Ziel der Quellentrennung erreicht.

Für die Berechnung der Verbund-Ausgangsentropie muss zunächst die Verbundverteilungsdichte der Ausgangssignale der Nichtlinearitäten bestimmt werden. Sie ergibt sich mit

$$f_{\mathbf{Y}}(\mathbf{y}) = \frac{f_{\mathbf{X}}(\mathbf{x})}{|det(\mathbf{J})|}, \tag{5.55}$$

wobei gilt

$$det(\mathbf{J}) = det \begin{pmatrix} \frac{\partial y_1}{\partial x_1} & \frac{\partial y_1}{\partial x_2} & \dots & \frac{\partial y_1}{\partial x_N} \\ \frac{\partial y_2}{\partial x_1} & \frac{\partial y_2}{\partial x_2} & \dots & \frac{\partial y_2}{\partial x_N} \\ \vdots & \vdots & \ddots & \vdots \\ \frac{\partial y_N}{\partial x_1} & \frac{\partial y_N}{\partial x_2} & \dots & \frac{\partial y_N}{\partial x_N} \end{pmatrix}. \tag{5.56}$$

Damit folgt für die Verbund-Ausgangsentropie

$$H(\mathbf{Y}) = -E[\log f_{\mathbf{Y}}(\mathbf{y})] = - \int\limits_{-\infty}^{\infty} f_{\mathbf{Y}}(\mathbf{y}) \log f_{\mathbf{Y}}(\mathbf{y}) d\mathbf{y} \qquad (5.57)$$

$$= E\left[\log |det(\mathbf{J})|\right] - E\left[\log f_{\mathbf{X}}(\mathbf{x})\right]. \qquad (5.58)$$

Die Maximierung der Verbund-Ausgangsentropie erfolgt mit einem stochastischen Gradientenverfahren. Der stochastische Gradient[14] ist gegeben durch[15] [4]

$$\frac{\partial}{\partial \mathbf{W}} H(\mathbf{Y}) = \frac{\partial}{\partial \mathbf{W}} \log |det(\mathbf{J})| \qquad (5.59)$$

$$= \frac{\partial}{\partial \mathbf{W}} \log |det(\mathbf{W})| + \frac{\partial}{\partial \mathbf{W}} \log \prod_i |g'_i(u_i)| \qquad (5.60)$$

$$= \mathbf{W}^{-T} + \frac{\partial}{\partial \mathbf{W}} \sum_{\forall i} \log |g'_i(u_i)|. \qquad (5.61)$$

Aus der Gleichung 5.61 wird die Übereinstimmung mit dem Maximum-Likelihood-Ansatz offensichtlich, und zwar genau dann, wenn $g'(u) = f_S(u)$ gilt. Damit ist auch für das Infomax-Verfahren die Kullback-Leibler-Distanz die zugehörige Kontrastfunktion.

Die Verteilungsfunktionen der Quellsignale sind *a priori* nicht bekannt. Die Nichtlinearität ist somit frei wählbar, wenngleich damit implizit Annahmen über die Verteilungsfunktionen der Quellen getroffen werden. Eine häufig genutzte Nichtlinearität ist die *logistische Funktion*[16]

$$y = g(u) = \frac{1}{1 + e^{-u}}. \qquad (5.62)$$

In der Tat sind damit nicht alle denkbaren Quellsignale rekonstruierbar, sondern nur Signale mit einer supergaußschen Verteilungsdichtefunktion[17]. Für andere Signale müssen andere Nichtlinearitäten ausgewählt werden[18].

Unter Nutzung der logistischen Nichtlinearität ergibt sich für den stochastischen Gradienten [4]

$$\Delta \mathbf{W} \propto \frac{\partial}{\partial \mathbf{W}} H(\mathbf{Y}) = \mathbf{W}^{-T} + (\mathbf{1} - 2\mathbf{y})\mathbf{x}^T. \qquad (5.63)$$

Das Konvergenzverhalten eines auf Gleichung 5.63 basierenden Gradientenverfahrens kann mit der Anwendung des natürlichen Gradienten erheblich verbessert werden (siehe Abschnitt 5.5).

---

[14] Beim stochastischen Gradienten entfällt der Erwartungswertoperator.

[15] Aufgrund seiner Konstanz entfällt der Term $E\left[\log f_{\mathbf{X}}(\mathbf{x})\right]$ bei der Optimierung.

[16] In der Regel wird an allen Ausgängen die gleiche Nichtlinearität verwendet.

[17] Supergaußsche Signale besitzen eine positive Kurtosis.

[18] Es existieren Erweiterungen, die eine Anwendung dieses Verfahrens sowohl für supergaußsche als auch subgaußsche Verteilungsdichten ermöglichen, z.B. [39].

Gemeinsame Information

Beim Maximum-Likelihood-Ansatz wird in Gleichung 5.45 die Kullback-Leibler-Distanz zwischen der gemessenen Verbundverteilungsdichte $\hat{f}(\mathbf{x})$ und der Modell-Verbundverteilungsdichte $f(\mathbf{x}|\mathbf{W})$ bezüglich der Entmischungsmatrix $\mathbf{W}$ minimiert[19]. Im Falle schlecht gewählter Modell-Verbundverteilungsdichten besteht die Möglichkeit des Fehlschlagens der Quellentrennung. Es ist deshalb sinnvoll, die Kullback-Leibler-Distanz auch bezüglich der Modell-Verbundverteilungsdichte $f(\mathbf{s})$ zu optimieren.

Dazu wird zunächst eine vektorielle Hilfsvariable $\tilde{\mathbf{u}}$ gebildet, deren Elemente zum einen unabhängig voneinander sind und zum anderen die gleichen Verteilungsdichten wie die korrespondierenden Elemente des rekonstruierten Signalvektors $\mathbf{u}$ besitzen, d.h.

$$f_{\tilde{U}}(\tilde{\mathbf{u}}) = \prod_{i=1}^{N} f_{\tilde{U}_i}(\tilde{u}_i) = \prod_{i=1}^{N} f_{U_i}(u_i). \tag{5.64}$$

Da auch der Quellvektor $\mathbf{s}$ voneinander unabhängige Elemente besitzt, gilt[20]

$$D[f_U(\mathbf{u})\|f_S(\mathbf{s})] = D[f_U(\mathbf{u})\|f_{\tilde{U}}(\tilde{\mathbf{u}})] + D[f_{\tilde{U}}(\tilde{\mathbf{u}})\|f_S(\mathbf{s})]. \tag{5.65}$$

Die Herleitung von Gleichung 5.65 soll im Folgenden kurz skizziert werden. Ausgangspunkt ist die Kullback-Leibler-Distanz zwischen der Verbundverteilungsdichte der rekonstruierten Signale und der Verbundverteilungsdichte der statistisch unabhängigen Quellen

$$D[f_U(\mathbf{u})\|f_S(\mathbf{s})] = D[f_U(\mathbf{u})\| \prod f_{S_i}(s_i)] \tag{5.66}$$

$$= \int f_U(\mathbf{z}) \log \frac{f_U(\mathbf{z})}{\prod f_{S_i}(z_i)} d\mathbf{z} = \int f_U(\mathbf{z}) \log \frac{f_U(\mathbf{z}) \prod f_{U_i}(z_i)}{\prod f_{S_i}(z_i) \prod f_{U_i}(z_i)} d\mathbf{z} \tag{5.67}$$

$$= \int f_U(\mathbf{z}) \log \frac{f_U(\mathbf{z})}{\prod f_{U_i}(z_i)} d\mathbf{z} + \int f_U(\mathbf{z}) \log \frac{\prod f_{U_i}(z_i)}{\prod f_{S_i}(z_i)} d\mathbf{z} \tag{5.68}$$

$$= D[f_U(\mathbf{u})\|f_{\tilde{U}}(\tilde{\mathbf{u}})] + \sum_i \int f_U(\mathbf{z}) \log \frac{f_{U_i}(z_i)}{f_{S_i}(z_i)} d\mathbf{z}. \tag{5.69}$$

Führt man im zweiten Term der letzten Gleichung die Integration bezüglich aller z_j mit $i \neq j$ durch, ergibt sich

---

[19] Dies entspricht der Minimierung der Kullback-Leibler-Distanz zwischen $f(\mathbf{u})$ und $f(\mathbf{s})$.

[20] Für die konkrete Berechnung des Integrals der Kullback-Leibler-Distanz müssen die beteiligten Verteilungsdichten in Abhängigkeit von der *gleichen* Integrationsvariable, z.B. $\mathbf{z}$, dargestellt werden, d.h.

$$D[f_U(\mathbf{u})\|f_S(\mathbf{s})] = \int f_U(\mathbf{z}) \log \frac{f_U(\mathbf{z})}{f_S(\mathbf{z})} d\mathbf{z}.$$

$$\ldots = D[f_U(\mathbf{u})\|f_{\tilde{U}}(\tilde{\mathbf{u}})] + \sum_i \int f_{U_i}(z_i) \log \frac{f_{U_i}(z_i)}{f_{S_i}(z_i)} dz_i. \tag{5.70}$$

Durch Erweitern von f_{U_i} auf $f_{\tilde{U}}$ und die Ergänzung der zugehörigen Integrationsvariablen im Integral folgt[21]

$$\ldots = D[f_U(\mathbf{u})\|f_{\tilde{U}}(\tilde{\mathbf{u}})] + \sum_i \int f_{\tilde{U}}(\mathbf{z}) \log \frac{f_{U_i}(z_i)}{f_{S_i}(z_i)} d\mathbf{z} \tag{5.71}$$

$$= D[f_U(\mathbf{u})\|f_{\tilde{U}}(\tilde{\mathbf{u}})] + \int f_{\tilde{U}}(\mathbf{z}) \log \frac{\prod f_{U_i}(z_i)}{\prod f_{S_i}(z_i)} d\mathbf{z} \tag{5.72}$$

$$= D[f_U(\mathbf{u})\|f_{\tilde{U}}(\tilde{\mathbf{u}})] + D[f_{\tilde{U}}(\tilde{\mathbf{u}})\|f_S(\mathbf{s})]. \tag{5.73}$$

Die Richtigkeit von Gleichung 5.65 ist damit gezeigt.

Die Optimierung von $D[f_U(\mathbf{u})\|f_S(\mathbf{s})]$ bezüglich der Modell-Verbundverteilungsdichte betrifft lediglich den zweiten Term auf der rechten Seite von Gleichung 5.65. Das Minimum $D[f_{\tilde{U}}(\tilde{\mathbf{u}})\|f_S(\mathbf{s})] = 0$ befindet sich bei $f_{S,opt.}(\mathbf{s}) = f_{\tilde{U}}(\tilde{\mathbf{u}})$. Die anschließende Minimierung von $D[f_U(\mathbf{u})\|f_S(\mathbf{s})]$ bezüglich der Entmischungsmatrix $\mathbf{W}$ muss dann nur noch den ersten Term von Gleichung 5.65 berücksichtigen. Dieser erste Term ist gemäß Gleichung 5.22 die gemeinsame Information zwischen den Signalen u_i

$$\phi_{MI}[\mathbf{u}] = D[f_U(\mathbf{u})\|f_{\tilde{U}}(\tilde{\mathbf{u}})] = \int f_U(\mathbf{u}) \log \left[\frac{f_U(\mathbf{u})}{\prod_{i=1}^N f_{U_i}(u_i)} \right] d\mathbf{u}. \tag{5.74}$$

Er bewertet die Güte der Schätzung der Entmischungsmatrix ohne von den Vorannahmen bezüglich der Verteilungsdichten der Quellen abhängig zu sein und stellt somit das eigentliche Unabhängigkeitsmaß, auch der Maximum-Likelihood-Schätzung, dar.

Der Maximum-Likelihood-Ansatz enthält folglich implizit zwei Terme: einen ersten Term zur eigentlichen Bewertung der statistischen Unabhängigkeit der Ausgänge und einen zweiten Term zur Messung der Unterschiede zwischen den Verteilungsdichten der Ausgangssignale und den Modell-Verteilungsdichten.

Orthogonale Kontrastfunktionen

Wenn die gesuchte Mischungs- bzw. Entmischungsmatrix orthogonal ist[22], vereinfacht sich die gemeinsame Information $\phi_{MI}[\mathbf{u}]$ auf die Summe der Einzelentropien und einen konstanten Term, d.h. [19]

---

[21] Diese Erweiterung verändert den Wert des Integrals nicht, da die hinzugefügten Verteilungsdichten unabhängig voneinander sind und ihr Integral jeweils den Wert 1 besitzt.

[22] Z.B. nach Pre-Whitening (vgl. Abschnitt 5.6) ist $E[\mathbf{x}\mathbf{x}^T] = E[\mathbf{u}\mathbf{u}^T] = \mathbf{I}$, wodurch das Separationsproblem auf die Suche nach einer Orthogonalmatrix eingegrenzt wird.

$$\phi_{MI}^o[\mathbf{u}] = \sum_{i=1}^{N} H[u_i] \quad \text{mit der Restriktion } E[\mathbf{u}\mathbf{u}^T] = \mathbf{I}. \tag{5.75}$$

Da das Mischen tendenziell die Entropien der einzelnen Ausgangssignale erhöht, wird die Entmischung tendenziell durch eine Minimierung der Einzelentropien erreicht. Die negative Entropie $-H[u_i]$ entspricht darüber hinaus, bis auf eine Konstante, der Kullback-Leibler-Distanz zwischen der Verteilungsdichte von u_i und der mittelwertfreien Gaußverteilung mit Varianz 1. Die Minimierung der Einzelentropien kommt deshalb der Maximierung dieser Kullback-Leibler-Distanz gleich - die Verteilungsdichten der u_i sollen also so weit wie möglich von einer gaußschen Verteilungsdichte entfernt sein [19].

5.4.3 Statistik höherer Ordnung

Statistik höherer Ordnung[23] kann zur Approximation der auf dem Maximum-Likelihood-Prinzip basierenden Kontrastfunktion genutzt werden. Im Allgemeinen beschränkt man sich bei der Nutzung von Statistik höherer Ordnung auf die Verwendung von Kumulanten zweiter und vierter Ordnung. Sie sind für mittelwertfreie Zufallsvariablen definiert mit [71, 19] (vgl. Abschnitt 2.1.9)

$$\text{Cum}[a, b] = E[ab] \tag{5.76}$$

$$\text{Cum}[a, b, c, d] = E[a, b, c, d] - E[ab]E[cd] - E[ac]E[bd]$$
$$- E[ad]E[bc]. \tag{5.77}$$

Wenn die Zufallsvariablen a, b, c, d in zwei voneinander statistisch unabhängige Gruppen eingeteilt werden können, wird der Kumulant zu Null. Kreuzkumulanten zwischen den statistisch unabhängigen, mittelwertfreien Quellen s_i müssen dementsprechend verschwinden[24]

$$C_{ij}[\mathbf{s}] = \sigma_i^2 \delta_{ij} \quad \text{und} \quad C_{ijkl}[\mathbf{s}] = k_i \delta_{ijkl}, \tag{5.78}$$

mit δ als Kronecker-Delta-Funktion, der Quellsignal-Varianz σ^2 und der Kurtosis k. Damit ergeben sich die Unabhängigkeitsmaße [19]

$$\phi_2[\mathbf{u}] = \sum_{ij} \left(C_{ij}[\mathbf{u}] - C_{ij}[\mathbf{s}]\right)^2 = \sum_{ij} \left(C_{ij}[\mathbf{u}] - \sigma_i^2 \delta_{ij}\right)^2 \tag{5.79}$$

$$\phi_4[\mathbf{u}] = \sum_{ijkl} \left(C_{ijkl}[\mathbf{u}] - C_{ijkl}[\mathbf{s}]\right)^2 = \sum_{ijkl} \left(C_{ijkl}[\mathbf{u}] - k_i \delta_{ijkl}\right)^2. \tag{5.80}$$

Während $\phi_2[\mathbf{u}]$ nur Statistik zweiter Ordnung auswertet und deshalb keine Kontrastfunktion[25] ist, stellt $\phi_4[\mathbf{u}]$ bei bekannter Kurtosis der Quellen eine

---

[23] engl.: higher-order statistics, HOS

[24] $C_{ij}[\mathbf{s}] = \text{Cum}[s_i, s_j]$ und $C_{ijkl}[\mathbf{s}] = \text{Cum}[s_i, s_j, s_k, s_l]$

[25] Mit Statistik zweiter Ordnung kann die Mischungsmatrix $\mathbf{A}$ bis auf eine orthogonale Drehung bestimmt werden (siehe auch Abschnitt 5.6). Für die Bestimmung

Kontrastfunktion dar. Die Kombination von $\phi_2[\mathbf{u}]$ und $\phi_4[\mathbf{u}]$ kann als Approximation des Maximum-Likelihood-Kontrasts interpretiert werden. Mit Hilfe einer Edgeworth-Reihenentwicklung [1, 24] kann gezeigt werden, dass

$$D[f(\mathbf{u})\|f(\mathbf{s})] \approx \frac{1}{48}\left(12\phi_2[\mathbf{u}] + \phi_4[\mathbf{u}]\right) \tag{5.81}$$

gilt [19]. Für orthogonale Kontraste, d.h. unter der Bedingung $\phi_2[\mathbf{u}] = 0$ vereinfacht sich $\phi_4[\mathbf{u}]$ bei Vernachlässigung eines konstanten Terms zu [19]

$$\phi_4^o[\mathbf{u}] = -2\sum_i k_i C_{iiii}[\mathbf{u}]. \tag{5.82}$$

In diesem Modell werden Annahmen über die Kurtosiswerte k_i der Quellen s_i getroffen. Eine Optimierung bezüglich der Kurtosiswerte führt zu einer Approximation der gemeinsamen Information [25, 19]

$$\phi_{MI}[\mathbf{u}] \approx \phi_{HOS}^o[\mathbf{u}] = \sum_{ijkl \neq iiii} C_{ijkl}^2[\mathbf{u}] = -\sum_i C_{iiii}^2[\mathbf{u}] + const. \tag{5.83}$$

Ein wesentlicher Vorteil des orthogonalen Kontrastes $\phi_{HOS}^o[\mathbf{u}]$ besteht in der Möglichkeit einer effizienten Optimierung mit Hilfe von Jacobi-Rotationen [20].

5.5 Der natürliche Gradient

Bei der Optimierung von Kostenfunktionen kommt dem gewählten Koordinatensystem eine immense Bedeutung zu. Wie in Abbildung 5.5 gezeigt wird, beeinflusst das Koordinatensystem die Lage und Anzahl möglicher Minima sowie die möglichen Wege dorthin. Ungünstige Koordinatensysteme können zu starken Verzerrungen der Kostenfunktion führen und eine Optimierung schwierig, wenn nicht gar unmöglich machen. Aus diesem Grunde ist es sinnvoll, vor der Optimierung ein geeignetes Koordinatensystem zur Darstellung der Kostenfunktion zu suchen oder während der Optimierung die Verzerrungen gesondert zu berücksichtigen. Im günstigsten Fall ergibt sich ein orthogonales Koordinatensystem mit einer konvexen Kostenfunktion.

Der natürliche Gradient ergibt sich aus dem *normalen* Gradienten zuzüglich eines Korrekturfaktors, der die Verzerrungen der Kostenfunktion aufgrund des ungünstigen Koordinatensystems korrigiert.

Eine entscheidende Rolle spielt hierbei die Berechnung der Länge eines Vektors in verschiedenen Koordinatensystemen.

---

der orthogonalen Rotationsmatrix ist im allgemeinen Statistik höherer Ordnung notwendig. Unter bestimmten Voraussetzungen ist die Identifizierung der orthogonalen Rotationsmatrix auch mit spektralen Parametern möglich (siehe Abschnitt 5.7).

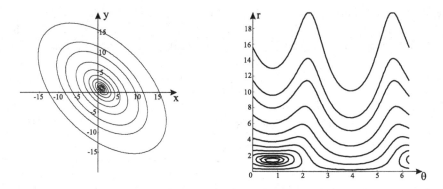

Abb. 5.5. Konturplot der Kostenfunktion $K = (x-1)^2 + (y-1)^2 + (x-1)(y-1)$ in kartesischen Koordinaten (links) und in Polarkoordinaten (rechts), $x = r\cos(\theta)$ und $y = r\sin(\theta)$, (nach [29])

Beispiel 5.1. Wie in Abbildung 5.6 (links) gezeigt wird, ergibt sich die Länge des Vektors $\mathbf{z}$ im orthogonalen Koordinatensystem gemäß des Satzes von Pythagoras mit

$$\|\mathbf{z}\|^2 = x^2 + y^2, \tag{5.84}$$

wobei x bzw. y jeweils die konkreten Längen entlang der Achsen $\mathbf{x}$ bzw. $\mathbf{y}$ angeben. Wird der gleiche Vektor $\mathbf{z}$ in einem nicht-orthogonalen Koordinatensystem wie in Abbildung 5.6 (rechts) dargestellt, so würde eine Längenberechnung gemäß Gleichung 5.84 ein falsches Ergebnis liefern.

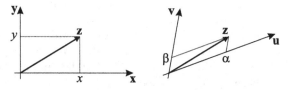

Abb. 5.6. Längenberechnung von Vektoren: links orthogonales, rechts nicht-orthogonales Koordinatensystem

Mit anderen Worten, es gilt

$$\|\mathbf{z}\|^2 \neq \alpha^2 + \beta^2, \tag{5.85}$$

wobei α und β die Anteile von $\mathbf{z}$ in Richtung der Achsen $\mathbf{u}$ bzw. $\mathbf{v}$ bezeichnen, also

$$\mathbf{z} = \begin{pmatrix} z_1 \\ z_2 \end{pmatrix} = \begin{pmatrix} x \\ y \end{pmatrix} = \alpha\mathbf{u} + \beta\mathbf{v} = \alpha\begin{pmatrix} u_1 \\ u_2 \end{pmatrix} + \beta\begin{pmatrix} v_1 \\ v_2 \end{pmatrix}. \tag{5.86}$$

Das Quadrat der Länge des Vektors $\mathbf{z}$ ergibt sich nun aus

$$z_1^2 + z_2^2 = (\alpha u_1 + \beta v_1)^2 + (\alpha u_2 + \beta v_2)^2 \tag{5.87}$$

$$= (u_1^2 + u_2^2)\alpha^2 + 2(u_1 v_1 + u_2 v_2)\alpha\beta + (v_1^2 + v_2^2)\beta^2. \tag{5.88}$$

Daran zeigt sich die Notwendigkeit der Einführung einer allgemeineren Längen-berechnungsformel. Für nicht-orthogonale Koordinatensysteme gemäß obiger Abbildung gilt im zweidimensionalen Fall mit $a_1 = \alpha$, $a_2 = \beta$, $g_{11} = (u_1^2 + u_2^2)$, $g_{12} = g_{21} = (u_1 v_1 + u_2 v_2)$ und $g_{22} = (v_1^2 + v_2^2)$

$$\|\mathbf{z}\|^2 = \sum_{i=1}^{2} \sum_{j=1}^{2} g_{ij} a_i a_j. \tag{5.89}$$

In Matrix-Vektor-Schreibweise ergibt sich

$$\|\mathbf{z}\|^2 = (a_1 a_2) \begin{pmatrix} g_{11} & g_{12} \\ g_{21} & g_{22} \end{pmatrix} \begin{pmatrix} a_1 \\ a_2 \end{pmatrix} = \mathbf{a}^T \mathbf{G} \mathbf{a}. \tag{5.90}$$

Fasst man darüber hinaus die Basisvektoren $\mathbf{u}$ und $\mathbf{v}$ zu einer Matrix $\mathbf{W} = [\mathbf{u} \ \ \mathbf{v}]$ zusammen, kann die Korrekturmatrix $\mathbf{G}$ mit $\mathbf{G} = \mathbf{W}^T \mathbf{W}$ gebildet werden. Eine Verallgemeinerung für höhere Dimensionen ist nach diesem Schema leicht möglich. $\qquad\qquad\qquad\qquad\qquad\qquad\qquad\qquad\qquad\qquad$ □

Die Richtung des steilsten Anstiegs einer Kostenfunktion $\phi(\mathbf{w})$ an der Stelle $\mathbf{w}$ ist durch den Vektor $d\mathbf{w}$ gegeben, der $\phi(\mathbf{w} + d\mathbf{w})$ maximiert. Für $d\mathbf{w}$ wird eine feste Länge vorausgesetzt

$$\|d\mathbf{w}\|^2 = \varepsilon^2, \qquad \varepsilon \text{ fest, beliebig klein.} \tag{5.91}$$

Für eine übersichtlichere Rechnung wird zunächst $d\mathbf{w} = \varepsilon\mathbf{z}$ eingeführt. Nun besteht das Optimierungsproblem darin, einen Vektor $\mathbf{z}$ zu finden, der

$$\phi(\mathbf{w} + d\mathbf{w}) \approx \phi(\mathbf{w}) + \varepsilon\nabla\phi(\mathbf{w})^T \mathbf{z} \tag{5.92}$$

unter der Nebenbedingung

$$\|\mathbf{z}\|^2 = \mathbf{z}^T \mathbf{G} \mathbf{z} = 1 \tag{5.93}$$

maximiert. Die Matrix $\mathbf{G}$ berücksichtigt wie im letzten Beispiel die mögliche Verzerrung der Kostenfunktion im zugrunde liegenden Koordinatensystem. Mit Hilfe der Lagrange'schen Multiplikatormethode ergibt sich unmittelbar

$$\frac{\partial}{\partial\mathbf{z}}[\nabla\phi(\mathbf{w})^T \mathbf{z} - \lambda(\mathbf{z}^T \mathbf{G} \mathbf{z} - 1)] = \mathbf{0} \tag{5.94}$$

bzw.

$$\nabla\phi(\mathbf{w}) = 2\lambda\mathbf{G}\mathbf{z}. \tag{5.95}$$

Durch Umstellen nach $\mathbf{z}$ erhält man

$$z = \frac{1}{2\lambda} G^{-1} \nabla \phi(\mathbf{w}). \tag{5.96}$$

Der Ausdruck

$$\tilde{\nabla} \phi(\mathbf{w}) = G^{-1} \nabla \phi(\mathbf{w}) \tag{5.97}$$

wird als natürlicher Gradient bezeichnet [3].

Im Kontext der blinden Quellentrennung ist der natürliche Gradient gegeben mit [3]

$$\tilde{\nabla} \phi = (\nabla \phi) \mathbf{W}^T \mathbf{W}. \tag{5.98}$$

Die Vorschrift für die Adaption der Entmischungsmatrix, z.B. beim Infomax-Verfahren unter Nutzung der *logistischen Nichtlinearität*, ist dann

$$\Delta \mathbf{W} \propto \left[\mathbf{W}^{-T} + (\mathbf{1} - 2\mathbf{y})\mathbf{x}^T \right] \mathbf{W}^T \mathbf{W} \tag{5.99}$$

bzw.

$$\Delta \mathbf{W} \propto \mathbf{W} + (\mathbf{1} - 2\mathbf{y})\mathbf{u}^T \mathbf{W}. \tag{5.100}$$

5.6 Hauptkomponentenanalyse

5.6.1 Überlick

Die Hauptkomponentenanalyse[26] [52] ist weit verbreitet in der Datenanalyse, Mustererkennung und Datenkompression. Ähnlich wie bei der ICA geht es bei der PCA um die Darstellung der Daten auf der Grundlage eines neuen Koordinatensystems

$$\mathbf{u} = \mathbf{V}^T \mathbf{x}, \tag{5.101}$$

wobei $\mathbf{x}$ den zu transformierenden Signalvektor, $\mathbf{V}^T$ die Transformationsmatrix und $\mathbf{u}$ den transformierten Signalvektor bezeichnet. Beide Verfahren unterscheiden sich jedoch in der Kostenfunktion und den Nebenbedingungen. Während bei einer ICA die Koordinatenachsen so berechnet werden, dass die größtmögliche statistische Unabhängigkeit zwischen den transformierten Signalen entsteht[27], werden die Koordinatenachsen bei einer PCA in die Richtung der größten Varianz gelegt, wobei als Nebenbedingung die Orthogonalität der Koordinatenachsen zueinander zu berücksichtigen ist. Ein Vergleich zwischen ICA und PCA wie in Abbildung 5.7 zeigt, dass mit dem aus einer ICA berechneten Koordinatensystem Strukturen innerhalb der Daten besser erfasst werden können. Die Vorteile und Aufgaben der PCA liegen jedoch an anderer Stelle.

---

[26] engl.: principal component analysis (PCA)

[27] Die Transformationsmatrix ist lediglich invertierbar.

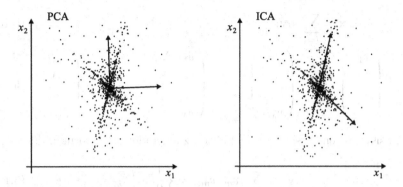

Abb. 5.7. Streudiagramme zur PCA (links) und zur ICA (rechts); (nach [61])

Die Hauptkomponentenanalyse ist eine Orthogonaltransformation. Die Originalsignale können deshalb ohne Informationsverlust aus den transformierten Signalen zurückzugewonnen werden. Ferner besitzt die Hauptkomponentenanalyse die Eigenschaft, die Signalenergie[28] in möglichst wenigen Transformationskoeffizienten[29] zu konzentrieren. Da Transformationskoeffizienten mit wenig Energie oftmals relativ unbedeutend sind, werden sie in der weiteren Signalanalyse meist nicht weiter berücksichtigt. Die PCA eignet sich deshalb hervorragend als Werkzeug zur Variablenreduktion. Darüber hinaus sind die Transformationkoeffizienten dekorreliert. Diese sehr nützlichen Eigenschaften der PCA werden im ICA-Kontext häufig in Vorverarbeitungsstufen genutzt.

5.6.2 Berechnung der Transformationsmatrix

Ausgangspunkt der Hauptkomponentenanalyse sind M-dimensionale Signalvektoren $\mathbf{x}(t) = [x_1(t), x_2(t), \ldots, x_M(t)]^T$, deren Elemente Zufallsvariablen bzw. in der Praxis verschiedene Messkanäle darstellen. Mit der Hauptkomponentenanalyse werden statistisch ähnliche Signalanteile[30] in den einzelnen Komponenten des Signalvektors gefunden und zu M neuen, dekorrelierten Variablen bzw. Signalen per Linearkombination zusammengestellt. Bei einer großen statistischen Übereinstimmung der Signale genügen gegebenenfalls einige wenige der neuen Variablen zur Erfassung der wesentlichen Eigenschaften aller M ursprünglichen Signale.

Zur Berechnung der PCA-Transformationsmatrix wird der Signalvektor $\mathbf{x}$ zunächst als gewichtete Überlagerung der Basisvektoren $\mathbf{v}_i$ des PCA-Koordinatensystems dargestellt

---

[28] für Energiesignale; für Leistungssignale gilt entsprechendes
[29] Transformationskoeffizienten: Elemente des transformierten Signalvektors
[30] Die Hauptkomponentenanalyse verwertet die Signalstatistik zweiter Ordnung.

$$\mathbf{x} = \sum_{i=1}^{M} u_i \mathbf{v}_i \tag{5.102}$$

$$\begin{pmatrix} x_1 \\ x_2 \\ \vdots \\ x_M \end{pmatrix} = u_1 \cdot \begin{pmatrix} v_{11} \\ v_{21} \\ \vdots \\ v_{M1} \end{pmatrix} + u_2 \cdot \begin{pmatrix} v_{12} \\ v_{22} \\ \vdots \\ v_{M2} \end{pmatrix} + \cdots + u_M \cdot \begin{pmatrix} v_{1M} \\ v_{2M} \\ \vdots \\ v_{MM} \end{pmatrix}. \tag{5.103}$$

Die Basisvektoren $\mathbf{v}_i$ sind per Definition zueinander orthonormal, d.h.

$$\mathbf{v}_i^T \mathbf{v}_j = \sum_{m=1}^{M} v_{m,i} v_{m,j} = \begin{cases} 1 & i = j \\ 0 & i \neq j \end{cases}. \tag{5.104}$$

Aufgrund dieser Orthonormalität ergeben sich die Gewichtungsfaktoren bzw. Transformationskoeffizienten zu

$$u_i = \mathbf{v}_i^T \mathbf{x} = \sum_{m=1}^{M} v_{m,i} x_m. \tag{5.105}$$

Die Analyse- und die Synthesegleichung der Hauptkomponentenanalyse sind dann

$$\mathbf{x} = \begin{pmatrix} | & | & & | \\ \mathbf{v}_1 & \mathbf{v}_2 & \cdots & \mathbf{v}_M \\ | & | & & | \end{pmatrix} \begin{pmatrix} u_1 \\ u_2 \\ \vdots \\ u_M \end{pmatrix} = \mathbf{V}\mathbf{u} \qquad \text{Synthesegleichung} \tag{5.106}$$

und

$$\mathbf{u} = \begin{pmatrix} -- & \mathbf{v}_1^T & -- \\ -- & \mathbf{v}_2^T & -- \\ & \vdots & \\ -- & \mathbf{v}_M^T & -- \end{pmatrix} \begin{pmatrix} x_1 \\ x_2 \\ \vdots \\ x_M \end{pmatrix} = \mathbf{V}^T \mathbf{x} \qquad \text{Analysegleichung.} \tag{5.107}$$

Die Berechnung der Basisvektoren $\mathbf{v}_i$ erfolgt über die Minimierung des mittleren quadratischen Fehlers, der bei einer Approximation von $\mathbf{x}$ mit $N < M$ Basisvektoren entsteht. Die Approximation $\hat{\mathbf{x}}$ erhält man mit

$$\hat{\mathbf{x}} = \sum_{i=1}^{N} u_i \mathbf{v}_i \qquad N < M. \tag{5.108}$$

Daraus ergibt sich ein Fehler zwischen $\mathbf{x}$ und $\hat{\mathbf{x}}$, und zwar $\mathbf{e} = \mathbf{x} - \hat{\mathbf{x}}$. Mit

$$\mathbf{x} = \sum_{i=1}^{M} u_i \mathbf{v}_i = \sum_{i=1}^{N} u_i \mathbf{v}_i + \sum_{i=N+1}^{M} u_i \mathbf{v}_i \tag{5.109}$$

kann der mittlere quadratische Fehler dargestellt werden als

$$\mathcal{E} = E[\mathbf{e}^T\mathbf{e}] = E\left[\left(\sum_{i=N+1}^{M} u_i\mathbf{v}_i^T\right)\left(\sum_{j=N+1}^{M} u_j\mathbf{v}_j\right)\right] = \sum_{i=N+1}^{M} E[u_i^2]. \quad (5.110)$$

Die rechte Seite in Gleichung 5.110 folgt aus der Orthonormalität der Basisvektoren.

Der Approximationsfehler wird nun unter Berücksichtigung der normierten Länge der Basisvektoren minimiert

$$\mathcal{L} = \sum_{i=N+1}^{M} \mathbf{v}_i^T\mathbf{R}\mathbf{v}_i + \sum_{i=N+1}^{M} \lambda_i(1 - \mathbf{v}_i^T\mathbf{v}_i), \quad (5.111)$$

wobei $E[u_i^2] = E[\mathbf{v}_i^T\mathbf{x}\mathbf{x}^T\mathbf{v}_i] = \mathbf{v}_i^T E[\mathbf{x}\mathbf{x}^T]\mathbf{v}_i = \mathbf{v}_i^T\mathbf{R}\mathbf{v}_i$ gilt und $\mathbf{R} = E[\mathbf{x}\mathbf{x}^T]$ die Kovarianzmatrix[31] bezeichnet. Mit der Optimalitätsbedingung erster Ordnung[32] gelangt man schließlich zu dem Eigenwertproblem

$$\frac{\partial}{\partial \mathbf{v}_i}\mathcal{L} = \mathbf{R}\mathbf{v}_i - \lambda_i\mathbf{v}_i = 0 \quad \text{bzw.} \quad \mathbf{R}\mathbf{v}_i = \lambda_i\mathbf{v}_i, \quad (5.112)$$

mit den Basisvektoren $\mathbf{v}_i$ als Eigenvektoren und den λ_i als den zugehörigen Eigenwerten. Der verbleibende mittlere quadratische Fehler ist gegeben mit

$$\mathcal{E} = \sum_{i=N+1}^{M} \mathbf{v}_i^T\mathbf{R}\mathbf{v}_i = \sum_{i=N+1}^{M} \mathbf{v}_i^T(\lambda_i\mathbf{v}_i) = \sum_{i=N+1}^{M} \lambda_i. \quad (5.113)$$

Er ist minimal, da die Kovarianzmatrix $\mathbf{R}$ positiv semidefinit ist[33]. Für die Approximation des Signals $\mathbf{x}$ nutzt man schließlich die zu den größten Eigenwerten gehörenden Eigenvektoren, da so die mittlere Fehlerenergie minimal wird.

Die Orthogonalität der Eigenvektoren ist automatisch gewährleistet, da die Kovarianzmatrix eine symmetrische Matrixstruktur aufweist und die zu unterschiedlichen Eigenwerten gehörenden Eigenvektoren reeller symmetrischer Matrizen stets orthogonal sind. Dies kann wie folgt gezeigt werden (vgl. [78]). Mit den Eigenvektoren $\mathbf{v}_i$ und $\mathbf{v}_j$ sowie den zugehörigen Eigenwerten λ_i und λ_j, $\lambda_i \neq \lambda_j$, einer reellen symmetrischen Matrix gilt

$$\mathbf{R}\mathbf{v}_i = \lambda_i\mathbf{v}_i \quad \text{und} \quad (5.114)$$

$$\mathbf{R}\mathbf{v}_j = \lambda_j\mathbf{v}_j. \quad (5.115)$$

Dann gilt aber auch

---

[31] für mittelwertfreie Signale
[32] verschwindende Ableitung bezüglich der Basisvektoren
[33] Optimalitätsbedingung 2. Ordnung (siehe Kapitel 3)

$$\lambda_i \mathbf{v}_j^T \cdot \mathbf{v}_i = \mathbf{v}_j^T \cdot \mathbf{R} \mathbf{v}_i \qquad \text{und} \qquad (5.116)$$

$$\lambda_j \mathbf{v}_j^T \cdot \mathbf{v}_i = (\mathbf{R} \mathbf{v}_j)^T \cdot \mathbf{v}_i = \mathbf{v}_j^T \mathbf{R}^T \cdot \mathbf{v}_i. \qquad (5.117)$$

Unter Ausnutzung von $\mathbf{R} = \mathbf{R}^T$ kann die rechte Seite von Gleichung 5.117 umformuliert werden zu

$$\mathbf{v}_j^T \mathbf{R}^T \cdot \mathbf{v}_i = \mathbf{v}_j^T \mathbf{R} \cdot \mathbf{v}_i. \qquad (5.118)$$

Aus den Gleichungen 5.116, 5.117 und 5.118 erhält man durch Subtraktion

$$(\lambda_i - \lambda_j) \mathbf{v}_j^T \cdot \mathbf{v}_i = \mathbf{v}_j^T \mathbf{R} \mathbf{v}_i - \mathbf{v}_j^T \mathbf{R} \mathbf{v}_i = 0. \qquad (5.119)$$

Da die Eigenwerte laut Voraussetzung verschieden sind, d.h. $\lambda_i \neq \lambda_j$, gilt

$$\mathbf{v}_j^T \mathbf{v}_i = 0. \qquad (5.120)$$

5.6.3 Variablenreduktion

Die Eigenwerte der Kovarianzmatrix $\mathbf{R}$ können zu einer Abschätzung der Anzahl der im Signalgemisch enthaltenen Signale genutzt werden [86, 88].

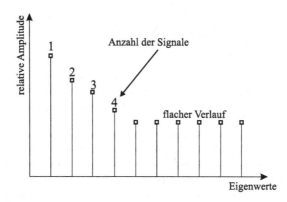

Abb. 5.8. Schätzung der Anzahl der im Signalgemisch enthaltenen Signale mit Hilfe einer PCA (hier: vier Signale). Die Eigenwerte sind entsprechend ihrer Größe sortiert. (nach [61])

Abbildung 5.8 zeigt einen typischen Verlauf der nach ihrer Größe sortierten Eigenwerte. Der Signalvektor $\mathbf{x}$ mit ursprünglich $M = 10$ Signalkomponenten ist bereits mit $N = 4$ Basisvektoren erklärbar, d.h. in diesem Falle sind vermutlich vier Quellen im Signalgemisch enthalten. Die $M - N$ kleinsten Eigenwerte weisen eine gleiche Größenordnung auf. Sie ermöglichen die Schätzung der Leistung des im Signalgemisch enthaltenen störenden Rauschens [86].

5.6.4 Pre-Whitening

Die Kovarianzmatrix $E[\mathbf{uu}^T]$ der transformierten Daten ist eine Diagonalmatrix, d.h. die transformierten Daten sind zueinander dekorreliert. Diese Dekorrelationseigenschaft der PCA in Kombination mit einer Normierung der Varianz wird in vielen ICA-Algorithmen als Vorverarbeitungsstufe genutzt. Dieses auch als Sphering oder Pre-Whitening bezeichnete Verfahren, bei dem der Signalvektor $\mathbf{x}$ mit einer Sphering-Matrix $\mathbf{M}$ multipliziert wird, führt zu einer Kovarianzmatrix mit der Struktur einer Einheitsmatrix.

Die Sphering-Matrix $\mathbf{M}$ wird ausgehend von der Hauptkomponentenanalyse mit den Eigenvektoren und Eigenwerten der Kovarianzmatrix berechnet. Die Kovarianzmatrix $\mathbf{R}$ kann dargestellt werden als

$$\mathbf{R} = \mathbf{V\Lambda V}^T, \tag{5.121}$$

wobei $\mathbf{V}$ die aus den Eigenvektoren zusammgesetzte Orthogonalmatrix ist und die Diagonalmatrix $\mathbf{\Lambda}$ die zugehörigen Eigenwerte enthält. Mit

$$\mathbf{Q} = \mathbf{V\Lambda}^{\frac{1}{2}} = \begin{pmatrix} v_{11} & v_{12} & \cdots & v_{1M} \\ v_{21} & v_{22} & \cdots & v_{2M} \\ \vdots & \vdots & \ddots & \vdots \\ v_{M1} & v_{M2} & \cdots & v_{MM} \end{pmatrix} \cdot \begin{pmatrix} \sqrt{\lambda_1} & 0 & \cdots & 0 \\ 0 & \sqrt{\lambda_2} & \cdots & 0 \\ \vdots & \vdots & \ddots & \vdots \\ 0 & 0 & \cdots & \sqrt{\lambda_M} \end{pmatrix} \tag{5.122}$$

gilt

$$\mathbf{R} = \mathbf{QQ}^T \quad \text{bzw.} \quad \mathbf{Q} = \mathbf{R}^{\frac{1}{2}}. \tag{5.123}$$

Benutzt man $\mathbf{M} = \mathbf{Q}^{-1}$ als Sphering-Matrix ergibt sich

$$\mathbf{x}_s = \mathbf{Mx} = \mathbf{R}^{-\frac{1}{2}}\mathbf{x}. \tag{5.124}$$

Die Kovarianzmatrix der transformierten Signale $\mathbf{x}_s$ besitzt dann die Struktur einer Einheitsmatrix, denn

$$\mathbf{R}_s = E[\mathbf{x}_s\mathbf{x}_s^T] = \mathbf{R}^{-\frac{1}{2}}E[\mathbf{xx}^T]\mathbf{R}^{-\frac{1}{2}T} = \mathbf{R}^{-\frac{1}{2}}\mathbf{RR}^{-\frac{1}{2}T} = \mathbf{I}. \tag{5.125}$$

Pre-Whitening kann, wie in Abbildung 5.9 gezeigt, als Drehung und Normierung der Daten $\mathbf{x}$ interpretiert werden.

Die Vorverarbeitung mit Pre-Whitening bewirkt, dass die durch die nachfolgende ICA-Stufe zu findende Matrix orthogonal sein muss, denn mit Gleichung 5.125 und

$$\mathbf{x}_s = \mathbf{Mx} = \mathbf{MAs} = \mathbf{Os}, \tag{5.126}$$

wobei $\mathbf{O} = \mathbf{MA}$ gilt, erhält man die Beziehung [18, 53]

$$E[\mathbf{x}_s\mathbf{x}_s^T] = \mathbf{I} = \mathbf{O}E[\mathbf{ss}^T]\mathbf{O}^T. \tag{5.127}$$

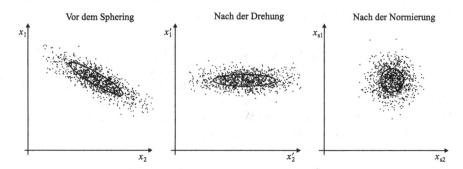

Abb. 5.9. Geometrische Interpretation der Vorverarbeitung durch Dekorrelation und Normierung: Die Halbachsen der dem Streudiagramm unterlegten Ellipse sind nach dem Sphering parallel zu den Koordinatenachsen und besitzen die gleiche Länge (nach [61]).

Mit der statistischen Unabhängigkeit der Quellsignale und der frei wählbaren Normierung der Varianz der Quellsignale auf $\sigma_{s_i}^2 = 1$ gilt

$$E[\mathbf{s}\mathbf{s}^T] = \mathbf{I} \tag{5.128}$$

und somit

$$\mathbf{O}E[\mathbf{s}\mathbf{s}^T]\mathbf{O}^T = \mathbf{O}\mathbf{O}^T = \mathbf{I}, \tag{5.129}$$

womit die Orthogonalität von $\mathbf{O}$ gezeigt ist.

5.7 Blinde Quellentrennung mit Statistik zweiter Ordnung

Neben der Nutzung von Statistik höherer Ordnung kann blinde Quellentrennung auch auf der Basis von Statistik zweiter Ordnung durchgeführt werden. Voraussetzung ist, dass sich die Quellsignale spektral ausreichend voneinander unterscheiden [68, 87, 34, 7, 6]. Die im Folgenden besprochenen Algorithmen basieren alle auf diesem Prinzip. Ihre Beschreibung hält sich eng an die Darstellung in [61].

5.7.1 Blinde Quellentrennung mit Zeitverzögerungsverfahren

Besitzen die Quellsignale eine zeitliche Struktur, d.h. sie sind spektral eingefärbt, ist es sinnvoll, auch Korrelationen zwischen zeitlich versetzten Signalen zur Berechnung der Entmischungsmatrix heranzuziehen. Der gemeinsame

Erwartungswert zweier statistisch unabhängiger Quellsignale[34] $E[s_1(t)s_2(t + \tau)]$ verschwindet nicht nur für $\tau = 0$, sondern ebenso für beliebige Werte von τ, d.h.

$$E[s_i(t)s_j(t + \tau)] = 0 \quad \tau = 0, \pm 1, \pm 2 \dots \quad (5.130)$$

Angewendet auf die beobachteten Signale ergibt sich für verschiedene Zeitverzögerungen τ_i ein Satz von Kovarianzmatrizen $\mathbf{R}_i$ [68]

$$\mathbf{R}_i = E[\mathbf{x}(t)\mathbf{x}^T(t + \tau_i)] = \mathbf{A}E[\mathbf{s}(t)\mathbf{s}^T(t + \tau_i)]\mathbf{A}^T = \mathbf{A}\mathbf{\Lambda}_i\mathbf{A}^T, \quad (5.131)$$

wobei die Matrizen $\mathbf{\Lambda}_i$ aufgrund der statistischen Unabhängigkeit der Quellsignale diagonal sind. Die Kombination der Kovarianzmatrizen $\mathbf{R}_i$ und $\mathbf{R}_j$ für die zwei verschiedenen Zeitverzögerungen τ_i und τ_j zu einem Eigenwertproblem[35] ergibt einen Lösungsansatz für die Mischungsmatrix $\mathbf{A}$ [68]

$$(\mathbf{R}_i\mathbf{R}_j^{-1})\mathbf{A} = \mathbf{A}(\mathbf{\Lambda}_i\mathbf{\Lambda}_j^{-1}). \quad (5.132)$$

Durch die Verbindung von Kovarianzmatrizen mit verschiedenen Zeitverzögerungen werden die Kreuz- und Autokorrelationsfunktionen der Signale x_i berücksichtigt. So wird aufgrund des Wiener-Khintchine-Theorems[36] in diesem Verfahren indirekt der spektrale Gehalt der Signale bei der Signaltrennung genutzt.

Die Leistungsfähigkeit[37] des Algorithmus wird wesentlich durch die Wahl einer geeigneten Zeitverzögerung τ beeinflusst. Mit ungünstigen Werten für τ kann die Signaltrennung sogar fehlschlagen. Für die richtige Wahl von τ ist in der Regel Vorwissen über die spektrale Zusammensetzung der Quellsignale notwendig.

Die Probleme bei der Auswahl einer geeigneten Zeitverzögerung τ können mit einer Vorverarbeitung durch Pre-Whitening sowie mit der Anwendung eines Verbunddiagonalisierungsalgorithmus abgemildert werden. Durch Pre-Whitening wird zunächst die Suche nach der Mischungsmatrix auf orthogonale Matrizen eingeschränkt, d.h. die mit Pre-Whitening vorverarbeiteten Daten $\mathbf{x}_s$ ergeben sich aus den Quellsignalen mit $\mathbf{x}_s = \mathbf{O}\mathbf{s}$, wobei $\mathbf{O}$ eine orthogonale Rotationsmatrix ist. Für verschiedene Zeitverzögerungen erhält man verschiedene Kovarianzmatrizen [7]

---

[34] bei vorausgesetzter Mittelwertfreiheit von s_1 und s_2

[35] bei Invertierbarkeit von $\mathbf{\Lambda}_j^{-1}$

[36] Wiener-Khintchine-Theorem: Das Leistungsdichtespektrum ist die Fouriertransformierte der Autokorrelationsfunktion

$$|X(j\omega)|^2 = \int\limits_{-\infty}^{\infty} R_{xx}(\tau)\exp(-j\omega\tau)d\tau.$$

[37] Eine detaillierte Analyse der Leistungsfähigkeit dieser Algorithmen befindet sich in [7].

$$\mathbf{R}_i = E[\mathbf{x}_s(t)\mathbf{x}_s^T(t + \tau_i)] = \mathbf{O}E[\mathbf{s}(t)\mathbf{s}^T(t + \tau_i)]\mathbf{O}^T = \mathbf{O}\mathbf{\Lambda}_i\mathbf{O}^T \quad (5.133)$$

bzw. verschiedene Eigenwertprobleme

$$\mathbf{O}^T \mathbf{R}_i \mathbf{O} = \mathbf{\Lambda}_i, \quad\quad\quad (5.134)$$

die alle ein und dieselbe Orthogonalmatrix $\mathbf{O}$ als Lösung besitzen. Der in Abschnitt 5.8 besprochene Verbunddiagonalisierungsalgorithmus [20] ist in der Lage, diese Eigenwertprobleme simultan zu bearbeiten und daraus die Orthogonalmatrix $\mathbf{O}$ zu berechnen.

Durch die Nutzung mehrerer verschiedener Zeitverzögerungen kann man die Auswirkungen schlecht gewählter Zeitverzögerungen ausgleichen. Die Anzahl der genutzten Zeitverzögerungen ist begrenzt durch Anforderungen an die rechentechnische Komplexität des Gesamtverfahrens sowie durch Anforderungen an die Sicherheit der Schätzung der Kovarianzmatrix. Die zweite Anforderung kann vor allem bei kurzen Datensätzen schwierig zu erfüllen sein. Oftmals beschränkt man den maximalen Wert der Zeitverzögerung auf zehn Prozent der Länge der zur Verfügung stehenden Datenvektoren.

Neben der Wahl der Zeitverzögerung bereitet auch die Struktur der Matrix $\mathbf{R}_i\mathbf{R}_j^{-1}$ Schwierigkeiten. Ihre Unsymmetrie provoziert komplexe Lösungen des Eigenwertproblems, auch im Falle reeller Mischungsmatrizen. Vor allem bei höherdimensionalen Problemen ist dies aufgrund der Sensibilität von Eigenwertproblemen gegenüber Parameterschwankungen fast immer der Fall. Dieses Problem kann jedoch umgangen werden, wenn das Eigenwertproblem lediglich für den symmetrischen Anteil von Gleichung 5.132 gelöst wird. Der symmetrische Teil ergibt sich aus

$$\mathbf{R}_{symm.} = \frac{1}{2}\left[\mathbf{R}_i\mathbf{R}_j^{-1} + (\mathbf{R}_i\mathbf{R}_j^{-1})^T\right]. \quad\quad (5.135)$$

Komplexe Lösungen können so verhindert werden. Da die Matrix $\mathbf{A}$ wegen der Symmetrie von $\mathbf{R}_{symm.}$ orthogonal ist, muss hier ein Pre-Whitening zwingend durchgeführt werden.

5.7.2 Blinde Quellentrennung mit linearen Operatoren

Die in Abschnitt 5.7.1 eingeführten Zeitverzögerungen können als Spezialfall allgemeiner linearer Operatoren interpretiert werden. Operatoren $T[\cdot]$ sind linear, wenn

$$T[a \cdot x + b \cdot y] = a \cdot T[x] + b \cdot T[y], \quad\quad (5.136)$$

gilt [15], wobei a und b skalare Konstanten sowie x und y die unabhängigen Variablen bezeichnen. Für die blinde Quellentrennung eignet sich insbesondere ein linearer Operator der Form

$$\mathbf{z} = \mathbf{T}(\mathbf{s}) = \mathbf{T}([s_1, s_2, \ldots, s_N]^T) = [T_1(s_1), T_2(s_2), \ldots, T_N(s_N)]^T. \quad (5.137)$$

Sind die Signale s_i untereinander statistisch unabhängig, wird diese Eigenschaft direkt auf die transformierten Signale $z_i = T[s_i]$ übertragen. Der lineare Operator $T[\cdot]$ kann jedoch die spektrale Zusammensetzung beeinflussen, d.h. die Signale z_i und s_i unterscheiden sich im Allgemeinen in ihren spektralen Eigenschaften.

Für die in Gleichung 5.137 definierten linearen Operatoren soll im Folgenden die Einschränkung

$$\mathbf{T} = [T_1, T_2, \ldots, T_N] \quad \text{mit } T_1 = T_2 = \ldots = T_N = T \quad (5.138)$$

gelten. Ihre Anwendung auf die mit Pre-Whitening vorverarbeiteten Signale $\mathbf{x}_s$ ergibt

$$\mathbf{T}(\mathbf{x}_s) = \mathbf{T}(\mathbf{O} \cdot \mathbf{s}) = \mathbf{O} \cdot \mathbf{T}(\mathbf{s}). \quad (5.139)$$

Die rechte Seite in Gleichung 5.139 erhält man wegen der Linearität des Operators $\mathbf{T}$, denn es gilt [61]

$$\mathbf{T}(\mathbf{x}_s) = \begin{pmatrix} T(o_{11}s_1 + o_{12}s_2 + \cdots + o_{1N}s_N) \\ T(o_{21}s_1 + o_{22}s_2 + \cdots + o_{2N}s_N) \\ \vdots \\ T(o_{N1}s_1 + o_{N2}s_2 + \cdots + o_{NN}s_N) \end{pmatrix} \quad (5.140)$$

$$= \begin{pmatrix} o_{11}T(s_1) + o_{12}T(s_2) + \cdots + o_{1N}T(s_N) \\ o_{21}T(s_1) + o_{22}T(s_2) + \cdots + o_{2N}T(s_N) \\ \vdots \\ o_{N1}T(s_1) + o_{N2}T(s_2) + \cdots + o_{NN}T(s_N) \end{pmatrix} \quad (5.141)$$

$$= \begin{pmatrix} o_{11} & o_{12} & \cdots & o_{1N} \\ o_{21} & o_{22} & \cdots & o_{2N} \\ \vdots & \vdots & \ddots & \vdots \\ o_{N1} & o_{N2} & \cdots & o_{NN} \end{pmatrix} \begin{pmatrix} T(s_1) \\ T(s_2) \\ \vdots \\ T(s_N) \end{pmatrix}. \quad (5.142)$$

Die Kovarianzmatrix der mit $\mathbf{T}[\cdot]$ transformierten Daten ist

$$\begin{aligned} E[\mathbf{T}(\mathbf{x}_s)\mathbf{T}(\mathbf{x}_s^T)] &= E[\mathbf{T}(\mathbf{Os})\mathbf{T}(\mathbf{Os})^T] \\ &= \mathbf{O}E[\mathbf{T}(\mathbf{s})\mathbf{T}(\mathbf{s}^T)]\mathbf{O}^T \\ &= \mathbf{O}\mathbf{D}_T\mathbf{O}^T. \end{aligned} \quad (5.143)$$

Die Matrix $\mathbf{D}_T$ ist diagonal, da der lineare Operator $\mathbf{T}[\cdot]$ die statistischen Abhängigkeiten zwischen den Quellsignalen nicht beeinflusst. Gleichung 5.143 beschreibt dementsprechend ein Eigenwertproblem für die Matrix $E[\mathbf{T}(\mathbf{x}_s)\mathbf{T}(\mathbf{x}_s^T)]$, dessen Lösung die orthogonale Rotationsmatrix $\mathbf{O}$ ist. Die Symmetrie von $E[\mathbf{T}(\mathbf{x}_s)\mathbf{T}(\mathbf{x}_s^T)]$ garantiert die Reellwertigkeit von $\mathbf{O}$.

Mit der Verwendung mehrerer verschiedener linearer Operatoren $\mathbf{T}_i$ können verschiedene Kovarianzmatrizen $\mathbf{R}_i = E[\mathbf{T}_i(\mathbf{x}_s)\mathbf{T}_i(\mathbf{x}_s^T)]$ erzeugt werden, die sich alle durch ein und dieselbe Orthogonalmatrix $\mathbf{O}$ diagonalisieren lassen. Wie bei den Zeitverzögerungsverfahren in Abschnitt 5.7.1 eignet sich der in Abschnitt 5.8 beschriebene Verbunddiagonalisierungsalgorithmus zur simultanen Diagonalisierung der Kovarianzmatrizen $\mathbf{R}_i$ bzw. zur Berechnung von $\mathbf{O}$. Ein mögliches Verfahren zum Entwurf geeigneter linearer Operatoren wird im folgenden Abschnitt besprochen.

5.7.3 Blinde Quellentrennung mit FIR-Filtern

Pre-Whitening entfernt statistische Abhängigkeiten zweiter Ordnung durch Auswertung der Kovarianzmatrix der gemischten Signale $\mathbf{x}$. Die verbliebenen statistischen Abhängigkeiten in den mit Pre-Whitening vorverarbeiteten Signalen $\mathbf{x}_s$ sind in der Kovarianzmatrix $\mathbf{R}_s = E[\mathbf{x}_s\mathbf{x}_s^T] = \mathbf{I}$ nicht sichtbar. Es gilt deshalb, nach dem Pre-Whitening im Signalgemisch enthaltene Abhängigkeiten zwischen den Signalen aufzudecken.

Diese Abhängigkeiten entstehen, wenn ein Quellsignal s_i gleichzeitig in mehreren gemischten Kanälen x_{si} vertreten ist. Da der Verlauf der Quellsignale unbekannt ist, kann ersatzweise nach Anteilen des Signals x_{si} im Signal x_{sj}, $j \neq i$, gesucht werden. Für die Dimension $N = 2$ gilt dann

$$x_{s1} = o_{11}s_1 + o_{12}s_2 \qquad \text{und} \tag{5.144}$$

$$x_{s2} = x_{s1} + (o_{21} - o_{11})s_1 + (o_{22} - o_{12})s_2. \tag{5.145}$$

Die Transformation der Signale $\mathbf{x}_{si}$ mit einem linearen Operator ergibt

$$T[x_{s1}] = T[o_{11}s_1 + o_{12}s_2] \qquad \text{und} \tag{5.146}$$

$$T[x_{s2}] = T[x_{s1}] + T[(o_{21} - o_{11})s_1 + (o_{22} - o_{12})s_2]. \tag{5.147}$$

Das Ziel der Transformation mit dem linearen Operator besteht darin, die statistischen Gemeinsamkeiten zwischen den Signalen $T[x_{si}]$ sichtbar zu machen. Der Operator wird dementsprechend mit dem Ziel konstruiert, einen Ähnlichkeitsindex, der die statistischen Gemeinsamkeiten der Signale $T[x_{si}]$ bemisst, zu maximieren.

Als Ähnlichkeitsindex wird die Kreuzkorrelation zwischen den transformierten Signalen genutzt. Sie ist maximal für den Fall, daß der Operator $T[\cdot]$ auf der rechten Seite in Gleichung 5.147 den Term $T[x_{s1}]$ maximiert oder den Term $T[(o_{21} - o_{11})s_1 + (o_{22} - o_{12})s_2]$ minimiert. Da die Minimierung des letzteren Terms für Modelldimensionen $N > 2$ nicht praktikabel ist, wird der erste Term, d.h. $T[x_{s1}]$, maximiert.

Parametrisiert man den linearen Operator als FIR-Filter, muss eine Filterübertragungsfunktion gefunden werden, die die Leistung des Signals $T[x_{s1}]$

unter ·der Nebenbedingung beschränkter Filterkoeffizienten maximiert. Aufgrund der Anpassung von $T[\cdot]$ an x_{s1} werden die anderen Signalanteile $T[(o_{21} - o_{11})s_1 + (o_{22} - o_{12})s_2]$ relativ gedämpft.

Mit der FIR-Parametrisierung des linearen Operators ist das Filter-Ausgangssignal für den i-ten Kanal [62]

$$y_i(n) = T[x_{si}(n)] = \sum_{k=0}^{P} a(k) \cdot x_{si}(n - k) = a(n) * x_{si}(n), \qquad (5.148)$$

mit x_{si} als gemischtem Signal im Kanal i und $[a(0), a(1), \ldots, a(P)]^T = \mathbf{a}$ als Impulsantwort bzw. Koeffizientenvektor des FIR-Filters. Die Maximierung der Filterausgangsleistung unter der Nebenbedingung beschränkter Filterkoeffizienten, d.h. $\|\mathbf{a}\| = 1$, führt auf die Optimierungsgleichung

$$K = \mathbf{y}^T \mathbf{y} - \lambda(\mathbf{a}^T \mathbf{a} - 1) \rightarrow \text{max.}, \qquad (5.149)$$

mit $\mathbf{y} = [y_i(1), y_i(2), \ldots, y_i(n), \ldots]^T$. Die Faltung innerhalb des FIR-Filters kann in Matrix-Schreibweise als

$$\mathbf{y} = \mathbf{X}\mathbf{a}, \qquad (5.150)$$

formuliert werden, wobei die Matrix $\mathbf{X}$ zeitverzögerte Versionen des gemischten Kanals x_s enthält[38]

$$\mathbf{X} = \begin{pmatrix} x_s(0) & 0 & 0 & \cdots & 0 \\ x_s(1) & x_s(0) & 0 & \cdots & 0 \\ \ddots & \ddots & \ddots & \cdots & 0 \\ x_s(P) & x_s(P-1) & x_s(P-2) & \cdots & x_s(0) \\ \vdots & \vdots & \vdots & \vdots & \vdots \end{pmatrix}. \qquad (5.151)$$

Setzt man Gleichung 5.150 in Gleichung 5.149 ein und berechnet den Gradienten bezüglich der Filterkoeffizienten, erhält man

$$\nabla_{\mathbf{a}} K = 2\mathbf{X}^T \mathbf{X}\mathbf{a} - 2\lambda\mathbf{a}. \qquad (5.152)$$

Mit $\nabla_{\mathbf{a}} K = 0$ ergibt sich das Eigenwertproblem

$$\mathbf{X}^T \mathbf{X}\mathbf{a} = \lambda\mathbf{a}. \qquad (5.153)$$

Von den $P+1$ Lösungen für dieses Eigenwertproblem ist diejenige die gesuchte Lösung, die die Ausgangsleistung des Filters maximiert. Mit Gleichung 5.153 sowie der Normierungsbedingung $\mathbf{a}^T \mathbf{a} = 1$ gilt

---

[38] Aus Übersichtlichkeitsgründen wird der Index i im Folgenden nicht verwendet, d.h. $x_s = x_{si}$.

$$\mathbf{y}^T\mathbf{y} = \mathbf{a}^T\mathbf{X}^T\mathbf{X}\mathbf{a} = \mathbf{a}^T\lambda\mathbf{a} = \lambda\mathbf{a}^T\mathbf{a} = \lambda. \tag{5.154}$$

D.h., die Leistung des Ausgangssignals entspricht dem dem Filterkoeffizienten-vektor zugeordneten Eigenwert der Autokorrelationsmatrix von x_{si}. Folglich ist der zum größten Eigenwert gehörige Eigenvektor der gesuchte Koeffizien-tenvektor $\mathbf{a}$.

Da der Signalvektor $\mathbf{x}_s$ insgesamt N Elemente umfasst, muss für alle N Signale ein optimales FIR-Filter berechnet werden. Daraus ergibt sich ein Satz von insgesamt N linearen Operatoren, die in der in Abschnitt 5.7.2 beschriebenen Art und Weise zur Berechnung von N Kovarianzmatrizen genutzt werden. Die simultane Diagonalisierung dieser Kovarianzmatrizen erfolgt mit der im folgenden Abschnitt besprochenen Verbunddiagonalisierung.

Abbildung 5.10 enthält eine Zusammenfassung des Quellentrennungsalgorith-mus mit FIR-Filtern anhand einiger Beispielsignale.

5.8 Die Verbunddiagonalisierung

Die Diagonalisierung symmetrischer Matrizen basiert auf der Jacobi-Transfor-mation. Zunächst wird der Jacobi-Algorithmus für eine einzelne, symmetrische und reellwertige Matrix erläutert (vgl. [74]).

Die Jacobi-Transformation[39] besteht aus einer Reihe nacheinander ausgeführ-ter Ähnlichkeitstransformationen[40], wobei jedes mal ein einzelnes Paar von Off-Diagonal-Elementen[41] zu Null gesetzt wird. Eine Ähnlichkeitstransforma-tion der $(N \times N)$-Matrix $\mathbf{A}$, die die Matrixelemente a_{ij} und a_{ji} zu Null setzt, erfolgt mit

$$\mathbf{A}' = \mathbf{O}_{ij} \cdot \mathbf{A} \cdot \mathbf{O}_{ij}^T, \tag{5.155}$$

wobei

$$\mathbf{O}_{ij} = \begin{pmatrix} 1 & & & & & \\ & \ddots & & & & \\ & & c & \cdots & -s & \\ & & \vdots & 1 & \vdots & \\ & & s & \cdots & c & \\ & & & & & \ddots \\ & & & & & & 1 \end{pmatrix} \tag{5.156}$$

gilt. Alle Diagonalelemente der Matrix $\mathbf{O}$, ausgenommen in den Zeilen i und j, sind $o_{kk} = 1$. Für die Diagonalelemente in den Zeilen i und j gilt $o_{ii} = o_{jj} = c$.

---

[39] Die Jacobi-Transformation ist nummerisch sehr sicher. Für symmetrische Matri-zen ist die Konvergenz quadratisch.

[40] engl.: similarity transform

[41] Off-Diagonal-Element einer Matrix: Matrix-Element abseits der Hauptdiagonalen

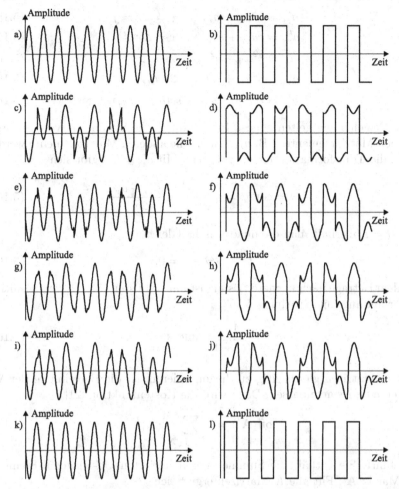

Abb. 5.10. Prinzip der Quellentrennung mit optimalen FIR-Filtern; a,b: Quellsignale; c,d: gemischte Signale; e,f: Signale nach Pre-Whitening; g,h,i,j: Ausgangssignale der FIR-Filter; k,l: rekonstruierte Signale

Die Off-Diagonal-Elemente sind sämtlich Null, mit den Ausnahmen $o_{ij} = -s$ und $o_{ji} = s$.

Für c und s gilt ferner

$$c^2 + s^2 = 1, \tag{5.157}$$

d.h., sie können als Kosinus bzw. Sinus eines Rotationswinkels φ interpretiert werden. Für die Elemente der Matrix $\mathbf{A}'$ gilt dann

$$a'_{ri} = ca_{ri} - sa_{rj} \qquad r \neq i, r \neq j \tag{5.158}$$

$$a'_{rj} = ca_{rj} + sa_{ri} \qquad r \neq i, r \neq j \tag{5.159}$$

$$a'_{ii} = c^2 a_{ii} + s^2 a_{jj} - 2sca_{ij} \tag{5.160}$$

$$a'_{jj} = s^2 a_{ii} + c^2 a_{jj} + 2sca_{ij} \tag{5.161}$$

$$a'_{ij} = (c^2 - s^2)a_{ij} + sc(a_{ii} - a_{jj}). \tag{5.162}$$

Diese Beziehungen gelten ebenso für die durch die Symmetrie von $\mathbf{A}$ vorgegebenen Matrixelemente, z.B. $a_{ri} = a_{ir}$. Alle anderen Matrixelemente werden durch die Transformation nicht verändert. Mit $a'_{ij} = 0$ ergibt sich

$$\Theta = \cot 2\varphi = \frac{c^2 - s^2}{2sc} = \frac{a_{jj} - a_{ii}}{2a_{ij}}. \tag{5.163}$$

Über $t = s/c$ erhält man die quadratische Gleichung

$$t^2 + 2t\Theta - 1 = 0. \tag{5.164}$$

Die dem Betrage nach kleinere Lösung ist am stabilsten [74]. Daraus resultiert in Verbindung mit Gleichung 5.157

$$c = \frac{1}{\sqrt{t^2 + 1}} \quad \text{und } s = t \cdot c. \tag{5.165}$$

Sind K Matrizen gleichzeitig zu diagonalisieren, ist die Berechnung der Variablen c und s anzupassen. Dazu wird die Kostenfunktion [21]

$$\mathsf{off}(\mathbf{A}') = \sum_{1 \leq i \neq j \leq N} |a'_{ij}|^2 \tag{5.166}$$

eingeführt. Sie enthält die Summe aller quadrierten Off-Diagonal-Elemente der Matrix $\mathbf{A}'$. Für alle K Matrizen ergibt sich

$$R(c, s) = \sum_{k=1}^{K} \mathsf{off}(\mathbf{O}_{ij} \mathbf{A}_k \mathbf{O}_{ij}^T). \tag{5.167}$$

Aufgrund der Invarianz der Norm $\sum |a_{ij}|^2$ bei einer Orthogonaltransformation gilt

$$\mathsf{off}(\mathbf{A}') + |a'_{ii}|^2 + |a'_{jj}|^2 = \mathsf{off}(\mathbf{A}) + |a_{ii}|^2 + |a_{jj}|^2. \tag{5.168}$$

Die Minimierung der Off-Diagonal-Elemente entspricht somit zwangsläufig der Maximierung der Diagonalelemente [21]

$$\mathrm{Min}\left\{\mathsf{off}(\mathbf{O}_{ij} \mathbf{A} \mathbf{O}_{ij}^T)\right\} \hat{=} \mathrm{Max}\left\{|a'_{ii}|^2 + |a'_{jj}|^2\right\}. \tag{5.169}$$

Mit $2 \cdot (|a'_{ii}|^2 + |a'_{jj}|^2) = |a'_{ii} + a'_{jj}|^2 + |a'_{ii} - a'_{jj}|^2$ und der Invarianz der Spur bei Orthogonaltransformationen verbleibt die Maximierung von $|a'_{ii} - a'_{jj}|^2$. Mit den Gleichungen 5.160 und 5.161 gilt

$$a'_{ii} - a'_{jj} = (c^2 - s^2)(a_{ii} - a_{jj}) - 4csa_{ij} = \mathbf{h}^T \cdot \mathbf{v}, \qquad (5.170)$$

mit $\mathbf{h} = [a_{ii} - a_{jj}, 2a_{ij}]^T$ und $\mathbf{v} = [c^2 - s^2, -2cs]^T$. Somit muss schließlich

$$\sum_k |\mathbf{h}^T \mathbf{v}|^2 = \mathbf{v}^T \left[\sum \mathbf{h}\mathbf{h}^T \right] \mathbf{v} \qquad (5.171)$$

unter Berücksichtigung der Normierungsnebenbedingung $\mathbf{v}^T\mathbf{v} = 1$ maximiert werden. Die Lösung dieses Optimierungsproblems ist der dem größten Eigenwert zugehörige Eigenvektor $\mathbf{v}_{\max} = [x, y]^T$. Aus der Nebenbedingung $c^2 + s^2 = 1$ und $x = c^2 - s^2$ resultieren schließlich die Werte für die gesuchten Elemente der Orthogonalmatrix $\mathbf{O}$

$$s = \sqrt{\frac{1-x}{2}} \quad \text{und} \quad c = \sqrt{\frac{1+x}{2}}. \qquad (5.172)$$

Neben dem hier besprochenen Verbunddiagonalisierungsalgorithmus existieren weitere Verfahren, z.B. [51, 97].

6

Wiener-Filter

6.1 Überblick

Die in den vierziger Jahren des zwanzigsten Jahrhunderts vor allem von Norbert Wiener und seinen Kollegen [94] entwickelte Wiener-Filter-Theorie stellt die Grundlage für den Entwurf signalabhängiger Filter dar. Sie und darauf aufbauende Weiterentwicklungen, z.B. Kalman-Filter [55], nehmen in der modernen Signalverarbeitung einen zentralen Platz ein, unter anderem in der Systemidentifikation, linearen Prädiktion, Kodierung, Echo-Kompensation, Signalrekonstruktion und Kanalentzerrung.

6.2 Algorithmus

Die Struktur eines Wiener-Filters wird in Abbildung 6.1 gezeigt. Die Eingangssignale $x_i(n)$ werden im Filter zu einer Schätzung $\hat{y}(n)$ des Zielsignals

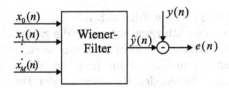

Abb. 6.1. Struktur eines Wiener-Filters

$y(n)$ verarbeitet. Der dabei entstehende Schätzfehler wird mit $e(n)$ bezeichnet. Der Schätzwert $\hat{y}(n)$ entsteht im Wiener-Filter durch die Linearkombination der Eingangssignale gemäß

$$\hat{y}(n) = \sum_{i=0}^{M} w_i x_i(n) = \mathbf{w}^T \mathbf{x}(n), \tag{6.1}$$

mit dem Filterkoeffizientenvektor $\mathbf{w} = [w_0, w_1, \ldots, w_M]^T$ und dem Eingangssignalvektor $\mathbf{x}(n) = [x_0(n), x_1(n), \ldots, x_M(n)]^T$. Oftmals werden die verschiedenen Eingangssignale $x_i(n)$ aus einem einzigen Eingangssignal $x(n)$ durch Zeitverzögerungen gewonnen, d.h. $x_i(n) = x(n - i)$. Für diesen Fall sowie in Abhängigkeit vom Zielsignal ergeben sich für Wiener-Filter unter anderem die folgenden wichtigen Anwendungsgebiete [86]:

- **Rauschentfernung**

  Eingangssignal: $x_i(n) = s(n - i) + \eta(n - i)$ $i \geq 0$
  Zielsignal: $y(n) = s(n)$

  Das Wiener-Filter berechnet die Schätzung $\hat{y}(n)$ des Nutzsignals $s(n)$ aus dem aktuellen Wert sowie vergangenen Werten des durch Rauschen $\eta(n)$ gestörten Eingangssignals $x(n)$.

- **Signalprädiktion**

  Eingangssignal: $x_i(n) = x(n - i)$ $i > 0$
  Zielsignal: $y(n) = x(n)$

  Das Wiener-Filter berechnet aus den vergangenen Werten des Eingangssignals eine Schätzung $\hat{y}(n) = \hat{x}(n)$ des aktuellen Wertes des Eingangssignals $x(n)$.

- **Signalglättung**

  Eingangssignal: $x_i(n) = s(n - i) + \eta(n - i)$ $i \geq 0$
  Zielsignal: $y(n) = s(n - q)$ $q > 0$

  $\hat{y}(n)$ ist die Schätzung des Nutzsignalwertes $s(n - q)$ auf der Basis verrauschter zeitlich umliegender Eingangssignalwerte. Das Filterausgangssignal ist im Vergleich zum Eingangssignal entrauscht und geglättet.

Die Wiener-Filter-Theorie beschäftigt sich mit der Frage, wie die Filterkoeffizienten w_i, die die Gewichtungsfaktoren für die Summation der einzelnen Eingangssignale x_i darstellen, gewählt werden müssen, um den Schätzfehler $e(n)$ im Mittel so klein wie möglich zu machen. Die Wiener-Filter-Theorie bietet hierzu eine Lösung, die auf der Minimierung der Fehlerleistung $E[e^2(n)]$ beruht[1].

Die Berechnung der Filterkoeffizienten erfolgt über die Parametrisierung des Schätzfehlers gemäß Gleichung 6.1

---

[1] Dies entspricht einer Minimierung des mittleren quadratischen Fehlers.

$$E[e^2(n)] = E\left[\left(y(n) - \mathbf{w}^T\mathbf{x}(n)\right)^2\right] \tag{6.2}$$

$$= E\left[y^2(n) - 2\mathbf{w}^T\mathbf{x}(n)y(n) + \mathbf{w}^T\mathbf{x}(n)\mathbf{x}^T(n)\mathbf{w}\right] \tag{6.3}$$

$$= E[y^2(n)] - 2\mathbf{w}^T E[\mathbf{x}(n)y(n)] + \mathbf{w}^T E[\mathbf{x}(n)\mathbf{x}^T(n)]\mathbf{w} \tag{6.4}$$

$$= \sigma_y^2 - 2\mathbf{w}^T\mathbf{r}_{\mathbf{x}y} + \mathbf{w}^T\mathbf{R}_{xx}\mathbf{w}, \tag{6.5}$$

mit σ_y^2 als Leistung des Zielsignals, $\mathbf{r}_{\mathbf{x}y}$ als Kreuzkorrelationsvektor zwischen Eingangssignalen und Zielsignal sowie $\mathbf{R}_{xx}$ als Kovarianzmatrix der Eingangssignale[2]. Die optimalen Filterkoeffizienten ergeben sich mit dem verschwindenden Gradienten bezüglich der Koeffizienten w_i (Wiener-Hopf-Gleichung)

$$\nabla_{\mathbf{w}}E[e^2(n)] = -2\mathbf{r}_{\mathbf{x}y} + 2\mathbf{R}_{xx}\mathbf{w}_{opt.} \stackrel{!}{=} 0 \tag{6.6}$$

$$\mathbf{r}_{\mathbf{x}y} = \mathbf{R}_{xx}\mathbf{w}_{opt.} \tag{6.7}$$

$$\mathbf{w}_{opt.} = \mathbf{R}_{xx}^{-1}\mathbf{r}_{\mathbf{x}y}. \tag{6.8}$$

Die Fehlerleistung für den optimalen Koeffizientenvektor $\mathbf{w}_{opt.}$ ist nach Zusammenführung der Gleichungen 6.5 und 6.7

$$E[e^2(n)] = \sigma_e^2 = \sigma_y^2 - \mathbf{w}_{opt.}^T\mathbf{r}_{\mathbf{x}y}. \tag{6.9}$$

Die praktische Implementierung der Wiener-Hopf-Gleichung erfolgt meist über eine Least-Squares-Schätzung[3]. Der Erwartungswert wird dann durch einen Zeitmittelwert in einem begrenzten Signalsegment der Länge N approximiert. Dazu werden die Signale $y(n)$, $x_i(n)$ und $e(n)$ in vektorieller Schreibweise notiert, d.h.

$$\mathbf{e} = [e(0), e(1), \ldots, e(n), \ldots, e(N-1)]^T \tag{6.10}$$

$$\mathbf{y} = [y(0), y(1), \ldots, y(n), \ldots, y(N-1)]^T \tag{6.11}$$

$$\mathbf{X} = \begin{pmatrix} x_0(0) & x_1(0) & \cdots & x_M(0) \\ x_0(1) & x_1(1) & \cdots & x_M(1) \\ \vdots & \vdots & \ddots & \vdots \\ x_0(n) & x_1(n) & \cdots & x_M(n) \\ \vdots & \vdots & \ddots & \vdots \\ x_0(N-1) & x_1(N-1) & \cdots & x_M(N-1) \end{pmatrix}. \tag{6.12}$$

Der mittlere quadratische Fehler ist bis auf den für die Optimierung unwichtigen Faktor $1/N$ gegeben mit

$$\mathbf{e}^T\mathbf{e} = (\mathbf{y} - \mathbf{X}\mathbf{w})^T(\mathbf{y} - \mathbf{X}\mathbf{w}) \tag{6.13}$$

$$\mathbf{e}^T\mathbf{e} = \mathbf{y}^T\mathbf{y} - 2\mathbf{w}^T\mathbf{X}^T\mathbf{y} + \mathbf{w}^T\mathbf{X}^T\mathbf{X}\mathbf{w}. \tag{6.14}$$

---

[2] bei angenommener Mittelwertfreiheit
[3] kleinster mittlerer quadratischer Fehler

Analog zu Gleichung 6.6 erhält man den optimalen Koeffizientenvektor über das Nullsetzen des Gradienten

$$\nabla_{\mathbf{w}}\mathbf{e}^T\mathbf{e} = -2\mathbf{X}^T\mathbf{y} + 2\mathbf{X}^T\mathbf{X}\mathbf{w}_{opt.} = \mathbf{0}. \tag{6.15}$$

Nach Umstellen von Gleichung 6.15 ergibt sich

$$\mathbf{w}_{opt.} = \left(\mathbf{X}^T\mathbf{X}\right)^{-1}\mathbf{X}^T\mathbf{y} = \mathbf{X}^{\#}\mathbf{y}, \tag{6.16}$$

mit der Moore-Penrose-Pseudoinversen[4] $\mathbf{X}^{\#}$. Die Matrix $\mathbf{X}^T\mathbf{X}$ kann, abgesehen vom Faktor $1/N$, als Approximation der Kovarianzmatrix $E[\mathbf{x}\mathbf{x}^T]$ aufgefasst werden. Für ein unendlich langes Signalsegment, d.h. $N \rightarrow \infty$, nähert sich die Least-Squares-Lösung bei vorausgesetzter Ergodizität der beteiligten stochastischen Prozesse der Wiener-Lösung an, d.h.

$$\mathbf{w}_{opt.} = \lim_{N\to\infty}\left[\left(\mathbf{X}^T\mathbf{X}\right)^{-1}\mathbf{X}^T\mathbf{y}\right] = \mathbf{R}_{xx}^{-1}\mathbf{r}_{xy}. \tag{6.17}$$

6.3 Orthogonalitätsprinzip

Das für Approximationsaufgaben grundlegende Orthogonalitätsprinzip, das auch für Wiener-Filter Gültigkeit besitzt, soll zunächst an einem Beispiel verdeutlicht werden.

Beispiel 6.1. Ein zweidimensionaler Vektor $\mathbf{y} = [y_1, y_2]^T$ wird durch den Vektor $\hat{\mathbf{y}} = [\hat{y}_1, 0]^T$ approximiert. $\hat{\mathbf{y}}$ ist ein Vektor, dessen Richtung bereits festgelegt ist und dessen Länge $|\hat{y}_1|$ so bestimmt werden soll, dass der quadratische Fehler zwischen $\mathbf{y}$ und $\hat{\mathbf{y}}$ minimal wird.

Der quadratische Fehler ist gegeben mit

$$\mathbf{e}^T\mathbf{e} = (\mathbf{y} - \hat{\mathbf{y}})^T(\mathbf{y} - \hat{\mathbf{y}}) = (y_1 - \hat{y}_1)^2 + (y_2)^2. \tag{6.18}$$

Für die Ableitung nach $\hat{y}_1$ bekommt man

$$\frac{d\mathbf{e}_{min.}^T\mathbf{e}_{min.}}{d\hat{y}_1} = -2(y_1 - \hat{y}_{1,opt.}) = 0. \tag{6.19}$$

Der optimale Wert $\hat{y}_{1,opt.}$ ist somit

$$\hat{y}_{1,opt.} = y_1. \tag{6.20}$$

---

[4] Prinzipiell existieren unendlich viele Pseudoinverse $\mathbf{C}^{\#}$ zu einer Matrix $\mathbf{C}$, deren Struktur mit $\mathbf{C}^{\#} = (\mathbf{C}^T\mathbf{Q}\mathbf{C})^{-1}\mathbf{C}^T\mathbf{Q}$ gegeben ist, wobei mit $\mathbf{Q}$ eine positiv definite Gewichtungsmatrix bezeichnet wird. Gleichung 6.16 erhält man für den Spezialfall $\mathbf{Q} = \mathbf{I}$.

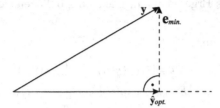

Abb. 6.2. Das Orthogonalitätsprinzip: Im Optimum steht der Fehler senkrecht auf der Approximation.

Setzt man den berechneten Wert in den Schätzvektor ein und berechnet den Kosinus des Winkels zwischen Fehler- und Schätzvektor, so erhält man

$$\frac{\mathbf{e}_{min.}^T \hat{\mathbf{y}}_{opt.}}{|\mathbf{e}_{min.}||\hat{\mathbf{y}}_{opt.}|} = \frac{(y_1 - y_1) \cdot y_1 + (y_2 - 0) \cdot 0}{|\mathbf{e}_{min.}||\hat{\mathbf{y}}_{opt.}|} = 0. \qquad (6.21)$$

Dieses Ergebnis zeigt, dass Schätzfehler und Schätzvektor senkrecht, also orthogonal, aufeinander stehen. Der minimale quadratische Fehler besitzt den Wert

$$\mathbf{e}_{min.}^T \mathbf{e}_{min.} = (\mathbf{y} - \hat{\mathbf{y}}_{opt.})^T \mathbf{e}_{min.} = \mathbf{y}^T \mathbf{e}_{min.} = y_2^2. \qquad (6.22)$$

$\square$

Die Verallgemeinerung dieses Beispiels ergibt, dass das Fehlersignal im Optimum immer senkrecht zum Eingangssignal steht bzw. der optimale Approximationsvektor eine rechtwinklige Projektion des Zielvektors in den Raum des Approximationsvektors darstellt. Übertragen auf das Wiener-Filter gilt

$$E[e_{min.}(n)x_i(n)] = 0 \quad \text{bzw.} \quad E[e_{min.}(n)\mathbf{x}(n)] = \mathbf{0} \quad \text{und} \qquad (6.23)$$
$$E[e_{min.}^2(n)] = \sigma_{e_{min.}}^2 = E[y(n) \cdot e_{min.}(n)]. \qquad (6.24)$$

Der Beweis für die Richtigkeit der Verallgemeinerungen in den Gleichungen 6.23 und 6.24 kann leicht geführt werden. Mit der Substitution $e_{min.}(n) = y(n) - \mathbf{w}_{opt.}^T \mathbf{x}(n)$ erhält man auf der linken Seite von Gleichung 6.23[5]

$$E[(y - \mathbf{w}_{opt.}^T \mathbf{x}) \cdot x_i] = E[yx_i] - \mathbf{w}_{opt.}^T E[\mathbf{x} \cdot x_i] = r_{x_i y} - \mathbf{w}_{opt.}^T \mathbf{r}_{\mathbf{x}x_i}. \qquad (6.25)$$

Mit Gleichung 6.7 und $E[x_i x_j] = r_{x_i x_j} = r_{x_j x_i} = E[x_j x_i]$ gilt

$$r_{x_i y} = \mathbf{w}_{opt.}^T \begin{pmatrix} r_{x_i x_0} \\ r_{x_i x_1} \\ \vdots \\ r_{x_i x_M} \end{pmatrix} = \mathbf{w}_{opt.}^T E[\mathbf{x} \cdot x_i] = \mathbf{w}_{opt.}^T \mathbf{r}_{\mathbf{x}x_i}. \qquad (6.26)$$

---

[5] Aus Übersichtlichkeitsgründen wird im Folgenden auf die Mitführung des Zeitpunktes n verzichtet, d.h. $x_i = x_i(n)$.

Das Einsetzen dieses Ergebnisses in Gleichung 6.25 zeigt die Richtigkeit von Gleichung 6.23.

Gleichung 6.24 folgt aus

$$E[e_{min.}^2(n)] = E[e_{min.}(n)(y(n) - \mathbf{w}_{opt.}^T \mathbf{x}(n))] \tag{6.27}$$

$$= E[e_{min.}(n)y(n)] - E[e_{min.}(n)\mathbf{w}_{opt.}^T \mathbf{x}(n)] \tag{6.28}$$

$$= E[e_{min.}(n)y(n)] - \mathbf{w}_{opt.}^T E[e_{min.}(n)\mathbf{x}(n)]. \tag{6.29}$$

Unter Berücksichtigung von Gleichung 6.23 verschwindet der zweite Term in der letzten Gleichung womit Gleichung 6.24 bestätigt ist.

Für optimale Prädiktionsfilter[6] kann gezeigt werden, dass das Fehlersignal $e_{min.}(n)$ bei genügend großer Filterordnung M dekorreliert, d.h. weiß ist. Aus Gleichung 6.23 folgt für die lineare Prädiktion ferner

$$E[x(n - i)e_{min.}(n)] = E[x(n - i)(x(n) - \hat{x}_{opt.}(n))] \tag{6.30}$$

$$= E\left[x(n - i)\left(x(n) - \sum_{k=1}^{M} w_{k,opt.}x(n - k)\right)\right] \tag{6.31}$$

$$= E[x(n - i)x(n)] \\ - \sum_{k=1}^{M} w_{k,opt.}E[x(n - i)x(n - k))] \tag{6.32}$$

$$= r_{xx}(-i) - \sum_{k=1}^{M} w_{k,opt.}r_{xx}(k - i) = 0 \tag{6.33}$$

und aus Gleichung 6.24

$$\sigma_{e_{min.}}^2 = E[x(n)e_{min.}(n)] = r_{xx}(0) - \sum_{k=1}^{M} w_{k,opt.}r_{xx}(k). \tag{6.34}$$

Werden die Gleichungen 6.33 und 6.34 zu einem Gleichungssystem zusammengestellt, erhält man die *Normalengleichungen*[7]

$$\begin{pmatrix} r_{xx}(0) & r_{xx}(1) & \cdot & r_{xx}(M) \\ r_{xx}(-1) & r_{xx}(0) & \cdot & r_{xx}(M - 1) \\ \vdots & \vdots & \ddots & \vdots \\ r_{xx}(-M) & r_{xx}(-M + 1) & \cdot & r_{xx}(0) \end{pmatrix} \begin{pmatrix} 1 \\ -w_1 \\ \vdots \\ -w_M \end{pmatrix} = \begin{pmatrix} \sigma_e^2 \\ 0 \\ \vdots \\ 0 \end{pmatrix}. \tag{6.35}$$

Für reelle Signale und Koeffizienten sind die Normalengleichungen äquivalent zu den hier nicht besprochenen Yule-Walker-Gleichungen. Eine alternative Darstellung ergibt sich mit

---

[6] vgl. Abschnitt 6.2

[7] Für reelle Signale gilt $r_{xx}(i) = r_{xx}(-i)$, so dass die Matrix auf der linken Seite von Gleichung 6.35 eine symmetrische Toeplitz-Struktur besitzt.

$$\begin{pmatrix} r_{xx}(0) & r_{xx}(1) & \cdot & r_{xx}(M-1) \\ r_{xx}(-1) & r_{xx}(0) & \cdot & r_{xx}(M-2) \\ \vdots & \vdots & \ddots & \vdots \\ r_{xx}(-M+1) & r_{xx}(-M+2) & \cdot & r_{xx}(0) \end{pmatrix} \begin{pmatrix} w_1 \\ w_2 \\ \vdots \\ w_M \end{pmatrix} = \begin{pmatrix} r_{xx}(-1) \\ r_{xx}(-2) \\ \vdots \\ r_{xx}(-M) \end{pmatrix}.$$

$$(6.36)$$

6.4 Wiener-Filter im Frequenzbereich

Wiener-Filter können auch im Frequenzbereich bestimmt werden[8]. Das geschätzte Signal ergibt sich im Frequenzbereich mit

$$\hat{Y}(j\omega) = W(j\omega) \cdot X(j\omega), \qquad (6.37)$$

mit $\hat{Y}(j\omega), W(j\omega)$ und $X(j\omega)$ als den Fouriertransformierten von $\hat{y}(n), w(n)$ bzw. $x(n)$. Für die Fouriertransformierte des Fehlers gilt

$$\mathcal{E}(j\omega) = Y(j\omega) - \hat{Y}(j\omega) = Y(j\omega) - W(j\omega) \cdot X(j\omega). \qquad (6.38)$$

Die Berechnung des Filters erfolgt wie im Zeitbereich über die Minimierung der Fehlerleistung[9]

$$E\left[|\mathcal{E}(j\omega)|^2\right] = E\left[\{Y(j\omega) - W(j\omega)X(j\omega)\}^* \cdot \{Y(j\omega) - W(j\omega)X(j\omega)\}\right].$$
$$(6.39)$$

Die Ableitung bezüglich des konjugiert komplexen Frequenzgangs $W^*(j\omega)$ ergibt

$$\frac{\partial E\left[|\mathcal{E}(j\omega)|^2\right]}{\partial W^*(j\omega)} = W_{opt.}(j\omega)E[|X(j\omega)|^2] - E[Y(j\omega) \cdot X^*(j\omega)] \overset{!}{=} 0. \qquad (6.40)$$

Dementsprechend erhält man für den Frequenzgang des Wiener-Filters

$$W_{opt.}(j\omega) = \frac{E[Y(j\omega) \cdot X^*(j\omega)]}{E[|X(j\omega)|^2]}. \qquad (6.41)$$

Die im Frequenzbereich ermittelte Übertragungsfunktion kann prinzipiell zu nichtkausalen Impulsantworten korrespondieren. Hierin liegt der wesentliche Nachteil des auf diese Weise entworfenen Filters. Der Vorteil besteht in der Möglichkeit, gegebenenfalls unendlich lange Impulsantworten im Frequenzbereich approximieren zu können. Die Filterung selbst kann bei diesen Filtern meist nur im Frequenzbereich durchgeführt werden.

---

[8] Bei dem hier betrachteten Fall wird davon ausgegangen, dass die Eingangssignale des Filters aus Verzögerungen eines einzigen Eingangssignals gewonnen werden.

[9] * kennzeichnet konjugiert komplexe Zahlen.

6.5 Weitere Bemerkungen

Die Berechnung der Koeffizienten des Wiener-Filters ist mit einer Matrix-Inversion verknüpft. Der damit verbundene Rechenaufwand ist durch die Anwendung des Levinson-Durbin- bzw. des Split-Algorithmus quadratisch statt kubisch wie bei einer allgemeinen Matrixinversion. Mit dem Schur-Algorithmus ist eine Parallelisierung möglich.

Die Nullstellen eines Wiener-Prädiktionsfilters liegen immer innerhalb des Einheitskreises. Wiener-Prädiktionsfilter sind also Minimalphasensysteme. Dies ist zum Beispiel nachteilig bei der Identifizierung von Impulsantworten nichtminimalphasiger Systeme. Hier müssen dann z.B. Verfahren der blinden Entfaltung angewendet werden.

7

Kalman-Filter

7.1 Überblick

Ein Kalman-Filter dient der Schätzung der internen Zustände eines Systems.[1] Die Theorie für zeitdiskrete Systeme wurde von Rudolf E. Kalman als eine Erweiterung der Wiener-Filter-Theorie vorgestellt [55] und später von Richard S. Bucy auf zeitkontinuierliche Systeme erweitert [56].

Der Erfolg des Kalman-Filters beruht auf seinen vielen hervorragenden Eigenschaften. Vorteilhaft sind unter anderem die Integration von Vorwissen über das System und die Einbindung von Rauschmodellen in den Filteralgorithmus, die rekursive, d.h. effiziente Berechnung, der überschaubare Formelapparat und die gute Implementierbarkeit auf Standardprozessoren [91].

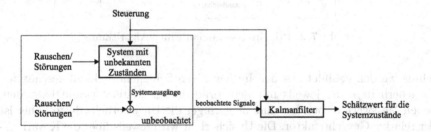

Abb. 7.1. Konfiguration der Kalman-Filterung

Wie in Abbildung 7.1 gezeigt, verarbeitet das Kalman-Filter die Steuersignale und die verrauschten Ausgangssignale des Systems. An seinem Ausgang liefert es die Schätzungen der Systemzustände, wobei der mittlere quadratische

---

[1] Mit Kenntnis der Struktur eines Systems sowie seiner internen Zustände kann das Systemverhalten, z.B. Position, Beschleunigung oder Geschwindigkeit, sehr genau beschrieben werden.

Fehler als Kostenfunktion dient. Zur Schätzung der Systemzustände benötigen Kalman-Filter ein Systemmodell, das zur Bewertung bzw. gegebenenfalls Korrektur der beobachteten Ausgabewerte des vorliegenden Systems verwendet wird. Über die Einbindung von Vorwissen auf diese Art und Weise ist eine qualitativ sehr hochwertige Schätzung der Systemzustände möglich.

Der Kalman-Filter-Algorithmus besteht aus einer Schleife, die für jeden Zeitpunkt n durchlaufen wird. Wie in Abbildung 7.2 dargestellt, wird beim Kalman-Filter-Algorithmus unterschieden zwischen einerseits der Schätzung der Systemzustände zum Zeitpunkt n und andererseits der Prädiktion der Systemzustände *zum* Zeitpunkt n *für* den Zeitpunkt $n + 1$. Die Schätzung der Systemzustände zum Zeitpunkt n ergibt sich aus einer gewichteten Mittelung des aktuellen Messwertes[2] vom Zeitpunkt n und der Prädiktion der Systemzustände *für* den Zeitpunkt n. Die Gewichtsfaktoren bei dieser Mit-

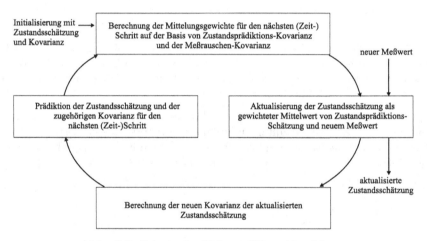

Abb. 7.2. Prinzip des Kalman-Filter-Algorithmus

telung werden gebildet aus den im jeweiligen Schleifendurchlauf geschätzten Unsicherheiten, die jeweils mit dem prädizierten Systemzustand bzw. dem neuen Messwert verbunden sind. Je geringer die Unsicherheit, desto höher ist der relative Gewichtsfaktor. Die Unsicherheit wird jeweils über die Kovarianzmatrix festgestellt.

Beispiel 7.1. Gemessen wird ein Widerstandswert. Der Nennwert ist 100Ω, die angegebene Toleranz ($\pm$ Standardabweichung) liegt bei $\pm 5\Omega$. Der wahre Widerstandswert ist unbekannt, soll aber als konstant angenommen werden. Zur Ermittlung des wahren Widerstandswertes wird der Widerstand vermes-

---

[2] Der Gewichtsfaktor für den aktuellen Messwert wird als Kalman-Faktor (engl.: Kalman gain) bezeichnet.

sen. Das Messgerät hat eine Messungenauigkeit ($\pm$ Standardabweichung) von $\pm 1\Omega$, wobei der Messfehler mittelwertfrei sein soll.

Der Widerstandswert ist der einzige Zustand x des Systems. Aufgrund dessen Konstanz ist die Zustandsübergangsgleichung

$$x(n + 1) = x(n). \tag{7.1}$$

Die Messwerte $y(n)$ ergeben sich aus dem jeweiligen Zustand $x(n)$ zuzüglich additiven Messrauschens $v(n)$, also

$$y(n) = x(n) + v(n). \tag{7.2}$$

Der Kalman-Algorithmus beginnt mit einer Anfangsschätzung $\hat{x}^-(0)$ für den Zustand x zum Zeitpunkt $n = 0$. Als Anfangsschätzung wird der Nennwert des Widerstandes genutzt, d.h. $\hat{x}^-(0) = 100\Omega$. Die Unsicherheit für diesen Wert beträgt $\sigma_{e^-}^2(0) = (5\Omega)^2$.

Im Anschluss erfolgt die Berechnung des Kalman-Faktors. Der Kalmanfaktor legt die Gewichtung fest, mit der der nächste eintreffende Messwert in die Zustandsschätzung einfließt. Der Kalman-Faktor ergibt sich aus der Verknüpfung von Unsicherheit der Anfangsschätzung $\sigma_{e^-}^2(0)$ und Messunsicherheit $\sigma_v^2(0) = (1\Omega)^2$

$$K_0 = \frac{\sigma_{e^-}^2(0)}{\sigma_{e^-}^2(0) + \sigma_v^2(0)} = \frac{25}{25 + 1}. \tag{7.3}$$

Die Aktualisierung des Schätzwertes für den Systemzustand nach Eintreffen des Messwertes erfolgt dann mit

$$\hat{x}(0) = (1 - K_0)\hat{x}^-(0) + K_0 y(0) = \hat{x}^-(0) + K_0[y(0) - \hat{x}^-(0)]. \tag{7.4}$$

Für die Varianz der Zustandsschätzung nach Eintreffen des Messwertes ergibt sich[3]

$$\sigma_e^2 = E[e^2] = E[(x - \hat{x})^2] = E[(x - (1 - K_0)\hat{x}^- - K_0(x + v))^2] \tag{7.5}$$

$$= E[((1 - K_0)(x - \hat{x}^-) - K_0 v)^2] \tag{7.6}$$

$$= E[((1 - K_0)e^- - K_0 v)^2], \tag{7.7}$$

mit dem Prädiktionsschätzfehler $e^- = x - \hat{x}^-$ vor Eintreffen des Messwertes und dem Schätzfehler $e = x - \hat{x}$ nach Eintreffen des Messwertes.

Aufgrund der statistischen Unabhängigkeit zwischen e^- und v erhält man aus den Gleichungen 7.3 und 7.7 nach kurzer Rechnung

$$\sigma_e^2(0) = (1 - K_0)\sigma_{e^-}^2(0) = \frac{1}{26} \cdot 25\Omega^2 = \frac{25}{26}\Omega^2. \tag{7.8}$$

---

[3] Auf die Zeitindizes wird im Folgenden aus Übersichtlichkeitsgründen verzichtet, d.h. $x = x(0)$, $v = v(0)$ usw.

Die Schätzunsicherheit *nach* Eintreffen des Messwertes, d.h. $\sigma_e^2(0)$, ist also deutlich geringer als die Schätzunsicherheit *vor* Eintreffen des Messwertes, d.h. $\sigma_{e-}^2(0)$.

In den folgenden Durchläufen des Kalman-Algorithmus wird die Anfangsschätzung lediglich durch eine Prädiktion ersetzt. Als Prädiktionswerte für die nächste Iteration werden in diesem Beispiel wegen Gleichung 7.1 die aktuellen Schätzwerte genommen, d.h.

$$\hat{x}^-(1) = \hat{x}(0) \qquad \text{und } \sigma_{e-}^2(1) = \sigma_e^2(0) \tag{7.9}$$

bzw.

$$\hat{x}^-(n+1) = \hat{x}(n) \qquad \text{und } \sigma_{e-}^2(n+1) = \sigma_e^2(n). \tag{7.10}$$

Abbildung 7.3, zeigt wie sich die Schätzung für den Widerstandswert und die zugehörige Schätzunsicherheit in Abhängigkeit von den eintreffenden Messwerten entwickeln.

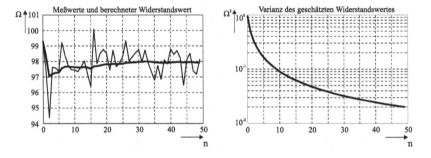

Abb. 7.3. Berechnete Widerstandswerte und die zugehörige Unsicherheit (Varianz)

Eine genauere Betrachtung der Berechnungsvorschrift für die geschätzten Widerstandswerte und die zugehörige Unsicherheit zeigt, dass es sich um die Bayes-Berechnungsvorschriften zur Bestimmung der *A-posteriori*-Verteilungsdichte im Falle gaußscher Verteilungsdichten handelt (siehe Abschnitt 4.3.1): Aus prädiziertem Widerstandswert (*A-priori*-Schätzwert) und aktuellem Messwert wird, dem Satz von Bayes entsprechend, der *A-posteriori*-Schätzwert gewonnen.   □

Das im Beispiel 7.1 vorgestellte Verfahren wird im Folgenden auf den nichtkonstanten eindimensionalen Fall erweitert, wobei darüber hinaus zusätzlich zum Messwertrauschen auch Systemrauschen berücksichtigt wird.

7.2 Rekursive Filterung

Die rekursive Filterung ist ein Spezialfall des Kalman-Filters. Die Aufgabenstellung besteht in der Schätzung eines eindimensionalen, durch mittelwertfreies weißes Rauschen $v(n)$ gestörten Signals $x(n)$ aus dem Messsignal $y(n) = x(n) + v(n)$. Die Autokorrelationsfunktion des Signals $R_x(\tau)$ und die Varianz des Rauschens σ_v^2 werden als bekannt vorausgesetzt (vgl. [86]).

Der Signalschätzwert $\hat{x}(n)$ wird rekursiv aus dem vorangegangenen Schätzwert $\hat{x}(n-1)$ und dem zum Zeitpunkt n neu eintreffenden Messwert $y(n)$ berechnet, d.h. [86]

$$\hat{x}(n) = B_n \hat{x}(n-1) + K_n y(n), \tag{7.11}$$

mit den zu berechnenden Gewichtungsfaktoren B_n und K_n. Wie beim Wiener-Filter beruht die Rechnung auf einer Minimierung des mittleren quadratischen Schätzfehlers

$$E[e^2(n)] = E[(x(n) - \hat{x}(n))^2]. \tag{7.12}$$

Für eine optimale Schätzung muss der Schätzfehler orthogonal auf den Eingangsdaten stehen, d.h.[4,5]

$$E[e(n)y(n-\tau)] = 0 \qquad \tau = 0, 1, \ldots, n. \tag{7.13}$$

Aus dem Spezialfall $\tau = 0$ resultiert

$$E[e(n)(x(n) + v(n))] = E[e(n)x(n)] + E[e(n)v(n)] = 0. \tag{7.14}$$

Aufgrund des Orthogonalitätsprinzips gilt darüber hinaus für die Leistung des minimalen Schätzfehlers

$$\sigma_{e(n)}^2 = E[e(n)x(n)]. \tag{7.15}$$

Damit ergibt sich in Gleichung 7.14

$$\sigma_{e(n)}^2 + E[(x(n) - B_n \hat{x}(n-1) - K_n y(n))v(n)] \tag{7.16}$$
$$= \sigma_{e(n)}^2 + E[x(n)v(n)] - B_n E[\hat{x}(n-1)v(n)] - K_n E[y(n)v(n)] = 0.$$

Wegen der Unabhängigkeit des Nutzsignals vom Rauschen sind die Erwartungswerte $E[x(n)v(n)]$ und $E[\hat{x}(n-1)v(n)]$ gleich Null. Daher folgt aus der letzten Gleichung

---

[4] Es werden alle Eingangsdaten vom Zeitpunkt 0 bis zum aktuellen Zeitpunkt n berücksichtigt.

[5] Das Orthogonalitätsprinzip gilt nur für den minimalen Fehler. Aus Übersichtlichkeitsgründen wird im Folgenden der minimale Fehler jedoch nicht gesondert gekennzeichnet; d.h. bei Anwendung des Orthogonalitätsprinzips gilt stets $e(n) = e_{min.}(n)$.

$$\sigma^2_{e(n)} - K_n \sigma^2_v = 0 \qquad \text{bzw.} \quad K_n = \frac{\sigma^2_{e(n)}}{\sigma^2_v}. \tag{7.17}$$

Für den Spezialfall $\tau > 0$ erhält man aus den Gleichungen 7.13 und 7.11

$$\begin{aligned}
E[e(n)y(n-\tau)] &= E[(x(n) - B_n \hat{x}(n-1) - K_n y(n))y(n-\tau)] \quad (7.18) \\
&= E[x(n)y(n-\tau)] - B_n E[\hat{x}(n-1)y(n-\tau)] \\
&\quad -K_n E[y(n)y(n-\tau)] = 0.
\end{aligned}$$

Da Nutzsignal und Rauschen unkorreliert sind sowie weißes Rauschen angenommen wurde[6], gelten [86][7]

$$E[x(n)y(n-\tau)] = E[x(n)(x(n-\tau) + v(n-\tau))] = R_x(\tau), \tag{7.19}$$

$$\begin{aligned}
E[y(n)y(n-\tau)] &= E[(x(n) + v(n))(x(n-\tau) + v(n-\tau))] \\
&= R_x(\tau) + \sigma^2_v \delta(\tau),
\end{aligned} \tag{7.20}$$

$$E[y(n)v(n)] = E[(x(n) + v(n))v(n)] = \sigma^2_v. \tag{7.21}$$

Unter Berücksichtigung der Gleichungen 7.19 bis 7.21 und $\tau > 0$ resultiert aus Gleichung 7.18

$$(1 - K_n)R_x(\tau) - B_n E[(x(n-1) - e(n-1))y(n-\tau)] = 0 \qquad \tau > 0. \tag{7.22}$$

Da $e(n-1)$ orthogonal zu $y(n-\tau)$ ist[8], entfällt der letzte Term der letzten Gleichung und es gilt

$$R_x(\tau) - \frac{B_n}{1 - K_n} R_x(\tau - 1) = 0 \tag{7.23}$$

bzw.

$$R_x(\tau) = \alpha R_x(\tau - 1) = \alpha^\tau R_x(0) \qquad \text{mit} \quad \alpha = \frac{B_n}{1 - K_n}. \tag{7.24}$$

Damit ist man im Besitz einer Berechnungsvorschrift für $B_n = \alpha(1 - K_n)$. Gleichzeitig gibt Gleichung 7.24 eine notwendige Bedingung für die Autokorrelationsfunktion vor, die erfüllt sein muss, um das Nutzsignal rekursiv schätzen zu können. Eine solche Autokorrelationsfunktion entsteht durch ein Signal, das der Bedingung[9]

---

[6] Bei weißem Rauschen gilt $R(\tau) = 0$ für $\tau \neq 0$.

[7] $\delta(n)$ bezeichnet die Kronecker-Delta-Funktion mit

$$\delta(n) = \begin{cases} 1 & n = 0 \\ 0 & \text{sonst.} \end{cases}$$

[8] $\tau > 0$!

[9] Aus $x(n) = \alpha x(n-1) + w(n)$ folgt durch beidseitige Multiplikation mit $x(n-\tau)$ und Erwartungswertbildung $E[x(n)x(n-\tau)] = \alpha E[x(n-1)x(n-\tau)] + E[w(n)x(n-\tau)]$, wobei der letzte Term aufgrund der statistischen Unabhängigkeit von $w(n)$ und $x(n-\tau)$, $\tau > 0$, verschwindet. Daraus resultiert schließlich $R(\tau) = \alpha R(\tau-1)$.

$$x(n) = \alpha x(n-1) + w(n) \tag{7.25}$$

genügt[10], wobei $w(n)$ eine von $v(n)$ unabhängige weiße Rauschsequenz bezeichnet.

Damit ergibt sich schließlich der Schätzwert für das Nutzsignal

$$\hat{x}(n) = \alpha(1-K_n)\hat{x}(n-1) + K_n y(n) = \alpha\hat{x}(n-1) + K_n[y(n) - \alpha\hat{x}(n-1)]. \tag{7.26}$$

Der Kalman-Faktor K_n wird gemäß Gleichung 7.17 aus der Varianz des Schätzfehlers $\sigma^2_{e(n)}$ berechnet. Aufgrund des Orthogonalitätsprinzips ergibt sich als rekursive Schätzgleichung für $\sigma^2_{e(n)}$ [86]

$$\sigma^2_{e(n)} = E[x(n)e(n)] \tag{7.27}$$
$$= E[x(n)(x(n) - \alpha(1-K_n)\hat{x}(n-1) - K_n y(n))] \tag{7.28}$$
$$= \sigma^2_x(1-K_n) - \alpha(1-K_n)E[x(n)\hat{x}(n-1)] \tag{7.29}$$
$$= (1-K_n)\left[\sigma^2_x - \alpha E[x(n)\hat{x}(n-1)]\right] \tag{7.30}$$
$$= (1-K_n)\left[\sigma^2_x - \alpha E[(\alpha x(n-1) + w(n))\hat{x}(n-1)]\right] \tag{7.31}$$
$$= (1-K_n)\left[\sigma^2_x - \alpha^2 E[x(n-1)\hat{x}(n-1)]\right]. \tag{7.32}$$

Für die Bildung des Startwertes zum Zeitpunkt $n=0$ existieren verschiedene Ansätze [86]. Ein möglicher Ansatz geht von $\hat{x}(-1) = y(-1)$ aus. Daraus folgt

$$E[x(-1)\hat{x}(-1)] = E[x(-1)y(-1)] = E[x(-1)(x(-1) + v(-1))] = \sigma^2_x. \tag{7.33}$$

Mit diesem Ergebnis ist $\sigma^2_{e(0)}$ gegeben mit

$$\sigma^2_{e(0)} = (1-K_0)\sigma^2_x(1-\alpha^2) \tag{7.34}$$

bzw. mit Gleichung 7.17

$$\sigma^2_{e(0)} = \frac{\sigma^2_x(1-\alpha^2)}{1 + \sigma^2_x(1-\alpha^2)/\sigma^2_v}. \tag{7.35}$$

Bei einem weiteren möglichen Ansatz wird die Annahme $\hat{x}(-1) = 0$ getroffen. Daraus ergibt sich die Anfangsschätzung

$$\sigma^2_{e(0)} = \frac{\sigma^2_x}{1 + \sigma^2_x/\sigma^2_v}. \tag{7.36}$$

Aufgrund der notwendigen Bedingung an die Autokorrelationsfunktion in Gleichung 7.24, d.h. der Modellierung des Nutzsignals x als AR(1)-Prozess,

---

[10] Ein solches Signal wird als AR(1)-Prozess (autoregressiver Prozess mit genau einer Rückkopplung) bezeichnet.

gilt[11]

$$\sigma_w^2 = (1 - \alpha^2)\sigma_x^2. \tag{7.37}$$

Die beiden Ansätze für die Schätzung von $E[x(-1)\hat{x}(-1)]$ aus den Gleichungen 7.35 und 7.36 werden damit zu

$$\sigma_{e(0)}^2 = \frac{\sigma_w^2}{1 + \sigma_w^2/\sigma_v^2} \tag{7.38}$$

bzw.

$$\sigma_{e(0)}^2 = \frac{\sigma_w^2\sigma_v^2}{\sigma_w^2 + \sigma_v^2(1 - \alpha^2)}. \tag{7.39}$$

Für Zeitpunkte $n > 0$ ergibt sich

$$\sigma_{e(n-1)}^2 = E[x(n-1)e(n-1)] = E[x(n-1)(x(n-1) - \hat{x}(n-1))] \tag{7.40}$$

$$= \sigma_x^2 - E[x(n-1)\hat{x}(n-1)]. \tag{7.41}$$

Damit erhält man in Gleichung 7.32 unter Berücksichtigung von Gleichung 7.37

$$\sigma_{e(n)}^2 = (1 - K_n)\left[\sigma_x^2 + \alpha^2(\sigma_{e(n-1)}^2 - \sigma_x^2)\right] \tag{7.42}$$

$$= (1 - K_n)\left[\sigma_x^2(1 - \alpha^2) + \alpha^2\sigma_{e(n-1)}^2\right] \tag{7.43}$$

$$= (1 - K_n)\left[\sigma_w^2 + \alpha^2\sigma_{e(n-1)}^2\right]. \tag{7.44}$$

Nach Substitution von K_n durch Gleichung 7.17 folgt [86]

$$\sigma_{e(n)}^2 = \frac{\sigma_w^2 + \alpha^2\sigma_{e(n-1)}^2}{\sigma_v^2 + \sigma_w^2 + \alpha^2\sigma_{e(n-1)}^2}\sigma_v^2 \qquad n > 0. \tag{7.45}$$

Aus dieser letzten Gleichung wird vor allem deutlich, dass der Kalman-Faktor unabhängig von den eigentlichen Daten ist. Die Sequenz K_n kann daher im Vorfeld berechnet werden[12].

Beispiel 7.2. Für den Spezialfall $\alpha = 1$ ergibt sich das Signalmodell für ein konstantes Signal analog zu Beispiel 7.1

$$x(n) = x(n-1) = x. \tag{7.46}$$

---

[11] Die Quadrierung und Erwartungswertbildung von Gleichung 7.25 führt auf

$$E[x^2(n)] = \alpha^2 E[x^2(n-1)] + 2\alpha E[w(n)x(n-1)] + E[w^2(n)],$$

wobei der mittlere Term aufgrund der Unabhängigkeit von $x(n-1)$ und $w(n)$ Null ist. Damit ergibt sich $\sigma_x^2 = \alpha^2\sigma_x^2 + \sigma_w^2$.

[12] bei vorausgesetzter Stationarität der beteiligten Rauschprozesse

Die daraus resultierende vereinfachte Schätzgleichung ist (vgl. Gleichung 7.26)

$$\hat{x}(n) = \hat{x}(n-1) + K_n[y(n) - \hat{x}(n-1)]. \tag{7.47}$$

Da in diesem Falle auch $w(n) = 0$ gilt, vereinfacht sich die rekursive Gleichung für die Varianz des Schätzfehlers auf

$$\sigma^2_{e(n)} = \frac{\sigma^2_{e(n-1)}}{1 + \sigma^2_{e(n-1)}/\sigma^2_v}. \tag{7.48}$$

Da der Nennerterm immer größer als 1 ist, ist der Funktionsverlauf der Schätzfehlervarianz monoton fallend. $\qquad\square$

Wird der Kalman-Algorithmus zur Prädiktion eingesetzt, ist der optimale Prädiktionswert im Sinne des Kriteriums des kleinsten mittleren quadratischen Fehlers gegeben mit [86]

$$\hat{x}^-(n+1) = \alpha\hat{x}(n). \tag{7.49}$$

Diese Beziehung resultiert aus der Orthogonalität zwischen Schätzfehler und Eingangsdaten, denn mit dem Prädiktionsfehler

$$e^-(n+1) = x(n+1) - \hat{x}^-(n+1) \tag{7.50}$$

und der Orthogonalitätsbedingung $E[y(n-\tau)e^-(n+1)] = 0$, $\tau = 0, 1, \ldots, n$, gilt

$$E[y(n-\tau)e^-(n+1)] = E[y(n-\tau)(x(n+1) - \hat{x}^-(n+1))] \tag{7.51}$$
$$= E[y(n-\tau)(\alpha x(n) + w(n+1) - \alpha\hat{x}(n))] \tag{7.52}$$
$$= \alpha E[y(n-\tau)(x(n) - \hat{x}(n))] \tag{7.53}$$
$$= \alpha E[y(n-\tau)e(n)] = 0. \tag{7.54}$$

Die letzte Gleichung ist Null aufgrund der Optimalität der Schätzung des Kalman-Algorithmus zum Zeitpunkt n, womit die Gültigkeit von Gleichung 7.49 gezeigt ist.

7.3 Kalman-Filter in Zustandsraum-Darstellung

7.3.1 Zustandsraum-Darstellung

Die Beschreibung des Kalman-Filters erfolgt mit Hilfe der Zustandsraumdarstellung des zugrunde liegenden Systems. Diese ist im zeitdiskreten linearen und zeitinvarianten Fall gegeben durch

$$\mathbf{x}(n) = \mathbf{A}\mathbf{x}(n-1) + \mathbf{B}\mathbf{u}(n) + \mathbf{w}(n-1) \qquad (7.55)$$

$$\mathbf{y}(n) = \mathbf{C}\mathbf{x}(n) + \mathbf{v}(n), \qquad (7.56)$$

mit dem Zustandsvektor $\mathbf{x} \in \mathfrak{R}^{N \times 1}$, dem Steuersignal $\mathbf{u} \in \mathfrak{R}^{P \times 1}$ und dem Beobachtungssignal $\mathbf{y} \in \mathfrak{R}^{Q \times 1}$ sowie mit $\mathbf{A} \in \mathfrak{R}^{N \times N}$ als Zustandsübergangsmatrix, $\mathbf{B} \in \mathfrak{R}^{N \times P}$ als Steuermatrix und $\mathbf{C} \in \mathfrak{R}^{Q \times N}$ als Beobachtungsmatrix sowie dem Zeitindex n. Die Signale $\mathbf{w} \in \mathfrak{R}^{N \times 1}$ und $\mathbf{v} \in \mathfrak{R}^{Q \times 1}$ sind gaußverteiltes, weißes und voneinander statistisch unabhängiges Rauschen. Darüber hinaus sind beide Rauschprozesse mittelwertfrei und besitzen die Kovarianzmatrizen $\mathbf{R}_w = E[\mathbf{w}\mathbf{w}^T]$ bzw. $\mathbf{R}_v = E[\mathbf{v}\mathbf{v}^T]$.

Für die Schätzung der Systemzustände $\mathbf{x}(n)$ aus den Messwerten $\mathbf{y}(n)$ müssen die Matrizen $\mathbf{A}$, $\mathbf{B}$, $\mathbf{C}$, $\mathbf{R}_w$ und $\mathbf{R}_v$ bekannt sein.

7.3.2 Algorithmus

Mit Bezug auf Abbildung 7.2 ist der *A-priori*-Schätzwert $\hat{\mathbf{x}}^-(n)$ der Schätzwert für den Zustandsvektor $\mathbf{x}(n)$ des Systems, der aus der Anfangsschätzung oder vorherigen Durchläufen des Kalman-Algorithmus resultiert. Der aktuelle Messwert vom Zeitpunkt n bleibt noch unberücksichtigt. Der *A-priori*-Schätzfehler folgt dementsprechend mit

$$\mathbf{e}^-(n) = \mathbf{x}(n) - \hat{\mathbf{x}}^-(n). \qquad (7.57)$$

Nach Eintreffen des Messwertes $\mathbf{y}(n)$ wird der *A-posteriori*-Schätzwert $\hat{\mathbf{x}}$ berechnet. Der zugehörige *A-posteriori*-Schätzfehler ist

$$\mathbf{e}(n) = \mathbf{x}(n) - \hat{\mathbf{x}}(n). \qquad (7.58)$$

Die Kovarianzmatrizen von *A-priori*- und *A-posteriori*-Schätzfehler sind

$$\mathbf{R}_e^-(n) = E[\mathbf{e}^-(n)\mathbf{e}^{-,T}(n)] \qquad (7.59)$$

$$\mathbf{R}_e(n) = E[\mathbf{e}(n)\mathbf{e}^T(n)]. \qquad (7.60)$$

Die in Abbildung 7.2 gezeigte Vorgehensweise zur Berechnung des Filters kann, wie in Abbildung 7.4 gezeigt, zu zwei Stufen zusammengefasst werden. In der erste Stufe erfolgt die zeitliche Prädiktion des Zustandsvektors. Das Ergebnis ist die *A-priori*-Schätzung $\hat{\mathbf{x}}^-(n)$. Die zweite Stufe beinhaltet den Abgleich der Schätzung mit der Messung, d.h. die Korrektur der *A-priori*-Schätzung. Das Ergebnis ist die *A-posteriori*-Schätzung $\hat{\mathbf{x}}(n)$. Sowohl im Prädiktions- als auch im Korrekturschritt müssen neben der Schätzung des Zustandsvektors auch die Kovarianzmatrizen der Schätzfehler nachgeführt werden.

Der Prädiktionsschritt erfolgt mit

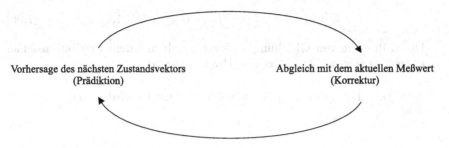

Abb. 7.4. Kalman-Filter als Prädiktor-Korrektor-Verfahren

$$\hat{\mathbf{x}}^-(n) = \mathbf{A}\hat{\mathbf{x}}(n-1) + \mathbf{B}\mathbf{u}(n) \quad \text{und} \tag{7.61}$$

$$\mathbf{R}_e^-(n) = \mathbf{A}\mathbf{R}_e(n-1)\mathbf{A}^T + \mathbf{R}_w. \tag{7.62}$$

Der Korrekturschritt wird mit

$$\mathbf{K}(n) = \mathbf{R}_e^-(n)\mathbf{C}^T \left[\mathbf{C}\mathbf{R}_e^-(n)\mathbf{C}^T + \mathbf{R}_v\right]^{-1} \tag{7.63}$$

$$\hat{\mathbf{x}}(n) = \hat{\mathbf{x}}^-(n) + \mathbf{K}(n)\left[\mathbf{y}(n) - \mathbf{C}\hat{\mathbf{x}}^-(n)\right] \tag{7.64}$$

$$\mathbf{R}_e(n) = [\mathbf{I} - \mathbf{K}(n)\mathbf{C}]\mathbf{R}_e^-(n) \tag{7.65}$$

durchgeführt. Der Term $\mathbf{C}\hat{\mathbf{x}}^-(n) = \hat{\mathbf{y}}(n)$ kann als Schätzwert für den aktuellen Messwert gedeutet werden. Daraus resultiert eine einfache Interpretation für diesen Filteralgorithmus: Der Schätzfehler $\mathbf{y}(n) - \hat{\mathbf{y}}(n)$ wird durch Multiplikation mit dem Kalmanfaktor zur Korrektur der Schätzung der Systemzustände verwendet. Die Gewichtung des Fehlers durch den Kalmanfaktor ist umso stärker, je größer die relative Unsicherheit der *A-priori*-Schätzung der Systemzustände gegenüber der Messunsicherheit ist.

Die Gleichungen 7.61 bis 7.65 werden im Folgenden weiter untersucht.

● **Gleichung 7.61:**

Die Zustandsprädiktion ohne aktuellen Messwert (*A-priori*-Schätzwert) wird mit Hilfe der Systemgleichungen durchgeführt. Diese Vorgehensweise führt analog zu Gleichung 7.49 zu einer optimalen Prädiktion, wie mit Hilfe des Orthogonalitätsprinzips gezeigt werden kann. Im Optimum ist der Prädiktionsfehler orthogonal zu den Eingangsdaten, d.h.[13, 14]

---

[13] Das Orthogonalitätsprinzip gilt nur für den minimalen Fehler. Aus Übersichtlichkeitsgründen wird im Folgenden der minimale Fehler jedoch nicht gesondert gekennzeichnet; d.h. bei Anwendung des Orthogonalitätsprinzips gilt stets $\mathbf{e}(n) = \mathbf{e}_{min}(n)$ bzw. $\mathbf{e}^-(n) = \mathbf{e}_{min}^-(n)$.

[14] Jedes Element des Fehlervektors $e_i^-(n+1)$ ist orthogonal zu jedem Eingangsdatum $y(n-l)$, d.h. $E[e_i^-(n+1)y(n-l)] = 0$. Alle Orthogonalitätsbeziehungen zusammen ergeben Gleichung 7.66.

$$E\left[\mathbf{e}^-(n+1)\mathbf{y}^T(n-l)\right] = \mathbf{0} \qquad l = 0, 1, \dots. \qquad (7.66)$$

Die Gültigkeit von Gleichung 7.66 zeigt sich mit dem Prädiktionsfehler
$\mathbf{e}^-(n+1) = \mathbf{x}(n+1) - \mathbf{A}\hat{\mathbf{x}}(n) - \mathbf{B}\mathbf{u}(n+1)$ und

$$E\left[\mathbf{e}^-(n+1)\mathbf{y}^T(n-l)\right] = E\Big[\left(\mathbf{x}(n+1) - \mathbf{A}\hat{\mathbf{x}}(n) - \mathbf{B}\mathbf{u}(n+1)\right)$$

$$\times\ \mathbf{y}^T(n-l)\Big] \qquad (7.67)$$

$$= E\Big[\left(\mathbf{A}\mathbf{x}(n) + \mathbf{B}\mathbf{u}(n+1) - \mathbf{A}\hat{\mathbf{x}}(n) - \mathbf{B}\mathbf{u}(n+1)\right)$$

$$\times\ \mathbf{y}^T(n-l)\Big] \qquad (7.68)$$

$$= E\left[\mathbf{A}\left(\mathbf{x}(n) - \hat{\mathbf{x}}(n)\right)\mathbf{y}^T(n-l)\right] \qquad (7.69)$$

$$= \mathbf{A}E\left[\mathbf{e}(n)\mathbf{y}^T(n-l)\right] = \mathbf{0}. \qquad (7.70)$$

Da das Kalman-Filter den Schätzfehler $\mathbf{e}(n)$ minimiert, ist aufgrund des Orthogonalitätsprinzips die letzte Gleichung gleich Null. Damit ist die Optimalität der Prädiktion in Gleichung 7.61 bestätigt.

- **Gleichung 7.62:**

Mit jedem neuen Prädiktionsschritt muss auch die Kovarianzmatrix des *A-priori*-Schätzfehlers aktualisiert werden. Sie ist gegeben mit

$$\mathbf{R}_e^-(n) = E[\mathbf{e}^-\mathbf{e}^{-,T}] \qquad (7.71)$$

$$= E\Big[\left(\mathbf{x}(n) - \mathbf{A}\hat{\mathbf{x}}(n-1) - \mathbf{B}\mathbf{u}(n)\right)$$

$$\times \left(\mathbf{x}(n) - \mathbf{A}\hat{\mathbf{x}}(n-1) - \mathbf{B}\mathbf{u}(n)\right)^T\Big] \qquad (7.72)$$

$$= E\Big[\left(\mathbf{x}(n) - \mathbf{A}[\mathbf{x}(n-1) - \mathbf{e}(n-1)] - \mathbf{B}\mathbf{u}(n)\right)$$

$$\times \left(\mathbf{x}(n) - \mathbf{A}[\mathbf{x}(n-1) - \mathbf{e}(n-1)] - \mathbf{B}\mathbf{u}(n)\right)^T\Big]. \qquad (7.73)$$

Mit $\mathbf{w}(n-1) = \mathbf{x}(n) - \mathbf{A}\mathbf{x}(n-1) - \mathbf{B}\mathbf{u}(n)$ folgt

$$\mathbf{R}_e^-(n) = E\Big[\left(\mathbf{w}(n-1) + \mathbf{A}\mathbf{e}(n-1)\right)\left(\mathbf{w}(n-1) + \mathbf{A}\mathbf{e}(n-1)\right)^T\Big] \quad (7.74)$$

$$= E\left[\mathbf{w}(n-1)\mathbf{w}^T(n-1)\right] + E\left[\mathbf{w}(n-1)(\mathbf{A}\mathbf{e}(n-1))^T\right] \quad (7.75)$$

$$+ E\left[\mathbf{A}\mathbf{e}(n-1)\mathbf{w}(n-1)^T\right] + E\left[\mathbf{A}\mathbf{e}(n-1)\mathbf{e}^T(n-1)\mathbf{A}^T\right]$$

$$= \mathbf{R}_w + \mathbf{A}\mathbf{R}_e(n-1)\mathbf{A}^T. \qquad (7.76)$$

Die letzte Gleichung folgt unter Berücksichtigung der statistischen Unabhängigkeit von $\mathbf{e}(n-1)$ und $\mathbf{w}(n-1)$ sowie der Stationarität von $\mathbf{w}$.

- **Gleichung 7.63:**

Der Kalman-Faktor $\mathbf{K}(n)$ wird so berechnet, dass der mittlere quadratische Fehler zwischen dem wahren und dem geschätzten Zustandsvektor minimal wird, d.h.

$$E\left[\|\mathbf{x}(n) - \hat{\mathbf{x}}(n)\|^2\right] = E\left[\mathbf{e}^T(n)\mathbf{e}(n)\right] \to \min. \tag{7.77}$$

Unter Nutzung von $\mathbf{e}(n) = \mathbf{x}(n) - \hat{\mathbf{x}}^-(n) - \mathbf{K}(n)[\mathbf{y}(n) - \mathbf{C}\hat{\mathbf{x}}^-(n)]$ führt die Ableitung von Gleichung 7.77 bezüglich $\mathbf{K}(n)$ und das anschließende Nullsetzen auf

$$E\Big[\mathbf{K}(n)[\mathbf{y}(n) - \mathbf{C}\hat{\mathbf{x}}^-(n)][\mathbf{y}(n)$$
$$-\mathbf{C}\hat{\mathbf{x}}^-(n)]^T - [\mathbf{x}(n) - \hat{\mathbf{x}}^-(n)][\mathbf{y}(n) - \mathbf{C}\hat{\mathbf{x}}^-(n)]^T\Big] = \mathbf{0}. \tag{7.78}$$

Mit $\mathbf{e}^- = \mathbf{x} - \hat{\mathbf{x}}^-$ und $\mathbf{v} = \mathbf{y} - \mathbf{C}\mathbf{x}$ vereinfacht sich die letzte Gleichung zu[15]

$$E\Big[\mathbf{K}[\mathbf{v} + \mathbf{C}\mathbf{e}^-][\mathbf{v} + \mathbf{C}\mathbf{e}^-]^T - \mathbf{e}^-[\mathbf{v} + \mathbf{C}\mathbf{e}^-]^T\Big] = \mathbf{0}. \tag{7.79}$$

Da der *A-priori*-Schätzfehler und das Messrauschen voneinander statistisch unabhängig sind, kann weiter vereinfacht werden

$$\mathbf{K}[\mathbf{R}_v + \mathbf{C}\mathbf{R}_e^-\mathbf{C}^T] - \mathbf{R}_e^-\mathbf{C}^T = \mathbf{0}. \tag{7.80}$$

Daraus ergibt sich unmittelbar Gleichung 7.63.

- **Gleichung 7.64:**

Wie bereits in Abschnitt 7.2 gezeigt, liefert die Theorie der Bayes-Schätzung im Falle gaußscher Verteilungsdichten eine Motivation für die Anwendung einer Linearkombination aus *A-priori*-Schätzwert und neuem Messwert zur Berechnung des *A-posteriori*-Schätzwertes.

- **Gleichung 7.65:**

Die Aktualisierung der Kovarianzmatrix des *A-posteriori*-Schätzfehlers erfolgt nach der Einarbeitung des aktuellen Messwertes in die Schätzung. Der *A-posteriori*-Schätzfehler ist gegeben mit[16]

$$\mathbf{e} = \mathbf{x} - \hat{\mathbf{x}} = \mathbf{x} - \hat{\mathbf{x}}^- - \mathbf{K}[\mathbf{y} - \mathbf{C}\hat{\mathbf{x}}^-] \tag{7.81}$$

$$= \mathbf{e}^- - \mathbf{K}[\mathbf{y} - \mathbf{C}\hat{\mathbf{x}}^-] \tag{7.82}$$

$$= \mathbf{e}^- - \mathbf{K}[\mathbf{y} - \mathbf{C}(\mathbf{x} - \mathbf{e}^-)] \tag{7.83}$$

$$= \mathbf{e}^- - \mathbf{K}[\mathbf{y} - \mathbf{C}\mathbf{x} + \mathbf{C}\mathbf{e}^-] = \mathbf{e}^- - \mathbf{K}[\mathbf{v} + \mathbf{C}\mathbf{e}^-]. \tag{7.84}$$

---

[15] Auf den Zeitindex n wird im Folgenden aus Übersichtlichkeitsgründen verzichtet.
[16] Auf den Zeitindex n wird im Folgenden aus Übersichtlichkeitsgründen verzichtet.

Für die Kovarianzmatrix folgt daraus

$$\mathbf{R}_e = E[\mathbf{e}\mathbf{e}^T] = E\left[(\mathbf{e}^- - \mathbf{K}[\mathbf{v} + \mathbf{C}\mathbf{e}^-])(\mathbf{e}^- - \mathbf{K}[\mathbf{v} + \mathbf{C}\mathbf{e}^-])^T\right]. \quad (7.85)$$

Mit Gleichung 7.80 sowie der statistischen Unabhängigkeit zwischen $\mathbf{v}$ und $\mathbf{e}^-$ ergibt sich

$$\mathbf{R}_e = \mathbf{R}_e^- - \mathbf{R}_e^- \mathbf{C}^T \mathbf{K}^T - \mathbf{K}\mathbf{C}\mathbf{R}_e^- + \mathbf{R}_e^- \mathbf{C}^T \mathbf{K}^T \quad (7.86)$$

$$= [\mathbf{I} - \mathbf{K}\mathbf{C}]\mathbf{R}_e^-. \quad (7.87)$$

7.4 Erweiterte Kalman-Filter

Die bisherigen Betrachtungen des Kalman-Filters setzten lineare Systeme voraus. Reale Systeme sind jedoch häufig nichtlinear, so dass lineare Ansätze oftmals nicht erfolgreich sind. Die Kalman-Filter-Theorie bietet die Möglichkeit einer Erweiterung auf nichtlineare Systeme. Die Idee hinter diesen *erweiterten* Kalman-Filtern besteht im wesentlichen in einer Linearisierung der Systemfunktionen um den jeweiligen Arbeitspunkt.

Das nichtlineare, zeitinvariante Zustandsmodell ist gegeben mit [48, 90]

$$\mathbf{x}(n) = \mathbf{f}[\mathbf{x}(n-1), \mathbf{u}(n), \mathbf{w}(n-1)] \qquad \text{und} \qquad (7.88)$$

$$\mathbf{y}(n) = \mathbf{c}[\mathbf{x}(n), \mathbf{v}(n)], \qquad (7.89)$$

wobei $\mathbf{f} = [f_1, f_2, \ldots]^T$ und $\mathbf{c} = [c_1, c_2, \ldots]^T$ nichtlineare vektorwertige Funktionen sind. Die Rauschprozesse $\mathbf{w}(n)$ und $\mathbf{v}(n)$ sind mittelwertfrei und weiß.

Wie beim linearen Fall können auch hier der aktuelle Zustandsvektor und der aktuelle Messvektor mit Hilfe der Systemfunktionen und $\mathbf{w}(n-1) = \mathbf{v}(n) = \mathbf{0}$ prädiziert werden [90]

$$\hat{\mathbf{x}}^-(n) = \mathbf{f}[\hat{\mathbf{x}}(n-1), \mathbf{u}(n), \mathbf{0}], \qquad (7.90)$$

$$\hat{\mathbf{y}}^-(n) = \mathbf{c}[\hat{\mathbf{x}}^-(n), \mathbf{0}]. \qquad (7.91)$$

Die wahren Werte von Zustands- und Messvektor werden über eine Taylorreihenentwicklung approximiert[17]

$$\mathbf{x}(n) \approx \hat{\mathbf{x}}^-(n) + \mathbf{A} \cdot [\mathbf{x}(n-1) - \hat{\mathbf{x}}(n-1)] + \mathbf{W}\mathbf{w}(n-1), \qquad (7.92)$$

$$\mathbf{y}(n) \approx \hat{\mathbf{y}}^-(n) + \mathbf{C} \cdot [\mathbf{x}(n) - \hat{\mathbf{x}}^-(n)] + \mathbf{V}\mathbf{v}(n), \qquad (7.93)$$

mit den zeitabhängigen Jacobi-Matrizen

---

[17] Abbruch nach dem ersten Glied

$$A_{ij} = \frac{\partial f_i[\hat{\mathbf{x}}(n-1), \mathbf{u}(n), \mathbf{0}]}{\partial x_j}, \qquad W_{ij} = \frac{\partial f_i[\hat{\mathbf{x}}(n-1), \mathbf{u}(n), \mathbf{0}]}{\partial w_j},$$

$$C_{ij} = \frac{\partial c_i[\hat{\mathbf{x}}^-(n), \mathbf{0}]}{\partial x_j}, \qquad V_{ij} = \frac{\partial c_i[\hat{\mathbf{x}}^-(n), \mathbf{0}]}{\partial v_j}. \tag{7.94}$$

Die Gleichungen 7.92 und 7.93 können nun so umgestellt werden, dass ihre Form mit der Zustandsraumdarstellung in den Gleichungen 7.55 und 7.56 übereinstimmt. Aus Gleichung 7.92 wird [48]

$$\mathbf{x}(n) \approx \mathbf{A}\mathbf{x}(n-1) + \mathbf{W}\mathbf{w}(n-1) + \left\{\hat{\mathbf{x}}^-(n) - \mathbf{A}\hat{\mathbf{x}}(n-1)\right\} \tag{7.95}$$

$$= \mathbf{A}\mathbf{x}(n-1) + \mathbf{W}\mathbf{w}(n-1) + \mathbf{d}. \tag{7.96}$$

Für Gleichung 7.93 erhält man zunächst

$$\mathbf{y}(n) \approx \mathbf{C}\mathbf{x}(n) + \mathbf{V}\mathbf{v}(n) + \hat{\mathbf{y}}^-(n) - \mathbf{C}\hat{\mathbf{x}}^-(n). \tag{7.97}$$

Mit der Einführung einer Hilfsvariable $\bar{\mathbf{y}}(n) = \mathbf{y}(n) - \hat{\mathbf{y}}^-(n) + \mathbf{C}\hat{\mathbf{x}}^-(n)$ ergibt sich

$$\bar{\mathbf{y}}(n) \approx \mathbf{C}\mathbf{x}(n) + \mathbf{V}\mathbf{v}(n). \tag{7.98}$$

Aufgrund der übereinstimmenden Struktur zwischen den Gleichungen 7.55 und 7.56 einerseits und den Gleichungen 7.96 und 7.98 andererseits, wird der Kalman-Algorithmus des linearen Falles per Analogieschluss direkt übernommen.

Prädiktionsschritt:

$$\hat{\mathbf{x}}^-(n) = \mathbf{f}[\hat{\mathbf{x}}(n-1), \mathbf{u}(n), \mathbf{0}] \qquad \text{und} \tag{7.99}$$

$$\mathbf{R}_e^-(n) = \mathbf{A}\mathbf{R}_e(n-1)\mathbf{A}^T + \mathbf{W}\mathbf{R}_w\mathbf{W}^T, \tag{7.100}$$

Korrekturschritt:

$$\mathbf{K}(n) = \mathbf{R}_e^-(n)\mathbf{C}^T \left[\mathbf{C}\mathbf{R}_e^-(n)\mathbf{C}^T + \mathbf{V}\mathbf{R}_v\mathbf{V}\right]^{-1} \tag{7.101}$$

$$\hat{\mathbf{x}}(n) = \hat{\mathbf{x}}^-(n) + \mathbf{K}(n)\left[\mathbf{y}(n) - \mathbf{c}(\hat{\mathbf{x}}^-(n), \mathbf{0})\right] \tag{7.102}$$

$$\mathbf{R}_e(n) = [\mathbf{I} - \mathbf{K}(n)\mathbf{C}]\mathbf{R}_e^-(n). \tag{7.103}$$

7.5 Implementierungsfragen

7.5.1 Überblick

Insbesondere im Falle begrenzter Wortlängen sind beim Kalman-Algorithmus nummerische Instabilitäten möglich. Zu einer verbesserten nummerischen Stabilität tragen die Quadratwurzel-Verfahren[18] bei, die auf der QR- und der Cholesky-Zerlegung beruhen.

---

[18] engl.: square root methods

7.5.2 QR- und Cholesky-Faktorisierung

Die QR-Zerlegung kann mit Hilfe des Orthogonalisierungsverfahrens von Gram und Schmidt abgeleitet werden. Gegeben ist eine Matrix

$$\mathbf{X} = (\mathbf{x}_1, \mathbf{x}_2, \ldots, \mathbf{x}_N), \qquad (7.104)$$

die aus N linear unabhängigen Spaltenvektoren $\mathbf{x}_1$ bis $\mathbf{x}_N$ der Form $\mathbf{x}_i = [x_{i1}, x_{i2}, \ldots, x_{iK}]^T$, mit $K \geq N$, besteht. Mit Hilfe der Gram-Schmidt-Orthogonalisierung ist es möglich, für den durch die Vektoren $\mathbf{x}_i$ aufgespannten Raum ein orthonormales Koordinatensystem zu finden, dessen Basisvektoren $\mathbf{q}_i$ als Spaltenvektoren in der Matrix $\mathbf{Q}_1$ zusammengefasst werden. Der erste Basisvektor $\mathbf{q}_1$ wird definiert mit

$$\hat{\mathbf{q}}_1 = \mathbf{x}_1 \qquad \text{und} \quad \mathbf{q}_1 = \frac{\hat{\mathbf{q}}_1}{||\hat{\mathbf{q}}_1||}. \qquad (7.105)$$

Der zweite Basisvektor wird gebildet mit

$$\hat{\mathbf{q}}_2 = \mathbf{x}_2 - (\mathbf{x}_2^T \mathbf{q}_1)\mathbf{q}_1 \qquad \text{und} \quad \mathbf{q}_2 = \frac{\hat{\mathbf{q}}_2}{||\hat{\mathbf{q}}_2||}. \qquad (7.106)$$

Verallgemeinert ergibt sich für alle $n \leq N$ die Rekursion

$$\hat{\mathbf{q}}_n = \mathbf{x}_n - \sum_{i=1}^{n-1} (\mathbf{x}_n^T \mathbf{q}_i)\mathbf{q}_i \qquad \text{und} \quad \mathbf{q}_n = \frac{\hat{\mathbf{q}}_n}{||\hat{\mathbf{q}}_n||}. \qquad (7.107)$$

Der Vektor $\mathbf{q}_1$ liegt aufgrund dieser Konstruktion der orthonormalen Basis in dem durch den Vektor $\mathbf{x}_1$ aufgespannten Raum, $\mathbf{q}_2$ liegt in dem von $\mathbf{x}_1$

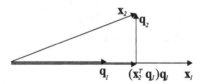

Abb. 7.5. Veranschaulichung der Gram-Schmidt-Orthogonalisierung für den zwei-dimensionalen Fall

und $\mathbf{x}_2$ aufgespannten Raum bzw. allgemein liegt der Vektor $\mathbf{q}_n$ in dem durch die Vektoren $\mathbf{x}_1$ bis $\mathbf{x}_n$ aufgespannten Raum. Damit kann die neue Basis geschrieben werden als

$$
\underbrace{(\mathbf{q}_1, \mathbf{q}_2, \dots, \mathbf{q}_N)}_{\mathbf{Q}_1} = \underbrace{(\mathbf{x}_1, \mathbf{x}_2, \dots, \mathbf{x}_N)}_{\mathbf{X}} \underbrace{\begin{pmatrix} \rho_{11} & \rho_{12} & \cdots & \rho_{1N} \\ 0 & \rho_{22} & \cdots & \rho_{2N} \\ \vdots & & \ddots & \vdots \\ 0 & 0 & \cdots & \rho_{NN} \end{pmatrix}}_{\mathbf{R}_1^{-1}}, \qquad (7.108)
$$

mit den ρ_{ij} als Gewichtungsfaktoren. Aufgrund der Gram-Schmidt-Orthogonalisierung ist $\mathbf{R}_1^{-1}$ eine obere Dreiecksmatrix. Man kann zeigen, dass deshalb auch $\mathbf{R}_1$ die Struktur einer oberen Dreiecksmatrix besitzen muss. Daraus folgt

$$
\mathbf{X} = \mathbf{Q}_1 \mathbf{R}_1 = (\mathbf{q}_1, \mathbf{q}_2, \dots, \mathbf{q}_N) \begin{pmatrix} r_{11} & r_{12} & \cdots & r_{1N} \\ 0 & r_{22} & \cdots & r_{2N} \\ \vdots & & \ddots & \vdots \\ 0 & 0 & \cdots & r_{NN} \end{pmatrix}. \qquad (7.109)
$$

Die Zerlegung der Matrix $\mathbf{X}$ in eine Orthogonalmatrix $\mathbf{Q}_1$ und eine obere Dreiecksmatrix $\mathbf{R}_1$ ist unter dem Begriff QR-Zerlegung bekannt. Sie kann für die trianguläre Zerlegung der Korrelationsmatrix genutzt werden, denn es gilt wegen der Orthogonalität von $\mathbf{Q}_1$

$$
\mathbf{X}^T \mathbf{X} = \mathbf{R}_1^T \mathbf{Q}_1^T \mathbf{Q}_1 \mathbf{R}_1 = \mathbf{R}_1^T \mathbf{R}_1. \qquad (7.110)
$$

$\mathbf{R}_1^T$ ist eine untere und $\mathbf{R}_1$ eine obere Dreiecksmatrix. Diese Zerlegung in eine untere Dreiecksmatrix und deren Transponierte[19] wird auch als Cholesky[20]-Zerlegung bezeichnet. Sie ist für positiv definite Matrizen eindeutig [14].

7.5.3 Quadratwurzel-Kalman-Filterung

Problembehaftet ist beim Kalman-Algorithmus vor allem die Schätzung der Kovarianzmatrizen. Aufgrund begrenzter Wortlängen kann es zu negativ definiten Schätzungen der Kovarianzmatrix kommen, die zu einer Divergenz des Verfahrens führen.

Die Quadratwurzel-Filter-Verfahren bieten eine nummerisch verbesserte Methode zur Schätzung der Kovarianzmatrizen. Anstelle der Kovarianzmatrix $\mathbf{R} = \mathbf{R}_1^T \mathbf{R}_1$ wird gemäß der Cholesky-Zerlegung die Matrixwurzel $\mathbf{R}_1$ geschätzt. Das Produkt $\mathbf{R}_1^T \mathbf{R}_1$ und damit auch die zu schätzende Kovarianzmatrix $\mathbf{R}$ sind notwendigerweise positiv semidefinit.

Die Adaptionsgleichungen für die *A-priori-* und *A-posteriori*-Schätzfehler-Kovarianzmatrizen 7.62 und 7.65 können zunächst so vereinigt werden, dass

---

[19] im komplexen Fall hermitesch transponiert

[20] Andre-Louis Cholesky: französischer Geodäist, geboren 1875, gefallen 1918. Die von ihm entwickelte Methode wurde erst nach seinem Tod 1924 von Benoit veröffentlicht.[86]

lediglich die Schätzung der *A-priori*-Schätzfehler-Kovarianzmatrix verbleibt (Riccati-Gleichung)

$$\mathbf{R}_e^-(n) = \mathbf{A}[\mathbf{I} - \mathbf{K}(n-1)\mathbf{C}]\mathbf{R}_e^-(n-1)\mathbf{A}^T + \mathbf{R}_w. \tag{7.111}$$

Das Quadratwurzel-Kalman-Filter soll nun für den folgenden Spezialfall betrachtet werden, bei dem die Systemgleichungen gegeben sind durch (vgl. [48, 77])

$$\mathbf{x}(n) = \lambda^{-1/2}\mathbf{x}(n-1), \quad 0 \ll \lambda \leq 1 \tag{7.112}$$
$$y(n) = \mathbf{c}^T\mathbf{x}(n) + v(n) \tag{7.113}$$

und

$$\mathbf{R}_v = 1. \tag{7.114}$$

Die Schätzgleichung für den Kalman-Faktor und Gleichung 7.111 vereinfachen sich dann zu[21]

$$\tilde{\mathbf{k}}(n-1) = \frac{\lambda^{-1/2}\mathbf{R}_e^-(n-1)\mathbf{c}}{\mathbf{c}^T\mathbf{R}_e^-(n-1)\mathbf{c}+1} \quad \text{und} \tag{7.115}$$

$$\mathbf{R}_e^-(n) = \lambda^{-1}\mathbf{R}_e^-(n-1) - \lambda^{-1/2}\tilde{\mathbf{k}}(n-1)\mathbf{c}^T\mathbf{R}_e^-(n-1). \tag{7.116}$$

Die verschiedenen Terme dieser beiden Gleichungen können in einer (2×2)-Blockmatrix angeordnet werden

$$\mathbf{M}(n) = \begin{pmatrix} \mathbf{c}^T\mathbf{R}_e^-(n-1)\mathbf{c}+1 & \lambda^{-1/2}\mathbf{c}^T\mathbf{R}_e^-(n-1) \\ \lambda^{-1/2}\mathbf{R}_e^-(n-1)\mathbf{c} & \lambda^{-1}\mathbf{R}_e^-(n-1) \end{pmatrix}. \tag{7.117}$$

Die Matrix $\mathbf{M}(n)$ wird per Cholesky-Zerlegung aufgegliedert in

$$\begin{aligned}
\mathbf{M}(n) &= \mathbf{M}^{1/2}(n)\mathbf{M}^{1/2,T}(n) \\
&= \begin{pmatrix} 1 & \mathbf{c}^T(\mathbf{R}_e^-)^{1/2}(n-1) \\ \mathbf{0} & \lambda^{-1/2}(\mathbf{R}_e^-)^{1/2}(n-1) \end{pmatrix} \\
&\quad \times \begin{pmatrix} 1 & \mathbf{0}^T \\ (\mathbf{R}_e^-)^{1/2,T}(n-1)\mathbf{c} & \lambda^{-1/2}(\mathbf{R}_e^-)^{1/2,T}(n-1) \end{pmatrix}.
\end{aligned} \tag{7.118}$$

Mit einer orthogonalen Rotationsmatrix $\boldsymbol{\Theta}$ kann die Matrix $\mathbf{M}^{1/2}(n)$ so gedreht werden, dass die Matrix $\mathbf{B}$ entsteht, d.h.

$$\begin{pmatrix} 1 & \mathbf{c}^T(\mathbf{R}_e^-)^{1/2}(n-1) \\ \mathbf{0} & \lambda^{-1/2}(\mathbf{R}_e^-)^{1/2}(n-1) \end{pmatrix} \boldsymbol{\Theta} = \begin{pmatrix} b_{11}(n) & \mathbf{0}^T \\ \mathbf{b}_{21}(n) & \mathbf{B}_{22}(n) \end{pmatrix} = \mathbf{B}. \tag{7.119}$$

---

[21] Der Vorfaktor $\lambda^{-1/2}$ beim Kalmanfaktor ermöglicht im Folgenden eine bessere Symmetrierung.

Da $\mathbf{M}(n) = \mathbf{M}^{1/2}(n)\mathbf{M}^{1/2,T}(n) = \mathbf{B}(n)\mathbf{B}^T(n)$ gilt[22], können die Elemente der Matrix $\mathbf{B}$ über einen Koeffizientenvergleich ermittelt werden[23]

$$b_{11}(n) = \sqrt{\mathbf{c}^T \mathbf{R}_e^-(n-1)\mathbf{c} + 1} \tag{7.120}$$

$$\mathbf{b}_{21}(n) = \frac{\lambda^{-1/2}\mathbf{R}_e^-(n-1)\mathbf{c}}{\sqrt{\mathbf{c}^T\mathbf{R}_e^-(n-1)\mathbf{c}+1}} = \tilde{\mathbf{k}}(n-1)\sqrt{\mathbf{c}^T\mathbf{R}_e^-(n-1)\mathbf{c}+1} \tag{7.121}$$

$$\mathbf{B}_{22}(n) = (\mathbf{R}_e^-)^{1/2}(n). \tag{7.122}$$

Mit der orthogonalen Drehung $\boldsymbol{\Theta}$ können daher die Matrixwurzel der Kovarianzmatrix des Zustandsprädiktionsfehlers sowie der Kalman-Faktor aus den jeweils vorangegangenen Werten berechnet werden. Geeignete Matrizen $\boldsymbol{\Theta}$ gewinnt man unter anderem mit der Householder-Transformation oder mit Givens-Rotationen (siehe Abschnitt 7.5.4).

7.5.4 Householder-Reflexionen und Givens-Rotationen

Rotationen und Reflexionen

Die Berechnung der Orthogonalmatrix $\boldsymbol{\Theta}$ in Gleichung 7.119 kann auf verschiedenen Wegen erfolgen, unter anderem mit Givens-Rotationen oder Householder-Reflexionen.[24]

Zur Verdeutlichung werden zunächst die grundlegenden Prinzipien von Rotation und Reflexion im zweidimensionalen Fall erläutert. Die Rotationsmatrix

$$\mathbf{Q} = \begin{pmatrix} \cos(\theta) & \sin(\theta) \\ -\sin(\theta) & \cos(\theta) \end{pmatrix} \tag{7.123}$$

wird genutzt, um einen Vektor $\mathbf{x}$ in einen Vektor $\mathbf{y} = \mathbf{Q}^T\mathbf{x}$ zu transformieren, wobei $\mathbf{y}$ durch Rotation aus dem Vektor $\mathbf{x}$ entsteht. Mit der Matrix $\mathbf{Q}^T$ erfolgt die Drehung um den Winkel θ im entgegengesetzten Uhrzeigersinn.

Eine Reflexion entsteht durch die Multiplikation des Vektors $\mathbf{x}$ mit der Matrix

$$\mathbf{Q} = \begin{pmatrix} \cos(\theta) & \sin(\theta) \\ \sin(\theta) & -\cos(\theta) \end{pmatrix}. \tag{7.124}$$

Der transformierte Vektor $\mathbf{y} = \mathbf{Q}^T\mathbf{x} = \mathbf{Q}\mathbf{x}$ entsteht mit dieser Vorschrift aus der Reflexion des Vektors $\mathbf{x}$ an der durch den Vektor $[\cos(\theta/2), \sin(\theta/2)]$

---

[22] Diese Beziehung gilt aufgrund der Orthogonalität von $\boldsymbol{\Theta}$.

[23] Für die Berechnung von Gleichung 7.122 wird Gleichung 7.116 genutzt.

[24] Darüber hinaus ist z.B. auch die Anwendung eines modifizierten Gram-Schmidt-Verfahrens möglich [44].

vorgegebenen Linie. Sowohl Rotationen als auch Reflexionen sind aufgrund ihrer einfachen Berechnungsweise gut geeignet, um an bestimmten Stellen eines Vektors oder einer Matrix Nulleinträge zu erzeugen.

Householder-Reflexionen

Eine Householder-Reflexion[25] $\mathbf{P}$ wird zur Drehung eines Vektors genutzt, so dass dieser nach der Transformation in Richtung einer Koordinatenachse zeigt. Die Householder-Reflexion wird definiert über [78]

$$\mathbf{P} = \mathbf{I} - \frac{2}{\mathbf{v}^T\mathbf{v}}\mathbf{v}\mathbf{v}^T \tag{7.125}$$

mit $\mathbf{v} \in \mathfrak{R}^N\backslash\{\mathbf{0}\}$ und $\mathbf{I} \in \mathfrak{R}^{N \times N}$ als Einheitsmatrix. Die Multiplikation $\mathbf{y} = \mathbf{P}\mathbf{x}$ erzeugt eine Reflexion des Vektors $\mathbf{x}$ an der Hyperebene span $\mathbf{v}^\perp$, wobei $\mathbf{v}^\perp$ orthogonal auf $\mathbf{v}$ steht. Die Wahl dieser Matrix wird aus Abbildung 7.6 deutlich. Der Vektor $\mathbf{x}$ soll in den Vektor $\mathbf{y} = ||\mathbf{x}||\mathbf{e}_1$ gedreht werden. Der Vektor $\mathbf{v}$ ist gegeben mit $\mathbf{v} = \mathbf{x} - ||\mathbf{x}||\mathbf{e}_1$. Orthogonal dazu steht $\mathbf{v}^\perp = \mathbf{x} + ||\mathbf{x}||\mathbf{e}_1$. Die Projektion von $\mathbf{x}$ auf $\mathbf{v}$ ergibt sich aus $\mathbf{v}^T\mathbf{x}\mathbf{v}/(\mathbf{v}^T\mathbf{v})$. Das Doppelte der Differenz zwischen $\mathbf{x}$ und dieser Projektion ergibt den Differenzvektor zwischen $\mathbf{x}$ und $-||\mathbf{x}||\mathbf{e}_1$, d.h.

$$-||\mathbf{x}||\mathbf{e}_1 = \mathbf{x} + 2\left(\frac{\mathbf{v}\mathbf{v}^T\mathbf{x}}{\mathbf{v}^T\mathbf{v}} - \mathbf{x}\right) \tag{7.126}$$

$$= -\mathbf{x} + 2\frac{\mathbf{v}\mathbf{v}^T\mathbf{x}}{\mathbf{v}^T\mathbf{v}} \tag{7.127}$$

$$= -\left(\mathbf{I} - 2\frac{\mathbf{v}\mathbf{v}^T}{\mathbf{v}^T\mathbf{v}}\right)\mathbf{x}. \tag{7.128}$$

Daraus resultiert unmittelbar die Householder-Reflexion.

Die Matrix $\mathbf{P}$ ist orthogonal, denn es gilt

$$\mathbf{P}\mathbf{P}^T = \mathbf{P}^T\mathbf{P} \tag{7.129}$$

$$= \left(\mathbf{I} - \frac{2\mathbf{v}\mathbf{v}^T}{\mathbf{v}^T\mathbf{v}}\right) \cdot \left(\mathbf{I} - \frac{2\mathbf{v}\mathbf{v}^T}{\mathbf{v}^T\mathbf{v}}\right)^T \tag{7.130}$$

$$= \mathbf{I} - 4\frac{\mathbf{v}\mathbf{v}^T}{\mathbf{v}^T\mathbf{v}} + 4\frac{\mathbf{v}\mathbf{v}^T\mathbf{v}\mathbf{v}^T}{\mathbf{v}^T\mathbf{v}\mathbf{v}^T\mathbf{v}} \tag{7.131}$$

$$= \mathbf{I} - 4\frac{\mathbf{v}\mathbf{v}^T}{\mathbf{v}^T\mathbf{v}} + 4\frac{\mathbf{v}\mathbf{v}^T}{\mathbf{v}^T\mathbf{v}} = \mathbf{I}. \tag{7.132}$$

---

[25] Die Householder-Reflexion wird oft auch als Householder-Transformation bezeichnet.

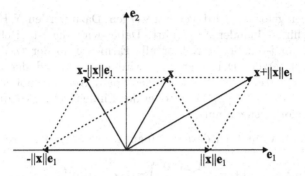

Abb. 7.6. Householder-Reflexion (nach [78])

Der Vektor **v** wird so gewählt, dass nur das erste Element des transformierten Vektors ungleich Null ist, d.h. $\mathbf{y} = [y_1, 0, \ldots, 0]^T$ in die Richtung des ersten Einheitsvektors zeigt. Dazu wird **v** mit

$$\mathbf{v} = \mathbf{x} + \alpha\mathbf{e}_1 \tag{7.133}$$

parametrisiert, wobei $\mathbf{e}_1$ den Einheitsvektor der ersten Komponente von **x** bezeichnet. Darauf aufbauend ergibt sich

$$\mathbf{v}^T\mathbf{x} = \mathbf{x}^T\mathbf{x} + \alpha x_1 \tag{7.134}$$

bzw.

$$\mathbf{v}^T\mathbf{v} = \mathbf{x}^T\mathbf{x} + 2\alpha x_1 + \alpha^2 \tag{7.135}$$

und damit [44]

$$\mathbf{Px} = \left(\mathbf{I} - \frac{2\mathbf{v}\mathbf{v}^T}{\mathbf{v}^T\mathbf{v}}\right)\mathbf{x} = \mathbf{x} - \frac{2\mathbf{v}^T\mathbf{x}}{\mathbf{v}^T\mathbf{v}}\mathbf{v} \tag{7.136}$$

$$= \left(1 - 2\frac{\mathbf{x}^T\mathbf{x} + \alpha x_1}{\mathbf{x}^T\mathbf{x} + 2\alpha x_1 + \alpha^2}\right)\mathbf{x} - 2\alpha\frac{\mathbf{v}^T\mathbf{x}}{\mathbf{v}^T\mathbf{v}}\mathbf{e}_1. \tag{7.137}$$

Um den Vektor **x** in die Richtung von $\mathbf{e}_1$ zu drehen, muss der erste Term der letzten Gleichung verschwinden, d.h.

$$\mathbf{x}^T\mathbf{x} + 2\alpha x_1 + \alpha^2 - 2\mathbf{x}^T\mathbf{x} - 2\alpha x_1 \overset{!}{=} 0. \tag{7.138}$$

Daraus folgt

$$\alpha = \pm\sqrt{\mathbf{x}^T\mathbf{x}}. \tag{7.139}$$

Oftmals wird der Vektor **v** so normiert, dass $v_1 = 1$ gilt [44].

Die Anwendung der Householder-Reflexion auf eine Matrix $\mathbf{A} \in \mathfrak{R}^{M \times N}$, $M > N$, kann zu einer Triangularisierung[26], wie sie im Quadratwurzel-

---

[26] Unter Triangularisierung einer Matrix **A** wird die Erzeugung einer oberen oder einer unteren Dreiecksmatrix durch Multiplikation mit einer orthogonalen Matrix verstanden.

Filterverfahren gefordert wird, genutzt werden. Dazu werden N Householder-Reflexionen hintereinander ausgeführt. Dabei wird die i-te Reflexion dazu genutzt, um im i-ten Spaltenvektor alle Elemente ab der $(i+1)$-ten Zeile zu Null zu setzen. Der Vektor $\mathbf{v}_i$ wird entsprechend der obigen Vorschrift aus einem Teilvektor des jeweiligen Spaltenvektors gebildet, d.h. $\mathbf{v}_i = [a_{i,i}, a_{i+1,i}, \ldots, a_{M,i}]^T + \|a_{i,i}\|\mathbf{e}_1$, wobei der Einheitsvektor $\mathbf{e}_1$ die dazu passende Dimension besitzen muss.

Aus dem Vektor $\mathbf{v}_i$ und der darauf aufbauenden Matrix $\mathbf{P}_i$ wird die Matrix

$$\mathbf{Q}_i = \begin{pmatrix} \mathbf{I}_{i-1} & \mathbf{0} \\ \mathbf{0} & \mathbf{P}_i \end{pmatrix} = \mathbf{I_M} - \beta \tilde{\mathbf{v}}_i \tilde{\mathbf{v}}_i^T \tag{7.140}$$

konstruiert, mit $\beta = 2/(\mathbf{v}_i^T \mathbf{v}_i)$ und $\tilde{\mathbf{v}}_i = [0, \mathbf{v}_i^T]^T$. Um die gesamte Matrix $\mathbf{A}$ zu triangularisieren, sind N Multiplikationen mit den entsprechenden Matrizen $\mathbf{Q}_1, \ldots, \mathbf{Q}_N$ notwendig.

Beispiel 7.3. Zu triangularisieren ist die Matrix

$$\mathbf{A} = \begin{pmatrix} 1\,2\,3\,4 \\ 5\,4\,3\,6 \\ 7\,1\,4\,2 \\ 4\,2\,5\,1 \end{pmatrix}. \tag{7.141}$$

Zunächst soll der erste Spaltenvektor ab Zeile zwei zu Null werden. Der Vektor $\mathbf{v}$ ist dementsprechend gegeben mit

$$\mathbf{v}_1 = \mathbf{a}_1 + \|\mathbf{a}_1\|\mathbf{e}_1 = \begin{pmatrix} 1 \\ 5 \\ 7 \\ 4 \end{pmatrix} + 9.5394 \cdot \begin{pmatrix} 1 \\ 0 \\ 0 \\ 0 \end{pmatrix} = \begin{pmatrix} 10.5394 \\ 5 \\ 7 \\ 4 \end{pmatrix}. \tag{7.142}$$

Die Matrix $\mathbf{P}_1$ ergibt sich folglich mit

$$\mathbf{P}_1 = \begin{pmatrix} -0.1048 & -0.5241 & -0.7338 & -0.4193 \\ -0.5241 & 0.7513 & -0.3481 & -0.1989 \\ -0.7338 & -0.3481 & 0.5126 & -0.2785 \\ -0.4193 & -0.1989 & -0.2785 & 0.8409 \end{pmatrix}. \tag{7.143}$$

Mit Gleichung 7.140 und $\mathbf{A}' = \mathbf{Q}_1 \cdot \mathbf{A}$ erhält man

$$\mathbf{A}' = \begin{pmatrix} -9.5394 & -3.8787 & -6.9187 & -5.4511 \\ 0.0000 & 1.2111 & -1.7055 & 1.5163 \\ 0.0000 & -2.9045 & -2.5877 & -4.2772 \\ 0.0000 & -0.2311 & 1.2356 & -2.5870 \end{pmatrix}. \tag{7.144}$$

In der zweiten Iteration ergibt sich mit

$$\mathbf{v}_1 = \begin{pmatrix} 4.3664 \\ -2.9045 \\ -0.2311 \end{pmatrix} \quad \text{bzw. } \mathbf{P}_2 = \begin{pmatrix} -0.3838 & 0.9205 & 0.0732 \\ 0.9205 & 0.3877 & -0.0487 \\ 0.0732 & -0.0487 & 0.9961 \end{pmatrix} \quad (7.145)$$

sowie mit Gleichung 7.140

$$\mathbf{A}'' = \begin{pmatrix} -9.5394 & -3.8787 & -6.9187 & -5.4511 \\ 0.0000 & -3.1553 & -1.6369 & -4.7086 \\ 0.0000 & 0.0000 & -2.6334 & -0.1365 \\ 0.0000 & 0.0000 & 1.2319 & -2.2575 \end{pmatrix}. \quad (7.146)$$

Die letzte Reflexion führt gemäß Gleichung 7.140 sowie mit

$$\mathbf{v}_3 = \begin{pmatrix} 0.2739 \\ 1.2319 \end{pmatrix} \quad \text{bzw. } \mathbf{P}_3 = \begin{pmatrix} 0.9058 & -0.4237 \\ -0.4237 & -0.9058 \end{pmatrix} \quad (7.147)$$

auf

$$\mathbf{A}''' = \begin{pmatrix} -9.5394 & -3.8787 & -6.9187 & -5.4511 \\ 0.0000 & -3.1553 & -1.6369 & -4.7086 \\ 0.0000 & 0.0000 & -2.9073 & 0.8329 \\ 0.0000 & 0.0000 & 0.0000 & 2.1026 \end{pmatrix}. \quad (7.148)$$

$\square$

Givens-Rotationen

Givens-Rotationen stellen eine andere Möglichkeit dar, durch Orthogonaltransformationen Nullen in einzelnen Vektor-Positionen zu erhalten.

Die Rotationsmatrix $\mathbf{Q}_{ij}$ entsteht aus einer Einheitsmatrix durch Modifikation der Matrixelemente q_{ii}, q_{jj}, q_{ij} und q_{ji}, d.h. [44]

$$\mathbf{Q}_{ij} = \begin{pmatrix} 1 & \cdots & 0 & \cdots & 0 & \cdots & 0 \\ \vdots & \ddots & \vdots & & \vdots & & \vdots \\ 0 & \cdots & c & \cdots & -s & \cdots & 0 \\ \vdots & & \vdots & \ddots & \vdots & & \vdots \\ 0 & \cdots & s & \cdots & c & \cdots & 0 \\ \vdots & & \vdots & & \vdots & \ddots & \vdots \\ 0 & \cdots & 0 & \cdots & 0 & \cdots & 1 \end{pmatrix} \quad (7.149)$$

mit $c = \cos(\theta)$ und $s = \sin(\theta)$. Damit sind Givens-Rotationen in jedem Falle orthogonal. Die Elemente des Ergebnisvektors $\mathbf{y} = \mathbf{Q}_{ij}\mathbf{x}$ sind dann

$$y_k = \begin{cases} cx_i - sx_j & k = i \\ sx_i + cx_j & k = j \\ x_k & k \neq i, j. \end{cases} \quad (7.150)$$

Soll das j-te Element des Ergebnisvektors Null werden, dann gilt unter Berücksichtigung der Nebenbedingung $c^2 + s^2 = 1$

$$c = \frac{x_i}{\sqrt{x_i^2 + x_j^2}} \qquad s = \frac{-x_j}{\sqrt{x_i^2 + x_j^2}}. \qquad (7.151)$$

Die Anwendung der Givens-Rotationen auf Matrizen erfolgt ein gleicher Weise wie die Householder-Transformation, d.h. anstelle der Matrix $\mathbf{P}$ wird die Matrix $\mathbf{Q}_{ij}$ genutzt. Im Gegensatz zur Householder-Transformation sind Givens-Rotationen jedoch selektiver.

8

Adaptive Filter

8.1 Überblick

Die Anwendung fest konfigurierter Filter ist möglich und sinnvoll, wenn keine Anpassung an sich ändernde Umgebungsbedingungen während des Einsatzes notwendig ist und das Filter bereits im Vorfeld spezifiziert werden kann. In vielen praktisch relevanten Fällen sind jedoch die Umgebung und die zu verarbeitenden Signale instationär, so dass die vor dem Einsatz des Filters vorhandenen Informationen keinen optimalen Filterentwurf zulassen. Vielmehr sind adaptive Filter notwendig, die sich selbständig an veränderte Bedingungen anpassen.

Die Adaption kann segmentweise oder mit jedem neu eintreffenden Datum erfolgen. Im ersten Fall werden zunächst ganze Datensegmente aufgenommen, für die dann jeweils ein optimales Filter entworfen wird. Im zweiten Fall werden die Filterparameter mit jedem neu eintreffenden Datum durch einen rekursiven Algorithmus nachgeregelt.

In diesem Abschnitt stehen vor allem rekursive Verfahren im Vordergrund. Darüber hinaus erfolgt eine Beschränkung auf lineare adaptive Filter[1].

Aufgrund ihrer Einfachheit und im Gegensatz zu IIR[2]-Filtern gesicherten Stabilität werden FIR[3]-Filter bei der praktischen Realisierung eines adaptiven

---

[1] Aufgrund der Zeitvarianz der Filterkoeffizienten sind die betrachteten adaptiven Filter nicht linear im mathematischen Sinne. Linearität bezieht sich hier auf die Berechnung des aktuellen Ausgangssignals aus den Eingangssignalwerten, die bei *linearen* adaptiven Filtern über eine gewichtete Linearkombination erfolgt. Nichtlineare adaptive Filter können zum Beispiel mit künstlichen neuronalen Netzen realisiert werden.

[2] IIR: infinite impulse response

[3] FIR: finite impulse response

Filters bevorzugt[4]. Häufig eingesetzte Filterstrukturen sind die Direktformen und Lattice-Filter. Sie lassen sich in den in Abbildung 8.1 dargestellten Line-

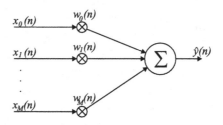

Abb. 8.1. Linearkombinierer

arkombinierer überführen, aus dem die Berechnungsvorschrift für das Filter-Ausgangssignal schnell deutlich wird: Das Ausgangssignal des adaptiven Filters ist das Skalarprodukt zwischen dem Filterkoeffizienten- und dem Eingangssignalvektor

$$\hat{y}(n) = \sum_{k=0}^{M} w_k(n) x_k(n) = \mathbf{w}^T \mathbf{x}(n), \tag{8.1}$$

mit $\mathbf{w}(n) = [w_0(n), w_1(n), \ldots, w_M(n)]$ und $\mathbf{x}(n) = [x_0(n), x_1(n), \ldots, x_M(n)]$. Für vektorielle Ausgangssignale wird der Koeffizientenvektor $\mathbf{w}(n)$ zu einer Koeffizientenmatrix $\mathbf{W}(n)$ erweitert.

Die Bewertung adaptiver Filter und der zugehörigen Adaptions- und Filteralgorithmen kann nach verschiedenen, zum Teil miteinander verknüpften Kriterien vorgenommen werden [48, 41]:

- Genauigkeit der Ergebnisse:
  Wie stark weichen die Koeffizienten des adaptiven Filters nach einer ausreichenden Anzahl von Adaptionsschritten und in einer stationären Umgebung von der Wiener-Lösung[5] ab?

- Konvergenzgeschwindigkeit:
  Wie viele Adaptionsschritte sind zum Erreichen der Wiener-Lösung in einer stationären Umgebung notwendig?

- Folgefähigkeit:
  Wie schnell kann der Algorithmus Veränderungen in der Umgebung folgen?

---

[4] Der Einsatz stabiler FIR-Filter bedeutet nicht, dass auch der Algorithmus zur Berechnung der Filterkoeffizienten stabil ist, d.h. zu endlichen Filterkoeffizienten konvergiert.

[5] Das Wiener-Filter wird im Kontext der Bewertung adaptiver Filter häufig als Referenz genutzt.

- Rechentechnische Komplexität:
  Wie viele Rechenoperationen pro Adaptionsschritt sind erforderlich? Wie groß ist der Speicherbedarf? Wie groß ist der Programmier- und Implementierungsaufwand?

- Robustheit gegen Störungen und Wortlängenbegrenzung:
  Wie groß ist der Einfluss von Störungen (extern oder intern) auf die Leistungsfähigkeit des Algorithmus? Welche Wortbreiten sind notwendig, um eine gute Leistungsfähigkeit und eine nummerische Stabilität zu erreichen?

- Struktur:
  Wie ist der Signalfluss des Algorithmus? Ist eine Hardware-Implementierung parallel bzw. modular möglich?

Beispiele für Einsatzgebiete adaptiver Filter sind unter anderem Echokompensation, Beamforming, prädiktive Kodierung, Signalerkennung, Equalisierung, Systemidentifikation, seismologische Modellierung sowie Radar und Zielverfolgung [48]. Beispiele zu typischen Anwendungskonfigurationen zeigen die Abbildungen 8.2 und 8.3.

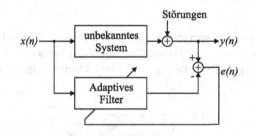

(Konfiguration a)

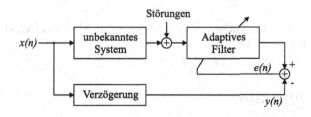

(Konfiguration b)

Abb. 8.2. Grundkonfigurationen zur Anwendung adaptiver Filter (nach [48]): a) Systemidentifikation, b) inverse Modellierung.

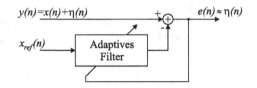

(Konfiguration c)

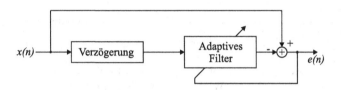

(Konfiguration d)

Abb. 8.3. Weitere Grundkonfigurationen zur Anwendung adaptiver Filter (nach [48]): c) Signalentstörung, d) Prädiktion.

Die Konfigurationen entsprechend den Abbildungen 8.2 und 8.3 können zur in Abbildung 8.4 gezeigten Struktur verallgemeinert werden, die die Grundlage für die weiteren Berechnungen bildet. Darüber hinaus soll im weite-

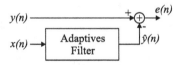

Abb. 8.4. Allgemeine Konfiguration zur adaptiven Filterung

ren ausschließlich der häufig relevante Spezialfall $\mathbf{x}(n) = [x(n), x(n-1), \ldots, x(n-M)]^T$ betrachtet werden.

8.2 Kostenfunktion

Die Koeffizienten des adaptiven Filters werden zeitabhängig so nachgeführt, dass der Wert einer von den Filterkoeffizienten abhängigen Kostenfunktion $J(\mathbf{w})$ kleiner oder, bestenfalls, minimal wird. Im Allgemeinen ist die Kostenfunktion der Erwartungswert einer Funktion $Q(\mathbf{w}, \eta)$, d.h. [41]

$$J(\mathbf{w}) = E[Q(\mathbf{w}, \eta)] \longrightarrow \min., \tag{8.2}$$

wobei η additive Rauschstörungen symbolisiert. Bei den in diesem Abschnitt besprochenen Verfahren werden adaptive Filter behandelt, die den mittleren quadratischen Fehler minimieren. Mit den Bezeichnungen aus Abbildung 8.4 gilt dann

$$Q(\mathbf{w}, \eta) = e^2(n), \tag{8.3}$$

wobei $e(n) = y(n) - \hat{y}(n)$ den Fehler zwischen einer Zielfunktion $y(n)$ und der durch das adaptive Filter gebildeten Approximation $\hat{y}(n)$ bezeichnet. Andere Kostenfunktionen werden im Abschnitt zur blinden Entfaltung behandelt.

Die Adaption der Filterkoeffizienten kann prinzipiell nichtrekursiv oder rekursiv vorgenommen werden. Im nichtrekursiven Fall wird das stochastische Approximationsproblem auf ein deterministisches (Least-Squares-)Problem zurückgeführt, d.h. das Signal wird in Segmente der Länge N unterteilt, für die jeweils die optimalen Filterkoeffizienten berechnet werden [41]

$$J_N(\mathbf{w}) = \frac{1}{N} \sum_{n=0}^{N-1} Q(\mathbf{w}, \eta(n)) \longrightarrow \min. \tag{8.4}$$

Diese segmentweise Verarbeitung besitzt den Nachteil einer Verarbeitungsverzögerung und erfordert im Allgemeinen einen erhöhten Speicheraufwand.

Im Falle einer rekursiven Approximation wird analog zu den iterativen Suchrichtungs-Optimierungsverfahren die Kostenfunktion schrittweise mit jedem neu eintreffenden Datum weiter optimiert. Dazu werden je nach Verfahren die Werte der Kostenfunktion $J(n)$, des Gradienten $J_\mathbf{w}(n)$ und der Hesse-Matrix $J_\mathbf{ww}(n)$ bzw. deren Schätzwerte $\hat{J}(n)$, $\hat{J}_\mathbf{w}(n)$ und $\hat{J}_\mathbf{ww}(n)$ verwendet. Die Adaptierung der Koeffizienten erfolgt mit

$$\mathbf{w}(n + 1) = \mathbf{w}(n) + \alpha(n)\mathbf{s}(n). \tag{8.5}$$

Die vielen existierenden Verfahren unterscheiden sich im wesentlichen in der Bestimmung der Suchrichtung $\mathbf{s}(n)$ sowie der Schrittweite $\alpha(n)$. Verwendung finden vor allem Gradientenabstiegs- und Newtonverfahren.

Für die Gradientenabstiegsverfahren gilt

$$\mathbf{s}(n) = -\frac{1}{2}J_\mathbf{w}(n) \qquad \text{bzw.} \quad \mathbf{s}(n) = -\frac{1}{2}\hat{J}_\mathbf{w}(n). \tag{8.6}$$

Bei Newton-Verfahren wird die Suchrichtung um eine Gewichtungsmatrix $\mathbf{K}(n)$ ergänzt

$$\mathbf{s}(n) = -\frac{1}{2}\mathbf{K}(n)J_\mathbf{w}(n) \qquad \text{bzw.} \quad \mathbf{s}(n) = -\frac{1}{2}\mathbf{K}(n)\hat{J}_\mathbf{w}(n) \tag{8.7}$$

mit

$$\mathbf{K}(n) = J_\mathbf{ww}^{-1}(n \qquad \text{bzw.} \quad \mathbf{K}(n) = \hat{J}_\mathbf{ww}^{-1}(n). \tag{8.8}$$

Die Gewichtungsmatrix $\mathbf{K}(n)$ muss positiv definit sein, um die Abstiegsbedingung (vgl. Kapitel 3) zu erfüllen. Gegebenenfalls kann diese Eigenschaft erzwungen werden durch

$$\mathbf{K}(n) = (J_{\mathbf{ww}}(n) + \delta\mathbf{I})^{-1} \qquad \text{bzw.} \quad \mathbf{K}(n) = (\hat{J}_{\mathbf{ww}}(n) + \delta\mathbf{I})^{-1}, \qquad (8.9)$$

wobei δ eine Konstante repräsentiert. Der Faktor $1/2$ in den Gleichungen 8.6 und 8.7 hat keine Auswirkung auf die Lage des Optimums der Kostenfunktion. Er wird jedoch in der Literatur häufig verwendet, da bei der Berechnung des Gradienten aufgrund der quadratischen Kostenfunktion der Faktor 2 entsteht, der somit in der weiteren Rechnung gekürzt werden kann.

8.3 Algorithmen mit adaptivem Gradienten

Da der exakte Gradient im Allgemeinen nicht verfügbar ist, existiert eine Vielzahl von Algorithmen, die auf jeweils unterschiedliche Weise den Gradienten approximieren. Einer der ersten und bekanntesten ist der LMS-Algorithmus von Widrow und Hoff [93]. Die Kostenfunktion $J(\mathbf{w})$ wird hier durch den Momentanwert des Fehlers approximiert, d.h.

$$\hat{J}(\mathbf{w}, n) = e^2(n) = \left[y(n) - \mathbf{w}^T(n)\mathbf{x}(n)\right]^2. \qquad (8.10)$$

Damit ergibt sich als Schätzwert für den Gradienten

$$\hat{J}_{\mathbf{w}}(n) = -2\left[y(n) - \mathbf{w}^T(n)\mathbf{x}(n)\right]\mathbf{x}(n) = -2e(n)\mathbf{x}(n). \qquad (8.11)$$

Die Regel zur Adaption der Filterkoeffizienten ist somit (LMS-Algorithmus)

$$\mathbf{w}(n + 1) = \mathbf{w}(n) + \alpha(n)e(n)\mathbf{x}(n). \qquad (8.12)$$

Wird eine Linienoptimierung zur Bestimmung der optimalen Schrittweite $\alpha(n)$ durchgeführt, gelangt man zum normierten LMS-Algorithmus[6]. Das Optimierungsproblem bezüglich der Schrittweite lautet dann

$$\alpha_{opt.}(n) = \underset{\alpha}{\arg\min}\left[y(n) - \mathbf{x}^T(n)\mathbf{w}(n+1)\right]^2 \qquad (8.13)$$

$$= \underset{\alpha}{\arg\min}\left[y(n) - \mathbf{x}^T(n)\left(\mathbf{w}(n) + \alpha(n)\mathbf{x}(n)e(n)\right)\right]^2. \qquad (8.14)$$

Die Optimalitätsbedingung erster Ordnung ergibt

$$-2\left[y(n) - \mathbf{x}^T(n)\left(\mathbf{w}(n) + \alpha_{opt.}(n)\mathbf{x}(n)e(n)\right)\right]\mathbf{x}^T(n)\mathbf{x}(n)e(n) \overset{!}{=} 0 \qquad (8.15)$$

bzw.

---

[6] engl.: normalized LMS (NLMS)

$$[y(n) - \mathbf{x}^T(n) \left(\mathbf{w}(n) + \alpha_{opt.}(n)\mathbf{x}(n)e(n) \right)] = 0 \qquad (8.16)$$

und damit

$$y(n) = \mathbf{x}^T(n)\mathbf{w}(n) + \alpha_{opt.}(n)\mathbf{x}^T(n)\mathbf{x}(n)e(n). \qquad (8.17)$$

Nach Umstellen erhält man

$$\underbrace{y(n) - \mathbf{x}^T(n)\mathbf{w}(n)}_{e(n)} = \alpha_{opt.}(n)\mathbf{x}^T(n)\mathbf{x}(n)e(n). \qquad (8.18)$$

Mit $e(n) \neq 0$ gilt

$$1 = \alpha_{opt.}(n)\mathbf{x}^T(n)\mathbf{x}(n) \qquad (8.19)$$

$$\alpha_{opt.}(n) = \frac{1}{\mathbf{x}^T(n)\mathbf{x}(n)}. \qquad (8.20)$$

Damit erhält man die Adaptionsregel für den normierten LMS-Algorithmus

$$\mathbf{w}(n+1) = \mathbf{w}(n) + \frac{\mathbf{x}(n)e(n)}{\mathbf{x}^T(n)\mathbf{x}(n)}. \qquad (8.21)$$

Etwas robuster wird der NLMS-Algorithmus durch [41]

$$\alpha(n) = \frac{\kappa}{\beta + \mathbf{x}^T(n)\mathbf{x}(n)}, \qquad (8.22)$$

mit $\kappa \in (0; 2)$ und $\beta \geq 0$. Damit ist ein Nullwerden des Nenners von Gleichung 8.22 ausgeschlossen.

Eine Variante des normierten LMS-Algorithmus ist der leistungsnormierte LMS-Algorithmus[7]

$$\alpha(n) = \frac{\kappa}{\hat{\sigma}_x^2(n)}, \qquad (8.23)$$

mit $\hat{\sigma}_x^2(n)$ als Schätzwert für die Leistung von $x(n)$ und κ wie beim NLMS-Algorithmus.

Die Vorteile des LMS-Algorithmus und der besprochenen Modifikationen bestehen in der geringen rechentechnischen Komplexität, da weder eine fortlaufende Berechnung der Korrelationsfunktionen noch die Invertierung der Autokorrelationsmatrix erforderlich ist. Zu den entscheidenden Nachteilen des Algorithmus zählt die relativ langsame lineare Konvergenz.

Neben den in diesem Abschnitt beschriebenen Verfahren existiert eine Vielzahl weiterer auf dem LMS-Algorithmus aufbauender adaptiver Filtermethoden, so zum Beispiel Methoden,

- die weitere Vereinfachungen im Adaptionsalgorithmus vornehmen (quantized error LMS, sign LMS),

---

[7] engl.: power normalized LMS (PN-LMS)

- die Erwartungswerte der Gradienten nutzen (sliding window LMS),

- die in Zeit- oder Frequenzbereich (allgemein Transformationsbereich) eine Dekorrelation und Koeffizientenadaptierung vornehmen und damit eine bessere Konvergenz erreichen (Filtered-x LMS, FFT-LMS, DCT-LMS).

Einen breiten Überblick über diese und weitere Verfahren geben [41, 48].

8.4 Konvergenzverhalten des Gradientenverfahrens

Das Konvergenzverhalten gehört zu den wichtigsten Bewertungskriterien adaptiver Filteralgorithmen. Für das dem LMS-Algorithmus eng verwandte Gradientenverfahren ist eine einfache Konvergenzuntersuchung möglich. Sie soll deshalb im Folgenden durchgeführt werden (vgl. [48]). Die dabei gewonnenen Ergebnisse sind in den wesentlichen Punkten auf den LMS-Algorithmus übertragbar [48].

Mit der Kostenfunktion

$$J(\mathbf{w}) = E[e^2(n)] = E[y^2(n)] - 2\mathbf{w}^T(n)\mathbf{p} + \mathbf{w}^T(n)\mathbf{R}\mathbf{w}(n) \qquad (8.24)$$

und $\mathbf{p} = E[y(n)\mathbf{x}(n)]$ sowie $\mathbf{R} = E[\mathbf{x}\mathbf{x}^T]$ ist der Gradient gegeben mit

$$J_{\mathbf{w}} = -2\mathbf{p} + 2\mathbf{R}\mathbf{w}(n). \qquad (8.25)$$

Bei der Adaption der Koeffizienten mit dem negativen Gradienten erhält man

$$\mathbf{w}(n+1) = \mathbf{w}(n) - \frac{1}{2}\alpha J_{\mathbf{w}} \qquad (8.26)$$

$$= \mathbf{w}(n) + \alpha[\mathbf{p} - \mathbf{R}\mathbf{w}(n)]. \qquad (8.27)$$

Der Abstand zwischen dem Koeffizientenvektor des n-ten Adaptionsschrittes $\mathbf{w}(n)$ und dem optimalen Koeffizientenvektor $\mathbf{w}_{opt.}$ wird definiert mit [48]

$$\mathbf{c}(n) = \mathbf{w}(n) - \mathbf{w}_{opt.}. \qquad (8.28)$$

Für eine Konvergenz muss die Folge $|\mathbf{c}(n)|$ mit zunehmendem n kleiner werden. Die Konvergenzvoraussetzungen werden im Folgenden untersucht.

Die Adaptionsgleichung für $\mathbf{c}(n)$ ist zunächst

$$\mathbf{c}(n+1) = \mathbf{w}(n+1) - \mathbf{w}_{opt.} = \mathbf{w}(n) + \alpha[\mathbf{p} - \mathbf{R}\mathbf{w}(n)] - \mathbf{w}_{opt.} \quad (8.29)$$

$$= \mathbf{c}(n) + \alpha\mathbf{p} - \alpha\mathbf{R}\mathbf{w}(n). \qquad (8.30)$$

Mit dem Ergebnis der Wiener-Hopf-Gleichung $\mathbf{p} = \mathbf{R}\mathbf{w}_{opt.}$ gilt ferner

$$\mathbf{c}(n+1) = \mathbf{c}(n) + \alpha \mathbf{R} \mathbf{w}_{opt.} - \alpha \mathbf{R} \mathbf{w}(n) \tag{8.31}$$

$$= \mathbf{c}(n) - \alpha \mathbf{R} \underbrace{[\mathbf{w}(n) - \mathbf{w}_{opt.}]}_{\mathbf{c}(n)} \tag{8.32}$$

$$= [\mathbf{I} - \alpha \mathbf{R}] \mathbf{c}(n). \tag{8.33}$$

Über eine Eigenwertzerlegung kann nun die Autokorrelationsmatrix $\mathbf{R}$ als

$$\mathbf{R} = \mathbf{Q} \boldsymbol{\Lambda} \mathbf{Q}^T \tag{8.34}$$

dargestellt werden, wobei $\mathbf{Q}$ orthogonal ist und $\boldsymbol{\Lambda} = diag(\lambda_1, \lambda_2, \ldots, \lambda_{M+1})$ die Eigenwerte der Autokorrelationsmatrix $\mathbf{R}$ enthält. In Gleichung 8.33 ergibt sich dann [48, 92]

$$\mathbf{c}(n+1) = [\mathbf{I} - \alpha \mathbf{Q} \boldsymbol{\Lambda} \mathbf{Q}^T] \mathbf{c}(n) \tag{8.35}$$

bzw.

$$\mathbf{Q}^T \mathbf{c}(n+1) = [\mathbf{I} - \alpha \boldsymbol{\Lambda}] \mathbf{Q}^T \mathbf{c}(n). \tag{8.36}$$

Die letzte Gleichung kann mit der Substitution $\mathbf{v}(n) = \mathbf{Q}^T \mathbf{c}(n)$ vereinfacht werden

$$\mathbf{v}(n+1) = [\mathbf{I} - \alpha \boldsymbol{\Lambda}] \mathbf{v}(n). \tag{8.37}$$

Jede Gleichung dieses Gleichungssystems besitzt die Form

$$v_k(n+1) = [1 - \alpha \lambda_k] v_k(n). \tag{8.38}$$

Mit $v_k(0)$ als Anfangswert gilt

$$v_k(n+1) = \underbrace{[1 - \alpha \lambda_k]^n}_{geometrische\ Folge} v_k(0). \tag{8.39}$$

Die geometrische Folge ist nur für

$$-1 < 1 - \alpha \lambda_k < 1 \tag{8.40}$$

konvergent. Damit folgt als Bedingung für die Schrittweite α

$$0 < \alpha < \frac{2}{\lambda_{\max}}. \tag{8.41}$$

Mit der Anpassung einer Exponentialfunktion an die geometrische Folge in Gleichung 8.39 kann die Konvergenzgeschwindigkeit bzw. die damit verbundene Zeitkonstante τ berechnet werden[8]

$$1 - \alpha \lambda_k \overset{!}{=} \exp\left(-\frac{1}{\tau_k}\right) \tag{8.42}$$

---

[8] vorausgesetzt wird $1 - \alpha \lambda_k \geq 0$

bzw.

$$\tau_k = \frac{-1}{\ln(1 - \alpha\lambda_k)}. \tag{8.43}$$

Die Zeitkonstante τ_k gibt die Anzahl der notwendigen Adaptionsschritte an, die notwendig sind, um den *Betrag des Elementes* v_k *des Vektors* $\mathbf{v}$ um den Faktor e abzusenken. Für Werte $\alpha\lambda_k \ll 1$ kann τ_k mit dem ersten Glied einer Taylorreihenentwicklung approximiert werden

$$\tau_k \approx \frac{1}{\alpha\lambda_k}. \tag{8.44}$$

Mit $\mathbf{w}(n) - \mathbf{w}_{opt.} = \mathbf{Q}\mathbf{v}(n) = \mathbf{c}(n)$ gilt für den Koeffizientenvektor des adaptiven Filters [48]

$$\mathbf{w}(n) = \mathbf{w}_{opt.} + \mathbf{Q}\mathbf{v}(n) \tag{8.45}$$

$$= \mathbf{w}_{opt.} + \sum_{k=1}^{M+1} \mathbf{q}_k v_k(n). \tag{8.46}$$

Für jeden einzelnen Koeffizienten resultiert daraus

$$w_i(n) = w_{i,opt.} + \sum_{k=1}^{M+1} q_{ik} v_k(0)(1 - \alpha\lambda_k)^n, \tag{8.47}$$

mit q_{ik} als i-tes Element des k-ten Spaltenvektors der Matrix $\mathbf{Q}$. Die Konvergenz ist demnach abhängig von einer Summe geometrischer Folgen. Dementsprechend ist die Zeitkonstante τ_a für die *Konvergenz des Algorithmus* beschränkt durch den maximalen und den minimalen Eigenwert der Autokorrelationsmatrix gemäß

$$\frac{-1}{\ln(1 - \alpha\lambda_{max})} \leq \tau_a \leq \frac{-1}{\ln(1 - \alpha\lambda_{min})}. \tag{8.48}$$

Nimmt man beispielhaft $\alpha = 1/\lambda_{max}$ an, dann folgt aus der letzten Gleichung

$$0 \leq \tau_a \leq \frac{-1}{\ln(1 - \lambda_{min}/\lambda_{max})}. \tag{8.49}$$

Daraus wird deutlich, dass der Wert des Eigenwertverhältnisses[9] $\chi(\mathbf{R}) = \lambda_{\max}/\lambda_{\min}$ einen entscheidenden Einfluss auf die Konvergenzgeschwindigkeit des Gradientenverfahrens hat. Große Werte des Eigenwertverhältnisses führen zu langen Konvergenzzeiten.

---

[9] engl.: eigenvalue spread

8.5 Recursive-Least-Squares-Filter

Der RLS[10]-Algorithmus zur Adaptierung der Filterkoeffizienten zeichnet sich durch eine hohe Konvergenzgeschwindigkeit und dementsprechend auch durch eine hohe Folgefähigkeit aus. Er kann sowohl als Umsetzung des Newton-Verfahrens zur Optimierung als auch als Spezialfall des Kalman-Filters interpretiert werden. Im Vergleich zum LMS-Algorithmus ist die rechentechnische Komplexität jedoch um ein Vielfaches höher, so dass den Vorteilen des Algorithmus auch erhebliche Nachteile gegenüberstehen.

Die Kostenfunktion wird zeitvariant definiert mit [48]

$$J(n) = \sum_{i=1}^{n} \beta(n,i)e^2(i). \tag{8.50}$$

Der Fehler $e(i)$ wird mit den Filterkoeffizienten vom Zeitpunkt n, d.h. $\mathbf{w}(n)$ berechnet

$$e(i) = y(i) - \mathbf{w}^T(n)\mathbf{x}(i) \qquad i = 1,\ldots,n. \tag{8.51}$$

Mit jedem neuen Zeitpunkt n, d.h. mit jedem neuen Satz Filterkoeffizienten $\mathbf{w}(n)$ ergibt sich somit ein neuer Verlauf der Fehlerfunktion $e[i, \mathbf{w}(n)]$, $i = 1,\ldots,n$.

Der Gewichtungsfaktor β wird eingeführt, um länger zurückliegende Werte geringer zu gewichten und somit eine Anpassung an veränderliche Umweltbedingungen zu ermöglichen. Eine oft verwendete Gewichtungsfunktion ist der exponentielle Gedächtnisfaktor[11]

$$\beta(n,i) = \lambda^{n-i}, \tag{8.52}$$

mit $0 \ll \lambda < 1$.

Die Least-Squares-Lösung[12] für die Kostenfunktion in Gleichung 8.50 ist

$$\mathbf{w}(n) = \mathbf{R}^{-1}(n)\mathbf{p}(n), \tag{8.53}$$

wobei für die Autokorrelationsmatrix $\mathbf{R}$ und den Kreuzkorrelationsvektor $\mathbf{p}$ nun gelten

$$\mathbf{R}(n) = \sum_{i=1}^{n} \lambda^{n-i}\mathbf{x}(i)\mathbf{x}^T(i) \quad \text{und} \quad \mathbf{p}(n) = \sum_{i=1}^{n} \lambda^{n-i}\mathbf{x}(i)y(i). \tag{8.54}$$

Aus den letzten beiden Gleichungen können einfache Rekursionen für die Schätzung der Autokorrelationsmatrix $\mathbf{R}$ und des Kreuzkorrelationsvektors $\mathbf{p}$ gewonnen werden. Für die Autokorrelationsmatrix $\mathbf{R}$ ergibt sich

---

[10] RLS: Recursive Least Squares
[11] engl.: forgetting factor
[12] Least Squares: siehe Kapitel 6

$$\mathbf{R}(n) = \sum_{i=1}^{n-1} \lambda^{n-i}\mathbf{x}(i)\mathbf{x}^T(i) + \mathbf{x}(n)\mathbf{x}^T(n) \qquad (8.55)$$

$$= \lambda\left[\sum_{i=1}^{n-1} \lambda^{n-1-i}\mathbf{x}(i)\mathbf{x}^T(i)\right] + \mathbf{x}(n)\mathbf{x}^T(n) \qquad (8.56)$$

$$= \lambda\mathbf{R}(n-1) + \mathbf{x}(n)\mathbf{x}^T(n). \qquad (8.57)$$

Auf gleiche Art und Weise erhält man für den Kreuzkorrelationsvektor $\mathbf{p}$

$$\mathbf{p}(n) = \lambda\mathbf{p}(n-1) + \mathbf{x}(n)y(n). \qquad (8.58)$$

Um die Least-Squares-Lösung berechnen zu können, ist eine Invertierung der Autokorrelationsmatrix $\mathbf{R}(n)$ erforderlich. Für eine rechentechnisch effiziente Lösung kann das Matrix-Inversions-Lemma genutzt werden.

Matrix-Inversions-Lemma: Mit $\mathbf{A} > 0$, $\mathbf{B} > 0$, $\mathbf{D} > 0$ (positiv definit) und

$$\mathbf{A} = \mathbf{B}^{-1} + \mathbf{C}\mathbf{D}^{-1}\mathbf{C}^T \qquad (8.59)$$

gilt

$$\mathbf{A}^{-1} = \mathbf{B} - \mathbf{B}\mathbf{C}(\mathbf{D} + \mathbf{C}^T\mathbf{B}\mathbf{C})^{-1}\mathbf{C}^T\mathbf{B}. \qquad (8.60)$$

Der Beweis kann leicht durch die Multiplikation $\mathbf{A}\mathbf{A}^{-1} = \mathbf{I} = \mathbf{A}^{-1}\mathbf{A}$ geführt werden.

Die Anwendung des Matrix-Inversions-Lemmas auf die Schätzung der Inversen der Autokorrelationsmatrix ergibt mit

$$\begin{array}{ll} \mathbf{A} = \mathbf{R}(n) & \mathbf{B} = \lambda^{-1}\mathbf{R}^{-1}(n-1) \\ \mathbf{C} = \mathbf{x}(n) & \mathbf{D} = 1 \end{array} \qquad (8.61)$$

die Rekursion

$$\mathbf{R}^{-1}(n) = \lambda^{-1}\mathbf{R}^{-1}(n-1) - \frac{\lambda^{-2}\mathbf{R}^{-1}(n-1)\mathbf{x}(n)\mathbf{x}^T(n)\mathbf{R}^{-1}(n-1)}{1 + \lambda^{-1}\mathbf{x}^T(n)\mathbf{R}^{-1}(n-1)\mathbf{x}(n)}. \qquad (8.62)$$

Für eine übersichtliche Schreibweise der letzten Gleichung ist es sinnvoll, weitere Symbole einzuführen. Es werden definiert [48]

$$\mathbf{\Phi}(n) = \mathbf{R}^{-1}(n) \qquad \text{und} \qquad (8.63)$$

$$\mathbf{k}(n) = \frac{\lambda^{-1}\mathbf{R}^{-1}(n-1)\mathbf{x}(n)}{1 + \lambda^{-1}\mathbf{x}^T(n)\mathbf{R}^{-1}(n-1)\mathbf{x}(n)} \qquad (8.64)$$

$$= \frac{\lambda^{-1}\mathbf{\Phi}(n-1)\mathbf{x}(n)}{1 + \lambda^{-1}\mathbf{x}^T(n)\mathbf{\Phi}(n-1)\mathbf{x}(n)}. \qquad (8.65)$$

Daraus ergibt sich die Rekursionsgleichung (Riccati-Gleichung) für die Schätzung der inversen Autokorrelationsmatrix

$$\mathbf{R}^{-1}(n) = \mathbf{\Phi}(n) = \lambda^{-1}\mathbf{\Phi}(n-1) - \lambda^{-1}\mathbf{k}(n)\mathbf{x}^T(n)\mathbf{\Phi}(n-1). \qquad (8.66)$$

Durch Umsortieren in Gleichung 8.65 erhält man

$$\mathbf{k}(n) = \lambda^{-1}\mathbf{\Phi}(n-1)\mathbf{x}(n) - \lambda^{-1}\mathbf{k}(n)\mathbf{x}^T(n)\mathbf{\Phi}(n-1)\mathbf{x}(n) \qquad (8.67)$$
$$= \left[\lambda^{-1}\mathbf{\Phi}(n-1) - \lambda^{-1}\mathbf{k}(n)\mathbf{x}^T(n)\mathbf{\Phi}(n-1)\right]\mathbf{x}(n). \qquad (8.68)$$

Aus der Zusammenführung der Gleichungen 8.66 und 8.68 resultiert

$$\mathbf{k}(n) = \mathbf{\Phi}(n)\mathbf{x}(n). \qquad (8.69)$$

Für den optimalen Koeffizientenvektor ergibt sich zum Zeitpunkt n unter Nutzung der Gleichungen 8.53, 8.58 und 8.63

$$\mathbf{w}(n) = \mathbf{R}^{-1}(n)\mathbf{p}(n) = \mathbf{\Phi}(n)\mathbf{p}(n) \qquad (8.70)$$
$$= \mathbf{\Phi}(n)\left[\lambda\mathbf{p}(n-1) + \mathbf{x}(n)y(n)\right] \qquad (8.71)$$
$$= \lambda\mathbf{\Phi}(n)\mathbf{p}(n-1) + \mathbf{\Phi}(n)\mathbf{x}(n)y(n). \qquad (8.72)$$

Mit dem Einsetzen der Gleichungen 8.66 und 8.69 in Gleichung 8.72 folgt

$$\mathbf{w}(n) = \left[\lambda^{-1}\mathbf{\Phi}(n-1) - \lambda^{-1}\mathbf{k}(n)\mathbf{x}^T(n)\mathbf{\Phi}(n-1)\right]\lambda\mathbf{p}(n-1)$$
$$+\mathbf{k}(n)y(n) \qquad (8.73)$$
$$= \mathbf{\Phi}(n-1)\mathbf{p}(n-1) - \mathbf{k}(n)\mathbf{x}^T(n)\mathbf{\Phi}(n-1)\mathbf{p}(n-1)$$
$$+\mathbf{k}(n)y(n). \qquad (8.74)$$

Mit $\mathbf{w}(n-1) = \mathbf{\Phi}(n-1)\mathbf{p}(n-1)$ gelangt man zur Adaptionsgleichung für die Filterkoeffizienten

$$\mathbf{w}(n) = \mathbf{w}(n-1) - \mathbf{k}(n)\mathbf{x}^T(n)\mathbf{w}(n-1) + \mathbf{k}(n)y(n) \qquad (8.75)$$
$$= \mathbf{w}(n-1) + \mathbf{k}(n)\underbrace{\left[y(n) - \mathbf{x}^T(n)\mathbf{w}(n-1)\right]}_{\xi(n)} \qquad (8.76)$$
$$= \mathbf{w}(n-1) + \mathbf{k}(n)\xi(n). \qquad (8.77)$$

Der Fehler $\xi(n) = y(n) - \mathbf{x}^T(n)\mathbf{w}(n-1)$ wird auch als *A-priori*-Fehler bezeichnet, da er durch Filterung mit den *alten* Filterkoeffizienten vom Zeitpunkt $n-1$ entsteht.

Die Initialisierung des RLS-Algorithmus erfolgt im Allgemeinen mit

$$\mathbf{\Phi} = \delta^{-1}\mathbf{I} \qquad \text{mit } \delta \text{ klein und größer Null} \qquad (8.78)$$
$$\mathbf{w}(0) = \mathbf{0}. \qquad (8.79)$$

Die Adaptierung der Matrix $\mathbf{\Phi}$ und des Vektors $\mathbf{k}$ wird mit Hilfe der Gleichungen 8.65 und 8.66 vorgenommen.

8.6 Blockadaptive Filter

8.6.1 Überblick

Insbesondere bei langen Filtern, z.B. in der akustischen Echokompensation, ist der mit der Adaptierung verbundene Rechenaufwand sehr hoch. Im Vergleich zum Standard-LMS-Algorithmus erbringen blockadaptive Verfahren eine zum Teil beträchtliche Reduzierung des Rechenaufwandes bei nahezu gleicher Leistungsfähigkeit. Unterschieden wird vor allem in approximative Blockverfahren (z.B. BLMS[13]) und exakte Blockverfahren (z.B. FELMS[14]). Der Effizienzgewinn ergibt sich im wesentlichen aus der nur blockweisen Adaptierung der Filterkoeffizienten sowie aus der Einsparung von im LMS-Algorithmus inhärenten Mehrfachberechnungen, die mit der blockweisen Formulierung der Problemstellung deutlich hervortreten und schließlich vermieden werden können.

8.6.2 Block-LMS-Algorithmus

Die Filterkoeffizienten $\mathbf{w}(n + 1)$ werden rekursiv aus den Filterkoeffizienten $\mathbf{w}(n - N + 1)$ berechnet. Die Adaptierung der Koeffizienten erfolgt also *blockweise*[15]. Im Gegensatz dazu wird der Fehler zu *jedem* Zeitpunkt mit den im jeweiligen Block gültigen Filterkoeffizienten ermittelt.

Die Herleitung der Gleichungen dieser Blockrekursion erfolgt ausgehend von der Rekursionsgleichung des Standard-LMS-Algorithmus $\mathbf{w}(n + 1) = \mathbf{w}(n) + \alpha\mathbf{x}(n)e(n)$. Wird nun $\mathbf{w}(n)$ in Abhängigkeit von $\mathbf{w}(n-1)$ dargestellt, so ergibt sich

$$\mathbf{w}(n + 1) = \mathbf{w}(n - 1) + \alpha\mathbf{x}(n - 1)e(n - 1) + \alpha\mathbf{x}(n)e(n) \qquad (8.80)$$

$$= \mathbf{w}(n - 1) + \alpha\sum_{k=0}^{1}\mathbf{x}(n - k)e(n - k). \qquad (8.81)$$

Verallgemeinert kann bei einer Adaptierung der Filterkoeffizienten nach N Zeitpunkten formuliert werden

$$\mathbf{w}(n + 1) = \mathbf{w}(n - N + 1) + \alpha\sum_{k=0}^{N-1}\mathbf{x}(n - k)e(n - k). \qquad (8.82)$$

Mit Einführung des Blockindex m ergibt sich für die Blockrekursion (BLMS-Algorithmus)[16] [22, 23]

---

[13] BLMS: Block-LMS-Algorithmus
[14] FELMS: Fast-Exact-LMS-Algorithmus
[15] Die Filterkoeffizienten sind innerhalb eines Blocks konstant.
[16] Für die Berechnung der Fehlerwerte $e(mN - k)$ im Block m werden die Filterkoeffizienten $\mathbf{w}(m)$ genutzt.

$$\mathbf{w}(m+1) = \mathbf{w}(m) + \alpha \sum_{k=0}^{N-1} \mathbf{x}(mN-k)e(mN-k). \tag{8.83}$$

Die Eigenschaften des BLMS-Algorithmus gleichen im wesentlichen denen des Standard-LMS-Algorithmus. Unterschiede ergeben sich vor allem aus der aufgrund der blockweisen Mittelung des Gradienten glatteren Konvergenz und einer um den Faktor N reduzierten maximal zulässigen Schrittweite α_{max} [82]. Aufgrund der blockweisen Adaptierung verschlechtert sich die Folgefähigkeit des Verfahrens. Dem gegenüber steht eine erhebliche Reduzierung des notwendigen Rechenaufwandes.

8.6.3 Exakter Block-LMS-Algorithmus

Wie bei dem im Abschnitt 8.6.2 beschriebenen approximativen Blockalgorithmus werden bei den exakten Blocktechniken die Fehlerwerte für jeden Zeitpunkt berechnet, die Filterkoeffizienten jedoch nur blockweise nachgeregelt [8]. Im Gegensatz zum approximativen Verfahren wird der Fehler so berechnet, dass sich, zumindest an den Blockgrenzen, zum Standard-LMS-Algorithmus keine Unterschiede ergeben. Die rechentechnische Effizienz resultiert hier vor allem aus der Einsparung redundanter Rechenoperationen, die sich aus der Blockformulierung des Adaptionsproblems ergibt. Wie beim approximativen BLMS-Algorithmus verschlechtert sich auch hier die Folgefähigkeit.

Für die weitere Rechnung wird angenommen, dass die Filterlänge $M+1$ ein ganzzahliges Vielfaches der Blocklänge N ist, d.h. $M+1 = P \cdot N$ mit $P \in \mathfrak{N}$. Mit dieser Voraussetzung soll das Verfahren zunächst für die Blocklänge $N = 2$ vorgestellt werden (vgl. [8]).

Die Gleichungen des Standard-LMS-Algorithmus sind

$$e(n) = y(n) - \mathbf{x}^T(n)\mathbf{w}(n) \tag{8.84}$$

$$\mathbf{w}(n+1) = \mathbf{w}(n) + \alpha e(n)\mathbf{x}(n). \tag{8.85}$$

Zum Zeitpunkt $n-1$ ergibt sich damit

$$e(n-1) = y(n-1) - \mathbf{x}^T(n-1)\mathbf{w}(n-1) \tag{8.86}$$

$$\mathbf{w}(n) = \mathbf{w}(n-1) + \alpha e(n-1)\mathbf{x}(n-1). \tag{8.87}$$

Durch Einsetzen von Gleichung 8.87 in Gleichung 8.84 erhält man

$$e(n) = y(n) - \mathbf{x}^T(n)\mathbf{w}(n-1) - \alpha e(n-1)\mathbf{x}^T(n)\mathbf{x}(n-1) \tag{8.88}$$

$$= y(n) - \mathbf{x}^T(n)\mathbf{w}(n-1) - e(n-1)s(n), \tag{8.89}$$

mit

$$s(n) = \alpha \mathbf{x}^T(n)\mathbf{x}(n-1). \tag{8.90}$$

Aus der Kombination der Gleichungen 8.86 und 8.89 resultiert

$$\begin{pmatrix} e(n-1) \\ e(n) \end{pmatrix} = \begin{pmatrix} y(n-1) \\ y(n) \end{pmatrix} - \begin{pmatrix} \mathbf{x}^T(n-1) \\ \mathbf{x}^T(n) \end{pmatrix} \mathbf{w}(n-1)$$
$$- \begin{pmatrix} 0 & 0 \\ s(n) & 0 \end{pmatrix} \begin{pmatrix} e(n-1) \\ e(n) \end{pmatrix} \tag{8.91}$$

und schließlich[17]

$$\begin{pmatrix} e(n-1) \\ e(n) \end{pmatrix} = \begin{pmatrix} 1 & 0 \\ -s(n) & 1 \end{pmatrix} \left[\begin{pmatrix} y(n-1) \\ y(n) \end{pmatrix} - \begin{pmatrix} \mathbf{x}^T(n-1) \\ \mathbf{x}^T(n) \end{pmatrix} \mathbf{w}(n-1) \right]. \tag{8.92}$$

Der letzte Term der letzten Gleichung entspricht zwei aufeinander folgenden Ausgabewerten eines Filters mit dem festen Koeffizientenvektor $\mathbf{w}(n-1)$, d.h.

$$\begin{pmatrix} \mathbf{x}^T(n-1) \\ \mathbf{x}^T(n) \end{pmatrix} \mathbf{w}(n-1)$$

$$= \begin{pmatrix} x(n-1) & x(n-2) & \cdots & x(n-M-1) \\ x(n) & x(n-1) & \cdots & x(n-M) \end{pmatrix} \begin{pmatrix} w_0(n-1) \\ w_1(n-1) \\ \vdots \\ w_M(n-1) \end{pmatrix}. \tag{8.93}$$

In Polyphasendarstellung, d.h. mit der Definition der Zeilenvektoren

$$\mathbf{a}_0 = [x(n), x(n-2), \ldots, x(n-M+1)], \tag{8.94}$$
$$\mathbf{a}_1 = [x(n-1), x(n-3), \ldots, x(n-M)], \tag{8.95}$$
$$\mathbf{a}_2 = [x(n-2), x(n-4), \ldots, x(n-M-1)], \tag{8.96}$$

sowie mit

$$\mathbf{w}_0(n-1) = [w_0(n-1), w_2(n-1), \ldots, w_{M-1}(n-1)]^T \quad \text{und} \tag{8.97}$$
$$\mathbf{w}_1(n-1) = [w_1(n-1), w_3(n-1), \ldots, w_M(n-1)]^T \tag{8.98}$$

gilt

$$\begin{pmatrix} \mathbf{x}^T(n-1) \\ \mathbf{x}^T(n) \end{pmatrix} \mathbf{w}(n-1) = \begin{pmatrix} \mathbf{a}_1 & \mathbf{a}_2 \\ \mathbf{a}_0 & \mathbf{a}_1 \end{pmatrix} \begin{pmatrix} \mathbf{w}_0(n-1) \\ \mathbf{w}_1(n-1) \end{pmatrix}. \tag{8.99}$$

Für die Filterkoeffizienten ergibt sich aus den Gleichungen 8.85 und 8.87 in Polyphasenschreibweise

---

[17] Es gilt

$$\begin{pmatrix} a & b \\ c & d \end{pmatrix}^{-1} = \frac{1}{ad-bc} \begin{pmatrix} d & -b \\ -c & a \end{pmatrix}$$

$$\mathbf{w}(n+1) = \mathbf{w}(n-1) + \alpha e(n)\mathbf{x}(n) + \alpha e(n-1)\mathbf{x}(n-1) \qquad (8.100)$$

bzw.

$$\begin{pmatrix} \mathbf{w}_0(n+1) \\ \mathbf{w}_1(n+1) \end{pmatrix} = \begin{pmatrix} \mathbf{w}_0(n-1) \\ \mathbf{w}_1(n-1) \end{pmatrix} + \alpha e(n) \begin{pmatrix} \mathbf{a}_0^T \\ \mathbf{a}_1^T \end{pmatrix} + \alpha e(n-1) \begin{pmatrix} \mathbf{a}_1^T \\ \mathbf{a}_2^T \end{pmatrix}. \qquad (8.101)$$

In dieser Schreibweise kann der LMS-Algorithmus formuliert werden als

$$\begin{pmatrix} e(n-1) \\ e(n) \end{pmatrix} = \begin{pmatrix} 1 & 0 \\ -s(n) & 1 \end{pmatrix} \left[\begin{pmatrix} y(n-1) \\ y(n) \end{pmatrix} - \begin{pmatrix} \mathbf{a}_1 & \mathbf{a}_2 \\ \mathbf{a}_0 & \mathbf{a}_1 \end{pmatrix} \begin{pmatrix} \mathbf{w}_0(n-1) \\ \mathbf{w}_1(n-1) \end{pmatrix} \right] \qquad (8.102)$$

$$\begin{pmatrix} \mathbf{w}_0(n+1) \\ \mathbf{w}_1(n+1) \end{pmatrix} = \begin{pmatrix} \mathbf{w}_0(n-1) \\ \mathbf{w}_1(n-1) \end{pmatrix} + \alpha \begin{pmatrix} \mathbf{a}_1^T & \mathbf{a}_0^T \\ \mathbf{a}_2^T & \mathbf{a}_1^T \end{pmatrix} \begin{pmatrix} e(n-1) \\ e(n) \end{pmatrix}. \qquad (8.103)$$

Bis zu diesem Punkt haben sich noch keine rechentechnischen Vereinfachungen im Vergleich zum Standard-LMS-Algorithmus ergeben. Mit einer anderen Schreibweise der letzten beiden Gleichungen, d.h.

$$\begin{pmatrix} e(n-1) \\ e(n) \end{pmatrix} = \begin{pmatrix} 1 & 0 \\ -s(n) & 1 \end{pmatrix} \left[\begin{pmatrix} y(n-1) \\ y(n) \end{pmatrix} - \right.$$
$$\left. \begin{pmatrix} \mathbf{a}_1(\mathbf{w}_0(n-1) + \mathbf{w}_1(n-1)) + (\mathbf{a}_2 - \mathbf{a}_1)\mathbf{w}_1(n-1) \\ \mathbf{a}_1(\mathbf{w}_0(n-1) + \mathbf{w}_1(n-1)) - (\mathbf{a}_1 - \mathbf{a}_0)\mathbf{w}_0(n-1) \end{pmatrix} \right] \qquad (8.104)$$

$$\begin{pmatrix} \mathbf{w}_0(n+1) \\ \mathbf{w}_1(n+1) \end{pmatrix} = \begin{pmatrix} \mathbf{w}_0(n-1) \\ \mathbf{w}_1(n-1) \end{pmatrix}$$
$$+ \alpha \begin{pmatrix} \mathbf{a}_1^T [e(n-1) + e(n)] - [\mathbf{a}_1 - \mathbf{a}_0]^T e(n) \\ \mathbf{a}_1^T [e(n-1) + e(n)] + [\mathbf{a}_2 - \mathbf{a}_1]^T e(n-1) \end{pmatrix}, \qquad (8.105)$$

werden jedoch rechnerisch redundante Strukturen deutlich [8]:

- Der Term $\mathbf{a}_1(\mathbf{w}_0 + \mathbf{w}_1)$ ist mehrfach enthalten und muss nur einmal berechnet werden.

- Die Terme $\mathbf{a}_2 - \mathbf{a}_1$ und $\mathbf{a}_1 - \mathbf{a}_0$ enthalten jeweils gemeinsame Elemente aus verschiedenen Rekursionszyklen, so dass effektiv pro Zeitpunkt nur zwei Differenzen, d.h. $x(n-2) - x(n-1)$ und $x(n-1) - x(n)$ berechnet werden müssen.

- Der Ausdruck $s(n)$ kann rechentechnisch günstig über

$$s(n) = s(n-2) + \alpha[x(n-1)(x(n) + x(n-2)) - x(n-M-2)(x(n-M-1) + x(n-M-3))] \qquad (8.106)$$

berechnet werden. Der zweite Term in der Klammer steht darüber hinaus aus den Berechnungen vom Zeitpunkt $n - M - 1$ zur Verfügung.

Insgesamt kann für die Blocklänge $N = 2$ eine Recheneinsparung von etwa 25 Prozent erreicht werden [8].

Das Beispiel wird nun für andere Blocklängen verallgemeinert. Innerhalb des Zeitblockes $[n - N + 1, n]$ gilt beim Standard-LMS-Algorithmus für die Werte des Fehlers

$$e(n - N + 1) = y(n - N + 1) - \mathbf{x}^T(n - N + 1)\mathbf{w}(n - N + 1)$$

$$\vdots \qquad\qquad (8.107)$$

$$e(n) = y(n) - \mathbf{x}^T(n)\mathbf{w}(n).$$

Mit Hilfe der Adaptionsregel für die Filterkoeffizienten $\mathbf{w}(n + 1) = \mathbf{w}(n) + \alpha\mathbf{x}(n)e(n)$ können die Filterkoeffizientenvektoren in der obigen Gleichung als Funktion von $\mathbf{w}(n - N + 1)$ dargestellt werden. Zum Beispiel gilt dann für $e(n - N + 3)$

$$e(n - N + 3) = y(n - N + 3) - \mathbf{x}^T(n - N + 3)\mathbf{w}(n - N + 1) \quad (8.108)$$
$$-\alpha e(n - N + 1)\mathbf{x}^T(n - N + 3)\mathbf{x}(n - N + 1)$$
$$-\alpha e(n - N + 2)\mathbf{x}^T(n - N + 3)\mathbf{x}(n - N + 2).$$

Allgemein ergibt sich das Gleichungssystem [41]

$$\tilde{\mathbf{e}}(n) = \tilde{\mathbf{y}}(n) - \tilde{\mathbf{X}}^T(n)\mathbf{w}(n - N + 1) - \mathbf{S}(n)\tilde{\mathbf{e}}(n), \qquad (8.109)$$

mit

$$\tilde{\mathbf{e}}(n) = [e(n - N + 1), \dots, e(n)]^T, \qquad (8.110)$$
$$\tilde{\mathbf{y}}(n) = [y(n - N + 1), \dots, y(n)]^T \quad \text{und} \qquad (8.111)$$
$$\tilde{\mathbf{X}}(n) = [\mathbf{x}(n - N + 1), \dots, \mathbf{x}(n)]. \qquad (8.112)$$

Die Matrix $\mathbf{S}$ ist definiert mit

$$\mathbf{S}(n) = \begin{pmatrix} 0 & 0 & \cdots & 0 & 0 \\ s_1(n - N + 2) & 0 & \cdots & 0 & 0 \\ s_2(n - N + 3) & s_1(n - N + 3) & \cdots & 0 & 0 \\ \vdots & \vdots & \ddots & \vdots & \vdots \\ s_{N-1}(n) & s_{N-2}(n) & \cdots & s_1(n) & 0 \end{pmatrix} \qquad (8.113)$$

und

$$s_i(n) = \alpha\mathbf{x}^T(n)\mathbf{x}(n - i), \qquad i = 1, 2, \dots, N - 1. \qquad (8.114)$$

Durch Auflösen nach dem Fehlervektor erhält man

$$\tilde{\mathbf{e}}(n) = \mathbf{G}(n)\left[\tilde{\mathbf{y}}(n) - \tilde{\mathbf{X}}^T(n)\mathbf{w}(n - N + 1)\right] \qquad (8.115)$$

und

$$G(n) = [S(n) + I]^{-1}.$$ (8.116)

Die Matrix $G(n)$ kann aufgrund der Dreiecksstruktur von $S(n)$ berechnet werden mit[18]

$$G(n) = G_{N-1}(n) \cdot G_{N-2}(n) \cdots G_1(n)$$ (8.117)

und

$$G_i(n) = Z_i(n) + I$$ (8.118)

sowie $Z_i(n)$ als Matrix mit dem Vektor

$$[-s_i(n-N+i+1), -s_{i-1}(n-N+i+1), \ldots, -s_1(n-N+i+1), 0, \ldots, 0]$$ (8.119)

in der $(i+1)$-ten Zeile. Die restlichen Zeilen von $Z_i(n)$ sind mit Nullen besetzt. Die Skalare $s_i(k)$ können über eine einfache Rekursion berechnet werden (siehe Fallbeispiel für $N = 2$).

Zusammenfassend ergibt sich für den exakten Block-LMS-Algorithmus (FELMS)

$$\tilde{e}(n) = G(n)\left[\tilde{y}(n) - \tilde{X}^T(n)w(n-N+1)\right]$$ (8.120)

$$w(n+1) = w(n-N+1) + \alpha\tilde{X}(n)\tilde{e}(n).$$ (8.121)

Da die Adaption der Filterkoeffizienten blockweise erfolgt, können effiziente Berechnungsmethoden für die Filterung verwendet werden. Dazu wird wieder die Polyphasendarstellung

$$\tilde{X}^T(n)w(n-N+1) = \begin{pmatrix} a_{N-1} & a_N & \cdots & a_{2N-3} & a_{2N-2} \\ a_{N-2} & a_{N-1} & \cdots & \cdots & a_{2N-3} \\ \vdots & \vdots & \vdots & \vdots & \vdots \\ a_1 & \cdots & \cdots & \cdots & a_N \\ a_0 & a_1 & \cdots & a_{N-2} & a_{N-1} \end{pmatrix}$$
$$\times \begin{pmatrix} w_0(n-N+1) \\ w_1(n-N+1) \\ \vdots \\ w_{N-2}(n-N+1) \\ w_{N-1}(n-N+1) \end{pmatrix}$$ (8.122)

genutzt, wobei

$$a_j = [x(n-j), x(n-N-j), \ldots, x(n-N \cdot i - j),$$
$$\ldots, x(n-M-1+N-j)]$$ (8.123)

$$j = 0, 1, \ldots, 2N-2; \qquad i = 0, 1, \ldots, (M+1)/N - 1$$ (8.124)

---

[18] Dies entspricht dem Verfahren der gaußschen Elimination zur Matrixinversion.

und

$$\mathbf{w}_k = [w_k, w_{k+N}, \dots w_{k+N \cdot i}, \dots, w_{k+M-N+1}]^T, \qquad k = 0, 1, \dots, N-1 \tag{8.125}$$

gelten. Durch die Linearkombinationen der einzelnen Polyphasenvektoren **a** können analog zum Fall $N = 2$ redundante Rechenoperationen eingespart werden. Gleiches gilt auch für das Matrix-Vektor-Produkt in der Adaptionsgleichung der Filterkoeffizienten.

8.6.4 Blockadaptive Verfahren im Vergleich

Ein Vergleich zwischen approximativem und exaktem Block-LMS-Algorithmus zeigt, dass beide Verfahren die gleiche algorithmische Struktur aufweisen. Unterschiede ergeben sich lediglich in der Matrix **S** bzw. $\mathbf{G} = (\mathbf{S}+\mathbf{I})^{-1}$. FELMS- und BLMS-Algorithmus gehören in diesem Sinne zu einer größeren Klasse von Algorithmen, die weitere Blockverfahren mit jeweils anderen Berechnungsvorschriften für die Matrix **S** umfasst [82]. Einen Vergleich der rechentechnischen Effizienz der hier vorgestellten LMS-Varianten enthält Abbildung 8.5.

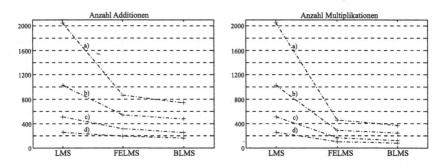

Abb. 8.5. Vergleich der Anzahl der Rechenoperationen für verschiedene LMS-Varianten (Zahlenwerte aus [8]). a) M=1023, N=64; b) M=511, N=32; c) M=255, N=32; d) M=127, N=16.

9

Blinde Entfaltung und Entzerrung

9.1 Überblick

Signale können im Allgemeinen nicht verzerrungsfrei über Nachrichtenkanäle übertragen werden. Das Empfangssignal entsteht durch die Faltung des Sendesignals mit der Impulsantwort des Übertragungskanals[1]. Die darauf zurückzuführenden Signalverzerrungen können einen erheblichen Einfluss auf die Qualität des Empfangssignals ausüben und unter Umständen eine Informationsübertragung verhindern.

Das Ziel der blinden Entfaltung und Entzerrung[2] besteht in einer Umkehrung dieser Faltungsoperation mit statistischen Methoden, jedoch ohne Kenntnis des *konkreten* Nutzsignals oder der Impulsantwort des Übertragungskanals.

Als Modellvorstellung wird die Struktur in Abbildung 9.1 genutzt. Die Fal-

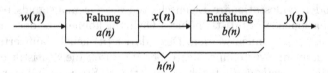

Abb. 9.1. Faltung und Entfaltung

tungsoperation wird beschrieben durch

---

[1] Additive und andere Rauschstörungen werden vernachlässigt.
[2] Blinde Entfaltung bezieht sich auf die nachträgliche Verarbeitung komplett aufgenommener Signalsequenzen, während blinde Entzerrung die Realzeitverarbeitung empfangener Signale bezeichnet.

$$x(n) = \sum_k a(k)w(n-k) = a(n) * w(n), \tag{9.1}$$

mit $a(n)$ als Impulsantwort des Übertragungskanals und $w(n)$ als Originalsignal. Im Ergebnis entsteht das beobachtbare Signal $x(n)$. Die Entfaltung soll mit Hilfe einer zweiten Faltungsoperation durchgeführt werden, d.h.

$$y(n) = \sum_k b(k)x(n-k) = b(n) * x(n), \tag{9.2}$$

mit $b(n)$ als Impulsantwort des Entfaltungsfilters. Eine ideale Entfaltung liegt vor, wenn das Ausgangssignal des Entfaltungsfilters $y(n)$ einer skalierten, zeitverzögerten Version des Originalsignals $w(n)$ entspricht

$$y(n) = \gamma \cdot w(n-m) \qquad \gamma \in \mathfrak{R}, \gamma \neq 0, m \in \mathfrak{N}. \tag{9.3}$$

Somit ist das Faltungsprodukt der Impulsantworten von Faltungs- und Entfaltungsfilter im Idealfall eine skalierte Kronecker-Delta-Funktion[3]

$$h(n) = \sum_k a(k) \cdot b(n-k) = \gamma\delta(n-m). \tag{9.4}$$

Die Bedingung in Gleichung 9.4 ist notwendig und gleichzeitig hinreichend für die ideale Entfaltung.

Für die Berechnung von Entfaltungs- oder Entzerrerfiltern müssen Informationen über die Statistik des Originalsignals $w(n)$ vorliegen. Soll die Phaseninformation des Originalsignals nicht wiederhergestellt werden, genügt bereits die Kenntnis der Leistungsdichtespektren von Original- und Beobachtungssignal für den Entwurf eines Entfaltungs- oder Entzerrerfilters mit Standardverfahren der Spektralanalyse. Zur Rekonstruktion der Phaseninformation des Originalsignals ist ein Entwurfsverfahren erforderlich, dass die Statistik höherer Ordnung oder zyklostationäre Eigenschaften des Originalsignals berücksichtigt. Informationen zur Statistik höherer Ordnung können aus der Verteilungsdichte von $w(n)$ gewonnen werden. Dazu darf $w(n)$ keine Gaußverteilung besitzen, da dann die Verteilungsdichte bereits durch die Statistik erster und zweiter Ordnung *vollständig* beschrieben ist, d.h. Statistik höherer Ordnung keine darüber hinaus gehenden Informationen beisteuert.

Bei vielen Entfaltungsalgorithmen muss die Originalsequenz $w(n)$ die IID[4]-Eigenschaft besitzen. Die Konstruktion des Entfaltungsfilters $b(n)$ wird dann

---

[3] Zur Definition der Kronecker-Delta-Funktion: siehe Abschnitt 7.2.

[4] IID: Independent Identically Distributed - die Werte des stochastischen Prozesses sind zu jedem Zeitpunkt statistisch unabhängig von den Werten zu anderen Zeitpunkten und besitzen zu jedem Zeitpunkt die gleiche Verteilungsdichte. Ein IID-Prozess ist über alle Ordnungen weiß (keine zeitliche Korrelation zwischen den Abtastwerten).

mit der Zielstellung durchgeführt, die durch das Faltungsfilter $a(n)$ verursachte spektrale Formung zu equalisieren und ein Ausgangssignal $y(n)$ zu erzeugen, das im Idealfall wieder eine IID-Sequenz ist.

Besondere Bedeutung haben im Rahmen der blinden Entfaltung und Entzerrung Bussgang-Verfahren und kumulantenbasierte Algorithmen erlangt. Sie werden im Folgenden besprochen.

9.2 Bussgang-Verfahren

9.2.1 Bussgang-Entzerrung

Abbildung 9.2 zeigt das Prinzip des Bussgang[5]-Entzerrers: Dem Entzerrerfilter mit der Impulsantwort $b(n)$ ist eine nichtlineare Transformationsstufe beigefügt, die aus dem entfalteten Signal $y(n)$ einen, gegebenenfalls zeitverschobenen, Schätzwert $\hat{w}(n) = v[y(n)]$ für das Originalsignal $w(n)$ berechnet. Mit Verwendung der Nichtlinearität $v(y)$ wird implizit Statistik höherer Ordnung zur Einstellung der Entzerrerkoeffizienten genutzt.

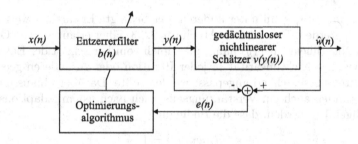

Abb. 9.2. Entzerrer-Struktur in Bussgang-Verfahren

In der Regel finden im Kontext der Entzerrung FIR-Filter Verwendung. Die optimalen Filterkoeffizienten[6] ergeben sich dann aus der Minimierung des mittleren quadratischen Fehlers

$$\min_{\mathbf{b}} E\left[e^2(n) = (\hat{w}(n) - y(n))^2 = \left(\hat{w}(n) - \mathbf{b}^T(n)\mathbf{x}(n)\right)^2\right], \qquad (9.5)$$

mit $\mathbf{x}(n) = [x(n), x(n-1), \ldots, x(n-M)]^T$ als Vektor der zeitverzögerten Eingangswerte und $\mathbf{b}(n) = [b_0(n), b_1(n), \ldots, b_M(n)]^T$ als Vektor der Filterkoeffizienten zum Zeitpunkt n sowie M als Ordnung des Entzerrerfilters. Für die

---

[5] nach Julian J. Bussgang benannt
[6] Für FIR-Filter sind Filterkoeffizienten und Impulsantwort identisch.

adaptive Koeffizientenberechnung zur Minimierung von Gleichung 9.5 eignet sich im Falle der Entzerrung unter anderem der LMS-Algorithmus [48]

$$\mathbf{b}(n+1) = \mathbf{b}(n) + \alpha(n)\mathbf{x}(n)e(n). \tag{9.6}$$

Im Falle einer Konvergenz des Verfahrens muss in Gleichung 9.6 der Term $\mathbf{x}(n)e(n)$ im Mittel verschwinden

$$E[\mathbf{x}(n)e(n)] = E[\mathbf{x}(n)(\hat{w}(n) - y(n))] = 0 \tag{9.7}$$

bzw.

$$E[\mathbf{x}(n)v(y(n))] = E[\mathbf{x}(n)y(n)]. \tag{9.8}$$

Durch die linksseitige Multiplikation mit $\mathbf{b}^T(n)$ ergibt sich

$$E[y(n)v(y(n))] = E[y(n)y(n)] \tag{9.9}$$

und für unendlich lange Entzerrerfilter sogar [5]

$$E[y(n-k)v(y(n))] = E[y(n-k)y(n)]. \tag{9.10}$$

Diese in Gleichung 9.10 gezeigte *Bussgang-Eigenschaft* des entzerrten Signals $y(n)$ ist namensgebend für den Algorithmus und wegen den Gleichungen 9.7 bis 9.10 zugleich Voraussetzung für die Konvergenz des Verfahrens.

Als Nichtlinearität kann unter anderem der bedingte Erwartungswert $E[w|y]$ verwendet werden. Dies wird in Abschnitt 9.2.3 näher erläutert. Die Optimalität der Nichtlinearität $v(y)$ hängt prinzipiell vom Fortschritt der Entzerrung ab, so dass die Nichtlinearität in jeder Iteration oder zu anderen geeigneten Zeitpunkten entsprechend angepasst werden sollte. Darüber hinaus muss unter Umständen auch ein Verstärkungsausgleich nach jedem Adaptionsschritt so durchgeführt werden, dass die Bedingung

$$E[wv(w)] = 1 \tag{9.11}$$

erfüllt ist. Diese Forderung ergibt sich aus der im Falle einer optimalen Entzerrung geltenden Beziehung $y(n) = w(n)$ und dem Orthogonalitätsprinzip

$$E\left[x(n-k)(w(n) - v(w(n)))\right] = \sum_l a(l)E\left[w(n-k-l)(w(n) - v(w(n)))\right]$$

$$= 0 \qquad k = 0, \dots, M. \tag{9.12}$$

Unter Berücksichtigung der IID-Eigenschaft des Signals $w(n)$ und dessen möglicher Normierung[7] auf $\sigma_w^2 = 1$ folgt daraus

$$a(-k)(1 - E[w(n)v(w(n))]) = 0, \tag{9.13}$$

woraus unmittelbar Gleichung 9.11 resultiert.

---

[7] Da man die Leistung des Originalsignals $w(n)$ nicht kennt, kann man zur Rekonstruktion der Signalform eine beliebige Leistung annehmen, z.B. auch $\sigma_w^2 = 1$.

9.2.2 Bussgang-Entfaltung

Bei der Entfaltung erfolgt die Einstellung der Filterkoeffizienten $\mathbf{b}$ iterativ mit der Annahme, dass die Schätzung $\hat{w}^m(n)$ in der m-ten Iteration direkt aus der Faltung $x(n) * b^{m+1}(n)$ entstanden ist, d.h. [5]

$$x(n) * b^{m+1}(n) = \hat{w}^m = v[y^m(n)]. \tag{9.14}$$

Es gilt also

$$\hat{w}^m(n) = x(n) * b^{m+1}(n) = \sum_{k=0}^{M} b^{m+1}(k)x(n-k) = \mathbf{x}^T(n)\mathbf{b}^{m+1}, \tag{9.15}$$

mit $\mathbf{x}^T(n) = [x(n), x(n-1), \dots, x(n-M)]$ und $\mathbf{b}^{m+1} = [b^{m+1}(0), b^{m+1}(1), \dots, b^{m+1}(M)]^T$.[8] Die Filterkoeffizienten werden mit Hilfe der Methode des kleinsten mittleren quadratischen Fehlers F gefunden

$$F_{min} = \min E\left[\left(\hat{w}^m(n) - \mathbf{x}^T(n)\mathbf{b}^{m+1}\right)^2\right]. \tag{9.16}$$

Mit der Optimalitätsbedingung $\nabla_{\mathbf{b}} F_{min} = 0$ ergibt sich für den Koeffizientenvektor $\mathbf{b}$

$$\nabla_{\mathbf{b}} F_{min} = -2E[\hat{w}^m(n)\mathbf{x}(n)] + 2E\left[\mathbf{x}(n)\mathbf{x}^T(n)\right]\mathbf{b}^{m+1} = 0. \tag{9.17}$$

Das optimale Entfaltungsfilter für die $(m+1)$-te Iteration ist somit

$$\mathbf{b}^{m+1} = \left(E[\mathbf{x}(n)\mathbf{x}^T(n)]\right)^{-1} E[\hat{w}^m(n)\mathbf{x}(n)]. \tag{9.18}$$

Der verbliebene Restfehler

$$d(n) = y(n) - w(n) \tag{9.19}$$

wird als Faltungsrauschen bezeichnet.

9.2.3 Der gedächtnislose Schätzer als Nichtlinearität

Für die nichtlineare Schätzfunktion $v[y(n)]$ kann der bedingte Erwartungswert[9] genutzt werden

$$\hat{w}(n) = v[y(n)] = E[w(n)|y(n)]. \tag{9.20}$$

---

[8] Die Definition des Koeffizientenvektors $\mathbf{b}$ weicht hier von der für Gleichung 9.5 gültigen Definition ab.

[9] Dies entspricht im Kontext des Bayes'schen Rahmenwerkes einer Parameterschätzung nach dem Kriterium des kleinsten mittleren Fehlerquadrates - siehe auch Kapitel 4.

Unter Vernachlässigung von Abhängigkeiten zwischen Originalsignal $w(n)$ und Faltungsrauschen $d(n)$ ergibt sich mit dem Satz von Bayes [5]

$$f_W(w|y) = \frac{f_Y(y|w)f_W(w)}{f_Y(y)} = \frac{f_Y(y|w)f_W(w)}{\int\limits_{-\infty}^{\infty} f_Y(y|w)f_W(w)dw} \qquad (9.21)$$

für den bedingten Erwartungswert

$$v(y) = E[w|y] = \frac{\int\limits_{-\infty}^{\infty} w f_Y(y|w)f_W(w)dw}{\int\limits_{-\infty}^{\infty} f_Y(y|w)f_W(w)dw} = \frac{\int\limits_{-\infty}^{\infty} w f_D(y-w)f_W(w)dw}{\int\limits_{-\infty}^{\infty} f_D(y-w)f_W(w)dw},$$

$$(9.22)$$

wobei f_D die Verteilungsdichte des Faltungsrauschens $d(n) = y(n) - w(n)$ bezeichnet. Mit dieser Auswahl der Nichtlinearität werden Annahmen über die Verteilungsdichte des Originalsignals getroffen. Die konkrete Auswahl der Nichtlinearität ist dementsprechend anwendungsabhängig.

Beispiel 9.1. Für ein 8-PAM-Signal[10] ist der bedingte Erwartungswert $E[w|y]$ zu berechnen (vgl. [5]). Die Verteilungsdichte des Originalsignals ist

$$f_W(w) = \frac{1}{8} \sum_{n=1}^{8} \delta(w - l_n), \qquad (9.23)$$

wobei l_n die entsprechenden Pegelstufen des Signals bezeichnet. Für das Faltungsrauschen $d(n) = y(n) - w(n)$ wird eine mittelwertfreie gaußsche Verteilungsdichte angenommen[11]

$$f_D(d) = \frac{1}{\sqrt{2\pi\sigma^2}} \exp\left(-\frac{(y-w)^2}{2\sigma^2}\right). \qquad (9.24)$$

Damit erhält man wegen $f_Y(y|w) = f_D(y-w)$

$$\int\limits_{-\infty}^{\infty} w f_Y(y|w)f_W(w)dw = \sum_{n=1}^{8} \frac{l_n}{8\sqrt{2\pi\sigma^2}} \exp\left(-\frac{(y-l_n)^2}{2\sigma^2}\right) \qquad (9.25)$$

und

$$\int\limits_{-\infty}^{\infty} f_Y(y|w)f_W(w)dw = \sum_{n=1}^{8} \frac{1}{8\sqrt{2\pi\sigma^2}} \exp\left(-\frac{(y-l_n)^2}{2\sigma^2}\right). \qquad (9.26)$$

---

[10] 8-PAM: achtstufige **P**uls**A**mplituden**M**odulation

[11] Diese Annahme kann mit dem zentralen Grenzwertsatz begründet werden, nach dem die Verteilungsdichte einer Summe statistisch unabhängiger Zufallsvariablen im Grenzwert eine Gaußverteilungsdichte ist.

Der bedingte Erwartungswert ist dementsprechend

$$v(y) = E[w|y] = \frac{\sum\limits_{n=1}^{8} l_n \exp\left(-\frac{(y-l_n)^2}{2\sigma^2}\right)}{\sum\limits_{n=1}^{8} \exp\left(-\frac{(y-l_n)^2}{2\sigma^2}\right)}. \tag{9.27}$$

Die sich daraus ergebende Nichtlinearität wird in Abbildung 9.3 gezeigt. Mit kleiner werdendem Rauschpegel, d.h., je geringer das Faltungsrauschen, nimmt die Nichtlinearität die für einen Entscheider typische Kennlinie an.   □

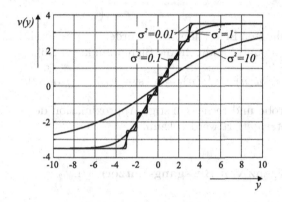

Abb. 9.3. Auf dem bedingten Erwartungswert basierende Nichtlinearität $v(y)$ für verschiedene Rauschleistungen σ^2 (nach [5])

Der bedingte Erwartungswert $v(y) = E[w|y]$ kann auch formuliert werden als [5]

$$v(y) = E[w|y] = y - \sigma_d^2 z(y) \tag{9.28}$$

mit der Bussgang-Nichtlinearität

$$z(y) = -\frac{f_Y'(y)}{f_Y(y)} \tag{9.29}$$

und $f_Y'(y)$ als Ableitung der Verteilungsdichte $f_Y(y)$. Voraussetzung für diese Darstellung ist die gaußsche Verteilungsdichte des Faltungsrauschens[12], denn es gilt[13] [5]

---

[12] Die Voraussetzung der gaußschen Verteilungsdichte wird beim Übergang von Gleichung 9.31 nach Gleichung 9.32 benötigt.

[13] Werden zwei statistisch unabhängige Signale addiert, ergibt sich die Verteilungsdichte des Summensignals aus der Faltung der Verteilungsdichten der beiden Summanden.

$$\sigma_d^2 z(y) = -\sigma_d^2 \frac{f_Y'(y)}{f_Y(y)} = -\sigma_d^2 \frac{[f_W(y) * f_D(y)]'}{f_W(y) * f_D(y)} \tag{9.30}$$

$$= -\sigma_d^2 \frac{f_W(y) * f_D'(y)}{f_W(y) * f_D(y)} \tag{9.31}$$

$$= \frac{\displaystyle\int_{-\infty}^{\infty} f_W(w)(y-w)f_D(y-w)dw}{\displaystyle\int_{-\infty}^{\infty} f_W(w)f_D(y-w)dw} = y - v(y). \tag{9.32}$$

Neben dem bedingten Erwartungswert wurden weitere Funktionen als Schätzer vorgeschlagen, so unter anderem die Signumfunktion [76]

$$\hat{w}(n) = v[y(n)] = \alpha \cdot \operatorname{sgn}[y(n)], \qquad \alpha > 0, \tag{9.33}$$

die auch als grobe und rechengünstige Approximation des bedingten Erwartungswertes interpretiert werden kann.

9.2.4 Konvergenz von Bussgang-Entzerrern

Die Konvergenz von Bussgang-Algorithmen konnte für den Entzerrer-Fall nur mit zum Teil erheblichen Einschränkungen[14] gezeigt werden [9]. Es existieren jedoch viele praktische Beispiele, bei denen Entzerrerfilter mit Bussgang-Algorithmen schnell und zuverlässig konvergieren. Bei einer Implementierung sind die richtige Wahl von Filterlänge und Zeitverzögerung des Filters besonders wichtig.

9.3 Kumulantenbasierte Entfaltungsalgorithmen

9.3.1 Kostenfunktion

Bei einer direkten Nutzung der IID-Eigenschaft des Eingangssignals $w(n)$ in Abbildung 9.1 kann die Filteroperation $y(n) = h(n) * w(n)$ als Linearkombination der statistisch unabhängigen Zufallsvariablen $W_i = w(n-i)$ interpretiert werden[15]

$$Y = h_0 W_0 + h_1 W_1 + h_2 W_2 + \ldots + h_T W_T, \tag{9.34}$$

---

[14] z.B. nur für unendlich lange Entzerrerfilter
[15] Zur Vereinfachung der Notation gilt im Folgenden $h(n) = h_n$.

mit $T + 1$ als Länge der Impulsantwort von $h(n)$. Mit der Additivitätseigenschaft von Kumulanten aus Gleichung 2.68 sowie der Linearitätseigenschaft aus Gleichung 2.64 erhält man für den Kumulanten k-ter Ordnung

$$c_Y(k) = h_0^k c_{W_0}(k) + h_1^k c_{W_1}(k) + h_2^k c_{W_2}(k) + \ldots + h_T^k c_{W_T}(k). \tag{9.35}$$

Aufgrund der IID-Eigenschaft des Eingangssignals gilt

$$c_{W_0}(k) = c_{W_1}(k) = \ldots = c_{W_T}(k) = c_W(k) \tag{9.36}$$

und deshalb [16]

$$c_Y(k) = c_W(k) \sum_{n=0}^{T} h_n^k. \tag{9.37}$$

Für die Anwendung dieses Zusammenhangs zwischen den Eingangs- und Ausgangskumulanten auf die blinde Entfaltung ist es notwendig, die Kumulanten so zu normieren, dass sie unabhängig von der Signalleistung sind. Dazu werden die normierten Kumulanten der Ordnung (p, q) eingeführt

$$k(p, q) = \frac{c(p)}{|c(q)|^{p/q}}. \tag{9.38}$$

Bei einer Filterung mit einem Filter der Impulsantwort $h(n)$ ergeben sich mit Gleichung 9.37 die normierten Kumulanten des Ausgangs aus den normierten Kumulanten des Eingangs

$$k_Y(p, q) = \frac{\sum_n h_n^p}{|\sum_n h_n^q|^{p/q}} k_W(p, q). \tag{9.39}$$

Für die normierten Kumulanten gelten unter den gegebenen Voraussetzungen die Ungleichungen [16]

$$|k_y(p, q)| \leq |k_W(p, q)| \quad p > q \tag{9.40}$$

$$|k_y(p, q)| \geq |k_W(p, q)| \quad q > p. \tag{9.41}$$

Gleichheit tritt genau dann ein, wenn die notwendige und hinreichende Bedingung der Entfaltung erfüllt ist, d.h.

$$y(n) = \gamma \cdot w(n - m). \tag{9.42}$$

Da q im Allgemeinen mit $q = 2$ festgelegt ist[16], wird, um Gleichung 9.40 anwenden zu können, p entsprechend größer gewählt. Wegen $p > q$ folgt, dass

---

[16] Für das Paar $p = 4$ und $q = 2$ gibt es eine rechentechnisch günstige Berechnungsmöglichkeit - siehe Gleichung 9.44.

für eine Entfaltung der Betrag des normierten Kumulanten $|k_Y(p,q)|$ maximiert werden muss. Die Maximierung müsste im Hinblick auf die Gesamtimpulsantwort $h(n)$ erfolgen. Da jedoch die Impulsantwort des Faltungsfilters $a(n)$ implizit im empfangenen Signal enthalten und daher nicht zugänglich ist, kann der Betrag des normierten Kumulanten nur im Hinblick auf die Impulsantwort des Entfaltungsfilters $b(n)$ maximiert werden. Daraus folgt die Optimierungsaufgabe

$$\max_{\mathbf{b}} |k_Y(p,q)| = \max_{\mathbf{b}}[k_Y(p,q)\mathrm{sgn}(k_Y(p,q))], \qquad (9.43)$$

wobei der Vektor $\mathbf{b}$ die Koeffizienten des Entfaltungsfilters enthält[17].

9.3.2 Optimierung der Kostenfunktion

Für den normierten Kumulanten findet in der Regel die normierte Kurtosis Anwendung. Sie ist definiert mit $(p = 4, q = 2)$[18]

$$k_Y(4,2) = \frac{c_y(4)}{c_y^2(2)} = \frac{E[y^4] - 3E[y^2]^2}{E[y^2]^2} \approx \frac{\hat{\mu}_y(4)}{\hat{\mu}_y^2(2)} - 3, \qquad (9.44)$$

wobei

$$\hat{\mu}(k) = \frac{1}{N-M} \sum_{n=M+1}^{N} [y(n) - \hat{m}_Y]^k \qquad \text{und} \qquad (9.45)$$

$$\hat{m}_Y = \frac{1}{N-M} \sum_{n=M+1}^{N} y(n) \qquad (9.46)$$

gelten[19]. Mit M wird die Filterordnung des Entfaltungsfilters und N die Anzahl der zur Verfügung stehenden Datenpunkte bezeichnet. Die Schätzung für die normierte Kurtosis ist somit

$$\hat{k}_Y(4,2) = \frac{\frac{1}{N-M} \sum\limits_{n=M+1}^{N} [y(n) - \hat{m}_Y]^4}{\left(\frac{1}{N-M} \sum\limits_{n=M+1}^{N} [y(n) - \hat{m}_Y]^2\right)^2} - 3. \qquad (9.47)$$

---

[17] Mit größer werdendem Betrag der Kurtosis entfernt sich die Verteilungsdichte $f_Y(y)$ von einer Gaußverteilung. Entfaltung bedeutet deshalb auch, die Entfernung zwischen der Verteilungsdichte des entfalteten Signals und einer Gaußverteilung gleicher Varianz zu maximieren.

[18] Zur Kurtosisdefinition: siehe auch Gleichung 2.62

[19] Für die Berechnung von $\hat{\mu}(k)$ und $\hat{m}_Y$ werden ausschließlich Daten $y(n)$ von Zeitpunkten verwendet, zu denen das Entfaltungsfilter bereits eingeschwungen ist.

Die Maximierung kann zum Beispiel mit einem Gradientenverfahren erfolgen. Die Ableitung der Kostenfunktion bezüglich eines Filterkoeffizienten b_i ist gegeben mit [16]

$$
\frac{\partial \hat{k}_Y(4,2)}{\partial b_i} = \frac{4}{(N-M)\hat{\mu}_Y^2(2)} \sum_{n=M+1}^{N} [y(n) - \hat{m}_Y]^3
$$

$$
\times \left[x(n-i) - \frac{1}{N-M} \sum_{j=M+1}^{N} x(j-i) \right]
$$

$$
- \frac{4\hat{\mu}_Y(4)}{(N-M)\hat{\mu}_Y^3(2)} \sum_{n=M+1}^{N} [y(n) - \hat{m}_Y]
$$

$$
\times \left[x(n-i) - \frac{1}{N-M} \sum_{j=M+1}^{N} x(j-i) \right] . \tag{9.48}
$$

Mit Hilfe des daraus leicht zu bildenden Gradienten ist eine Maximierung einfach möglich. Prinzipiell ist mit einem solchen Verfahren eine Konvergenz in lokale Maxima denkbar, so dass gegebenenfalls nur suboptimale Lösungen gefunden werden.

Nichtlineare Filterung mit künstlichen neuronalen Netzen

10.1 Nichtlineare Filterung

Nichtlineare Filter bilden die Eingangssignale nichtlinear auf den Ausgang ab. Sie verallgemeinern damit die Funktionalität linearer Filter und erbringen in einer Vielzahl von Anwendungen bessere Ergebnisse aufgrund

- des nichtlinearen Charakters vieler realer Prozesse,

- des oft eingeschränkten Gültigkeitsbereiches linearer Modelle und

- der eingeschränkten Linearisierbarkeit vieler realer Problemstellungen.

In seiner allgemeinen Form kann ein nichtlineares Filter als vektorwertige nichtlineare Funktion $\mathbf{y} = \mathbf{f}(\mathbf{x})$ interpretiert werden. Aufgrund der daraus resultierenden unendlichen Anzahl der Freiheitsgrade sind für eine mathematische Traktierbarkeit Einschränkungen notwendig, beispielsweise durch strukturelle Vorgaben. Häufig verwendete, durch ihre Struktur gekennzeichnete, nichtlineare Filter sind unter anderem

- neuronale Netze, z.B. Multilagen-Perzeptron (MLP), Radiale-Basis-Funktionen-Netzwerke (RBF), Zeitverzögerungsnetzwerke (TDNN),

- Volterra-Filter und

- Median-Filter.

Nichtlineare Filteralgorithmen sind vielfach heuristisch begründet. Im Vordergrund dieses Abschnittes stehen jedoch künstliche neuronale Netze, insbesondere neuronale Netzwerke ohne Rückkopplung[1,2], denen ein umfangreiches theoretisches Fundament zugrunde liegt.

---

[1] Innerhalb des Netzes werden Signale ausschließlich von der Eingangsschicht in Richtung Ausgang propagiert.

[2] engl.: feed forward networks

10.2 Das Multilagen-Perzeptron

10.2.1 Aufbau

Der prinzipielle Aufbau des Multilagen-Perzeptrons ist in Abbildung 10.1 dargestellt. Die jeweils von unten nach oben gerichteten Verbindungslinien verbinden die Knoten (Neuronen) der benachbarten Lagen bzw. Schichten

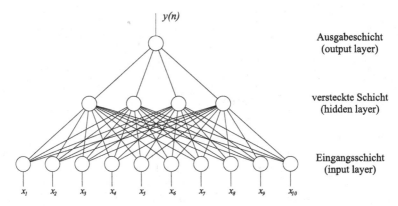

Abb. 10.1. Multilagen-Perzeptron (Beispiel für 10 Eingangssignale und 1 Ausgabesignal)

vollständig miteinander. Prinzipiell sind, in Erweiterung der Darstellung in Abbildung 10.1, mehrere versteckte Schichten, mehrere Ausgabeneuronen und eine beliebige Anzahl Eingabeneuronen möglich. Abgesehen von den Neuronen der Eingabeschicht[3], wird in jedem Neuron eine Funktionsberechnung gemäß

$$o = \varphi \left(w_0 + \sum_{j=1}^{L} w_j x_j \right) = \varphi(u) \qquad (10.1)$$

ausgeführt, mit x_j als j-tes Eingangssignal des Neurons, w_j als zugehörigem Gewicht und o als Ausgangssignal des Neurons[4]. Strukturell ist jedes Neuron damit in einen Linearkombinierer und eine nichtlineare Ausgabefunktion[5] entsprechend Abbildung 10.2 unterteilt. Mit dem Koeffizienten w_0 ist die Verschiebung der Nichtlinearität um einen festen Betrag möglich. Häufig finden

---

[3] Die Neuronen der Eingabeschicht besitzen nur ein Eingangssignal x, das unverändert zum Ausgang des Eingabeneurons o durchgeleitet wird, d.h. $o = x$.

[4] Abweichend zu dieser Bezeichnungsweise werden die Ausgangssignale der Ausgabeschicht mit y benannt.

[5] oftmals auch als Aktivierungsfunktion bezeichnet

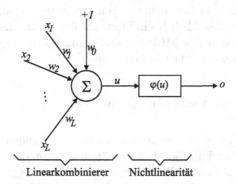

Abb. 10.2. Konnektionistisches Neuron

sigmoidale Funktionen[6] Verwendung, so unter anderem die logistische Nicht-linearität

$$\varphi(u) = \frac{1}{1 + e^{-cu}} \tag{10.2}$$

mit c als Temperaturkonstante [75]. Der Vorteil der logistischen Funktion liegt in der mit

$$\varphi'(u) = c\varphi(u)[1 - \varphi(u)] \tag{10.3}$$

gegebenen Ableitung, die unter Verwendung von φ sehr einfach berechnet werden kann. Da die Ableitung bei der iterativen Berechnung der Gewichtsfaktoren per Gradientenverfahren benötigt wird, ergibt sich hieraus eine besonders günstige Implementierungsmöglichkeit. Darüber hinaus bietet diese Funktion den Vorteil, dass sowohl sie selbst als auch ihre Ableitung im gesamten Bereich der reellen Zahlen wohldefiniert ist.

Andere häufig verwendete Aktivierungsfunktionen sind zum Beispiel abschnittweise lineare Funktionen, die Signumfunktion oder auch der Tangens-Hyperbolicus.

Aus der Struktur des MLP ergeben sich drei Entwurfsaufgaben [48]:

- Bestimmung der Anzahl der versteckten Schichten,

- Bestimmung der Anzahl der Neuronen jeder versteckten Schicht und

- Bestimmung der Verbindungsgewichte.

Die Größe der Eingangsschicht ist durch die Dimension des Eingangsraumes und die Größe der Ausgabeschicht durch die Dimension der gewünschten Ausgabe vorgegeben. Die Bestimmung des Eingangsraumes ist ein komplizierter

---

[6] Der Verlauf einer sigmoidalen Funktion ähnelt der Form des Buchstabens S.

und wichtiger Teilaspekt der nichtlinearen Filterung, der die Leistungsfähigkeit der Filterung maßgeblich beeinflusst. Da die Bestimmung des Eingangsraumes jedoch nicht zu den MLP-Entwurfsaufgaben im engeren Sinne zählt, soll sie im Folgenden unberücksichtigt bleiben.

10.2.2 Training der Verbindungsgewichte

Das Ziel bei der Anwendung eines künstlichen neuronalen Netzes besteht in der Realisierung einer Funktion $\mathbf{f}$ in Abhängigkeit von den Eingangsvariablen $\mathbf{x}$. Im Allgemeinen liegt diese Funktion jedoch nicht in geschlossener Form vor, sondern ist nur anhand einiger weniger Beispielabbildungen $\mathbf{x} \to \mathbf{t}$ bekannt. Gesucht ist demnach eine Funktion, die die N Beispiel-Eingabevektoren $\mathbf{x}$ der Dimension M in die N Beispiel-Zielvektoren $\mathbf{t}$ der Dimension K abbildet

$$\begin{pmatrix} x_1 \\ x_2 \\ \vdots \\ x_M \end{pmatrix} \xrightarrow{\text{neuronales Netz}} \begin{pmatrix} t_1 \\ t_2 \\ \vdots \\ t_K \end{pmatrix}. \tag{10.4}$$

Die N Wertepaare $(\mathbf{x}_n, \mathbf{t}_n), n = 1, 2, \ldots, N$ werden genutzt, um den diesen Beispielabbildungen zugrunde liegenden funktionalen Zusammenhang durch die Adaption der Gewichtsfaktoren des künstlichen neuronalen Netzes zu lernen[7]. Beim Lernen dient die quadratische Fehlersumme[8] zwischen den Ausgabevektoren $\mathbf{y}_n = [y_{1n}, y_{2n}, \ldots, y_{Kn}]^T$ des Netzes und den Zielvektoren $\mathbf{t}_n = [t_{1n}, t_{2n}, \ldots, t_{Kn}]^T$ als Kostenfunktion, d.h.

$$J = \frac{1}{2} \sum_{n=1}^{N} ||\mathbf{t}_n - \mathbf{y}_n||^2 = \frac{1}{2} \sum_{n=1}^{N} \sum_{k=1}^{K} (t_{kn} - y_{kn})^2. \tag{10.5}$$

Für die Justierung der Verbindungsgewichte verwendet man in der Regel den im Folgenden erläuterten *Backpropagation*-Algorithmus.

Zur Vereinfachung wird ein MLP mit nur einer versteckten Schicht und nur eine Beispielabbildung, d.h. $N = 1$ angenommen. Eine Erweiterung des Algorithmus auf mehrere verdeckte Schichten oder beliebige Werte für N ist einfach möglich. Die Gewichtsfaktoren zwischen Eingabeschicht und versteckter Schicht werden mit w_{ij} bezeichnet, wobei der Index i das jeweilige Eingabeneuron und der Index j das jeweilige Neuron der versteckten Schicht symbolisiert. Analog dazu werden die Gewichtsfaktoren zwischen versteckter Schicht und Ausgabeschicht mit w_{jk} benannt.

---

[7] Das Lernen der Verbindungsgewichte anhand von Beispiel-Abbildungen wird in der Literatur auch als Lernen mit Lehrer bzw. als *supervised learning* bezeichnet.

[8] Dies entspricht, von einem Vorfaktor abgesehen, dem mittleren quadratischen Fehler.

Der *Backpropagation*-Algorithmus ist ein aus drei Schritten bestehendes Gradienten-Abstiegsverfahren:

1. Vorwärtsberechnung; Berechnung des Ausgangsvektors **y** aus den Eingangsdaten **x**,

2. Rückwärtsberechnung (Backpropagation); Rückkopplung des Approximationsfehlers zur Berechnung des Gradienten bezüglich der Gewichtsfaktoren des Netzes und schließlich

3. Adaption der Gewichtsfaktoren.

Im ersten Schritt wird der Eingabevektor **x** in das Netzwerk eingegeben und der zugehörige Ausgabevektor **y** berechnet. Daraus ergibt sich unmittelbar der Fehler zwischen Ziel- und Ausgabevektor **e** = **t** − **y** sowie die quadratische Fehlersumme entsprechend Gleichung 10.5. An jedem Neuron wird gleichzeitig zu dieser Vorwärtsberechnung die Ableitung des Ausgabewertes *jedes einzelnen* Neurons entsprechend Gleichung 10.3 berechnet.

Im zweiten Schritt werden die partiellen Ableitungen der Kostenfunktion bezüglich jedes einzelnen Gewichtsfaktors des Netzwerkes ermittelt. Mit der Kostenfunktion

$$J = \frac{1}{2} \sum_{k=1}^{K} (t_k - y_k)^2 = \frac{1}{2} \sum_{k=1}^{K} e_k^2, \qquad (10.6)$$

dem Ausgabewert o_j des versteckten Neurons j und dem Ausgabewert[9] des Ausgabeneurons k

$$y_k = \varphi_k \left(\sum_{j=0}^{L} w_{jk} o_j \right) = \varphi_k(u_k) \qquad (10.7)$$

ergibt sich die Ableitung der Kostenfunktion bezüglich der Koeffizienten w_{jk} mit

$$\frac{\partial J}{\partial w_{jk}} = e_k \frac{\partial e_k}{\partial w_{jk}} = -e_k \frac{\partial \varphi_k(u_k)}{\partial u_k} \frac{\partial u_k}{w_{jk}}. \qquad (10.8)$$

Unter Berücksichtigung von Gleichung 10.3 resultiert für die Ableitung

$$\frac{\partial J}{\partial w_{jk}} = y_k(1 - y_k)(y_k - t_k)o_j = \delta_k o_j. \qquad (10.9)$$

Die Berechnung der partiellen Ableitungen nach den Gewichtsfaktoren zwischen Eingabeschicht und versteckter Schicht ist etwas umfangreicher, erfolgt jedoch nach dem gleichen Prinzip. Da jeder der Gewichtsfaktoren w_{ij} alle

---

[9] Entsprechend Abbildung 10.2 gilt $o_0 = +1$. Die Koeffizienten w_{0k} legen die Verschiebung der Sigmoidfunktion (Bias) fest.

Neuronen der *Ausgabeschicht* beeinflusst, gilt zunächst für die Ableitung der Kostenfunktion

$$\frac{\partial J}{\partial w_{ij}} = \frac{1}{2} \sum_{k=1}^{K} \frac{\partial e_k^2}{\partial w_{ij}} = \sum_{k=1}^{K} e_k \frac{\partial e_k}{\partial w_{ij}} = -\sum_{k=1}^{K} e_k \frac{\partial \varphi_k(u_k)}{\partial u_k} \frac{\partial u_k}{\partial w_{ij}} \qquad (10.10)$$

$$= -\sum_{k=1}^{K} e_k \frac{\partial \varphi_k(u_k)}{\partial u_k} \frac{\partial u_k}{\partial o_j} \frac{\partial o_j}{\partial w_{ij}}. \qquad (10.11)$$

Mit

$$e_k = t_k - y_k = t_k - \varphi_k, \qquad (10.12)$$

$$\frac{\partial \varphi_k(u_k)}{\partial u_k} = \varphi_k(u_k)[1 - \varphi_k(u_k)] = y_k[1 - y_k], \qquad (10.13)$$

$$\frac{\partial u_k}{\partial o_j} = w_{jk} \quad \text{und} \quad \frac{\partial o_j}{\partial w_{ij}} = o_j[1 - o_j]x_i \qquad (10.14)$$

ergibt sich aus Gleichung 10.11

$$\frac{\partial J}{\partial w_{ij}} = \sum_{k=1}^{K} (y_k - t_k) y_k [1 - y_k] w_{jk} o_j [1 - o_j] x_i. \qquad (10.15)$$

Mit der Substitution

$$\delta_j = o_j (1 - o_j) \sum_{k=1}^{K} w_{jk} \delta_k \qquad (10.16)$$

folgt schließlich

$$\frac{\partial J}{\partial w_{ij}} = \delta_j x_i. \qquad (10.17)$$

Nachdem für alle Gewichtsfaktoren die Ableitung bestimmt worden ist, kann im dritten Schritt mit Hilfe eines Optimierungsverfahrens die Korrektur der Gewichtsfaktoren vorgenommen werden. Im Falle eines Gradientenverfahrens (vgl. Abschnitt 3.3.2) erhält man für die Korrektur der Gewichtsfaktoren zum Zeitpunkt n

$$\Delta w(n) = -\alpha \frac{\partial J}{\partial w}, \qquad (10.18)$$

mit α als Lernrate. Als konvergenzbeschleunigend hat sich in vielen Fällen die Einführung eines Momentum-Terms[10] erwiesen

$$\Delta w(n) = -\alpha \frac{\partial J}{\partial w} + \gamma \Delta w(n-1) \qquad (10.19)$$

mit $0 \leq \gamma \leq 1$ [12]. Initialisiert wird der Lernprozess in der Regel mit zufällig gewählten Koeffizienten.

---

[10] Der Momentum-Term wird in der Literatur auch als Impulsterm bezeichnet.

10.2.3 Netzwerk-Komplexität

Neben den Gewichtsfaktoren übt die Struktur des Netzwerkes einen beacht-
lichen Einfluss auf dessen Leistungsfähigkeit aus. Sie gibt die Rahmenbedin-
gungen vor, innerhalb derer die Gewichtsfaktoren gelernt werden können.[11]
Eine schlechte Wahl der Struktur kann zu einer schlechten Approximation
der Trainingsausgabevektoren oder zu einer schlechten Generalisierungsfähigkeit[12] führen. Approximationsgüte und Generalisierungsfähigkeit sind zumindest teilweise konkurrierende Ziele. Sie werden durch die Komplexität des
Netzwerkes maßgeblich beeinflusst.[13]

Die Aufgabenstellung beim Strukturentwurf besteht deshalb in der Suche nach
einem Ausgleich zwischen Approximationsgüte und Generalisierungsfähigkeit.
Zwei Standardverfahren für die Lösung dieser Aufgabe sind das Netzwerkwachstum[14] und die Netzwerkeinschränkung[15].

Beim Netzwerkwachstum wird zunächst ein kleines Netzwerk vorgegeben, für
das die optimalen Gewichte bestimmt werden. Erfüllt das Ergebnis die Vorgaben an z.B. den Approximationsfehler nicht, so wird das Netz schrittweise
um neue Neuronen oder neue Schichten erweitert bis, mit den jeweils optimalen Koeffizienten, die Approximation dem Gütekriterium genügt. Das
Verfahren der Netzwerkeinschränkung beginnt im Gegensatz dazu mit einem
großen Netzwerk. Unnötige Gewichte werden schrittweise eliminiert, bis die
Leistungsfähigkeit des Netzwerks unter die vorgegebene Schwelle sinkt.

Für beide Strategien existieren viele Algorithmen. In [89] wird z.B. vorgeschlagen, die Kostenfunktion um einen Strafterm für Komplexität zu erweitern

$$J(\mathbf{w}) = \mathbf{J}_{e^2}(\mathbf{w}) + \lambda J_c(\mathbf{w}) \qquad (10.20)$$

mit $J_{e^2}(\mathbf{w})$ als Kostenfunktion auf der Basis des mittleren Fehlerquadrats, λ
als Regularisierungsparameter und

$$J_c(\mathbf{w}) = \sum_i \frac{(w_i/\rho)^2}{1 + (w_i/\rho)^2} \qquad (10.21)$$

---

[11] Zum Beispiel wird die Struktur des MLP durch die Anzahl der Neuronen in den
einzelnen Schichten sowie die Anzahl der verdeckten Schichten bestimmt.

[12] Generalisierungsfähigkeit bedeutet, dass das Netzwerk bei vergleichbaren Einga-
bevektoren vergleichbare Ausgabewerte liefert.

[13] Mit einer hohen Komplexität erzielt man im Allgemeinen eine gute Approximation der Trainingsausgabevektoren - meist einhergehend mit einer schlechten
Generalisierungsfähigkeit. Eine geringe Komplexität bewirkt oft eine gute Generalisierungsfähigkeit - meist aber gleichzeitig auch eine schlechte Approximation
der Trainingsausgabevektoren.

[14] engl.: network growing

[15] engl.: network pruning

als Strafterm. ρ stellt einen weiteren einstellbaren Parameter dar, der über Gleichung 10.21 hinaus zur Entfernung aller Gewichte w_i, die dem Kriterium $|w_i| \ll |\rho|$ genügen, genutzt wird. Daraus ergibt sich eine Reduktion der Netzwerkverbindungen und schließlich eine Reduktion der Neuronenanzahl.

10.3 Filteranwendungen

Künstliche neuronale Netze werden in sehr verschiedenen Applikationen eingesetzt, so unter anderem in der

- Medizintechnik [96, 50],

- Sprachverarbeitung und -analyse [59, 60],

- Systemidentifikation [48, 70],

- Bildverarbeitung [47] oder

- der akustischen Lärmbekämpfung [40].

Künstliche neuronale Netze potenzieren die Möglichkeiten einer linearen Verarbeitung. Dies wird nicht zuletzt im Kontext der Systemidentifikation deutlich. Während die klassische ARMA[16]-Systemidentifikation auf einem Systemmodell gemäß

$$y(n) = \sum_{i=1}^{N} a_i y(n-i) + \sum_{i=0}^{M} b_i x(n-i) \qquad (10.22)$$

basiert, kann der klassische Ansatz nichtlinear verallgemeinert werden zu [70, 48]

$$y(n) = \sum_{i=1}^{N} a_i y(n-i) + g[x(n), x(n-1), \ldots] \qquad (10.23)$$

$$y(n) = f[y(n-1), y(n-2), \ldots] + \sum_{i=0}^{M} b_i x(n-i), \qquad (10.24)$$

$$y(n) = f[y(n-1), y(n-2), \ldots] + g[x(n), x(n-1), \ldots] \quad \text{oder} \quad (10.25)$$

$$y(n) = f[y(n-1), y(n-2), \ldots, x(n), x(n-1), \ldots]. \qquad (10.26)$$

Künstliche neuronale Netze sind prinzipiell geeignet, die unbekannten nichtlinearen Funktionen f und g darzustellen. Damit ist man im Besitz eines Hilfsmittels zur Beschreibung komplizierter technischer oder natürlicher Systeme - eine entscheidende Voraussetzung für deren gezielte Beeinflussung.

---

[16] ARMA: Auto-Regressive, Moving Average

10.4 Weitere Bemerkungen

Neben dem Multilagen-Perzeptron finden vielfach RBF[17]-Netzwerke Verwendung[18]. Der Ausgabewert eines RBF-Netzes ist gegeben mit einer Linearkombination radialer Basis-Funktionen φ_k [48]

$$y = \sum_{k=1}^{K} w_k \varphi_k(\mathbf{x}, \mathbf{c}_k) + w_0. \qquad (10.27)$$

In vielen Fällen, jedoch nicht notwendigerweise, werden als radiale Basis-Funktionen Gaußfunktionen gewählt, d.h.

$$\varphi(\mathbf{x}, \mathbf{c}_k) = \exp\left(-\frac{r^2}{2\sigma^2}\right) \qquad (10.28)$$

$$= \exp\left(-\frac{1}{2\sigma_k^2}\|\mathbf{x} - \mathbf{c}_k\|^2\right), \qquad (10.29)$$

mit $\mathbf{c}_k$ als Zentren, die oft über Clustering-Verfahren gefunden werden. Die Gewichte w_i berechnet man über die Minimierung des mittleren quadratischen Fehlers.

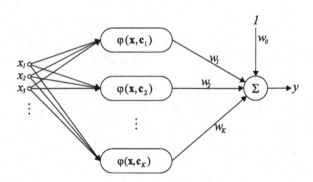

Abb. 10.3. RBF-Netz

Der Vorteil eines RBF-Netzwerkes liegt vor allem in der guten Interpretierbarkeit seiner Elemente und Parameter, worauf aufbauend ein gutes Verstehen der funktionalen Zusammenhänge zwischen Eingang und Ausgang des Netzes ermöglicht wird.

---

[17] RBF: Radiale Basis-Funktion
[18] Für Klassifikationsaufgaben werden häufig MLP- und für Approximationsaufgaben RBF-Netzwerke bevorzugt.

11

Sprachverbesserungssysteme mit spektraler Subtraktion

11.1 Überblick

Sprachverbesserungssysteme[1] werden eingesetzt, um Rauschen oder andere Fremdgeräusche aus gestörten Sprachsignalen zu entfernen. Ziel dieser Maßnahme ist zum einen die Verbesserung der subjektiven Sprachwahrnehmung und zum anderen die Erhöhung der Sprachverständlichkeit[2].

Die Anwendungsfelder für den Einsatz von Sprachverbesserungssystemen sind vielfältig, unter anderem in Mobilfunksystemen[3], öffentlichen Fernsprechern, Telefonkonferenzsystemen, Sprechfunkverbindungen und Spracherkennungssystemen [30]. Sehr ähnliche Verfahren finden auch bei der Restauration alter Audioaufnahmen Verwendung.

Abbildung 11.1 zeigt eine für den Einsatz von Sprachverbesserungssystemen typische Situation: Das Originalsignal breitet sich auf mehreren Wegen von der Quelle zum Mikrophon aus. Zusätzlich überlagern am Mikrophon Störgeräusche das Nutzsignal. Dieses Szenario kann durch die Faltung des Originalsignals $x(t)$ mit der Impulsantwort des Übertragungsweges $h(t)$ und die additive Überlagerung des Störsignals $d(t)$ erfasst werden

$$y(t) = h(t) * x(t) + d(t). \tag{11.1}$$

Im Vordergrund der Betrachtung hier steht die Entfernung der additiven Rauschstörung. Dazu wird das Modell vereinfacht auf

---

[1] engl.: speech enhancement systems

[2] Diese Ziele sind nicht notwendigerweise miteinander gekoppelt. Zum Beispiel geht bei der automatischen Spracherkennung eine hohe Erkennungsleistung nicht zwangsläufig mit einer qualitativ hochwertigen menschlichen Wahrnehmungsempfindung einher.

[3] Sprachkodierer, wie z.B. in Mobiltelefonen verwendet, basieren im Allgemeinen auf rauschfreien Modellen des menschlichen Gehörs. Dementsprechend sinkt die Leistungsfähigkeit dieser Kodierer in geräuschbehafteten Umgebungen.

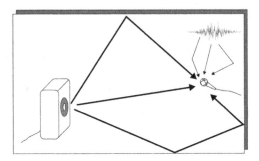

Abb. 11.1. Störung durch Verhallung und additive Geräusche

$$y(t) = x(t) + d(t). \tag{11.2}$$

Darüber hinaus wird vorausgesetzt, dass für die Aufnahme nur ein Mikrophon zur Verfügung steht.[4] Für diese spezielle Problemstellung haben sich vor allem folgende Verfahrensklassen herauskristallisiert:

- die spektrale Subtraktion,

- die modellbasierte Rauschunterdrückung und

- Subspace-Methoden.

Im praktischen Gebrauch sind vor allem Verfahren der spektralen Subtraktion, die im Folgenden detailliert besprochen werden.

11.2 Prinzip der spektralen Subtraktion

Unter dem Begriff *spektrale Subtraktion* werden Verfahren zusammengefasst, die eine Schätzung des entrauschten Signals $\hat{X}(j\omega)$ aus dem verrauschten Signal $Y(j\omega)$ durch Anwendung einer frequenzabhängigen Übertragungsfunktion $G(\omega)$ gewinnen

$$\hat{X}(j\omega) = G(\omega)Y(j\omega). \tag{11.3}$$

Die verschiedenen Übertragungsfunktionen dieser Algorithmenklasse ergeben sich aus unterschiedlichen Überlegungen, die in den folgenden Abschnitten besprochen werden. Einen Überblick über wichtige Übertragungsfunktionen gibt Tabelle 11.1.

---

[4] Obwohl eine größere Anzahl von Mikrophonen prinzipiell bessere Möglichkeiten einer Entstörung bietet, wird in vielen Anwendungen aus Kostengründen nur ein Mikrophon verwendet.

Amplitudensubtraktion	$G(\omega) = 1 - \alpha \dfrac{\overline{|D(j\omega)|}}{|Y(j\omega)|}$
Spektralsubtraktion	$G(\omega) = \sqrt{1 - \alpha \dfrac{\overline{|D(j\omega)|^2}}{|Y(j\omega)|^2}}$
Wiener-Filter	$G(\omega) = 1 - \dfrac{\overline{|D(j\omega)|^2}}{|Y(j\omega)|^2}$
Maximum-Likelihood-Subtraktion	$G(\omega) = \dfrac{1}{2}\left[1 + \sqrt{1 - \dfrac{\overline{|D(j\omega)|^2}}{|Y(j\omega)|^2}}\,\right]$
Ephraim-Malah-Filter	$G(\omega) = f(\mathrm{SNR}_{post}, \mathrm{SNR}_{prio})$

Tabelle 11.1. Übertragungsfunktionen ($D(j\omega)$: Fouriertransformierte des Rauschens, $Y(j\omega)$: Fouriertransformierte des gestörten Signals, SNR_{post} und SNR_{prio}: siehe Abschnitt 11.7)

Das namensgebende Prinzip der spektralen Subtraktion ist in Abbildung 11.2 dargestellt. Das gestörte Sprachsignal wird mit der diskreten Fouriertransformation (DFT) in den Frequenzbereich transformiert. In jedem einzelnen Frequenzband wird von der Leistung des gestörten Sprachsignals eine Schätzung

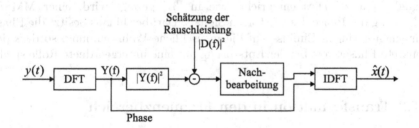

Abb. 11.2. Prinzip der spektralen Subtraktion

der Rauschleistung abgezogen. Nach der sich anschließenden Nachbearbeitung wird die Phaseninformation des gestörten Signals wieder zum Amplitudensignal hinzugefügt und über eine inverse diskrete Fouriertransformation (IDFT) das entstörte Zeitsignal gebildet. Begründet wird diese Struktur durch die Äquivalenz von Zeitbereichs- und Fourierbereichsdarstellung, d.h.

$$y(t) = x(t) + d(t) \quad \circ\!\!-\!\!\bullet \quad Y(j\omega) = X(j\omega) + D(j\omega). \tag{11.4}$$

Bei vorausgesetzter gegenseitiger statistischer Unabhängigkeit von Sprach-
und Störsignal gilt

$$E[|Y(j\omega)|^2] = E[|X(j\omega)|^2] + E[|D(j\omega)|^2]. \tag{11.5}$$

Die Leistung des Sprachsignals ergibt sich durch Umstellen der letzten Gleichung als Leistungsdifferenz zwischen aufgenommenem Signal und Störsignal

$$E[|X(j\omega)|^2] = E[|Y(j\omega)|^2] - E[|D(j\omega)|^2] = E[|Y(j\omega)|^2](1 - \frac{E[|D(j\omega)|^2]}{E[|Y(j\omega)|^2]}). \tag{11.6}$$

Bei vielen Methoden innerhalb des Rahmenwerks der spektralen Subtraktion
werden die Leistungen von gestörtem und entstörtem Signal durch die entsprechenden Momentanwerte ersetzt, d.h.

$$E[|Y(j\omega)|^2] \longrightarrow |Y(j\omega)|^2 \quad \text{und} \tag{11.7}$$

$$E[|X(j\omega)|^2] \longrightarrow |X(j\omega)|^2. \tag{11.8}$$

Die Rauschsignalleistung wird in der Regel mit einem Mittelwert des Quadra-
tes der Rauschamplitude geschätzt

$$E[|D(j\omega)|^2] \longrightarrow \overline{|D(j\omega)|^2}. \tag{11.9}$$

Dazu muss das Rauschen stationär sein oder darf seine Eigenschaften nur
langsam verändern. Die Schätzung kann entweder mit Hilfe einer Referenz-
aufnahme oder, bei nur einem Aufnahmekanal, während der Sprachpausen
erfolgen.

Die Phase des verrauschten Signals wird gleichzeitig als Phase des entstörten
Signals genutzt. Dies entspricht, wie in [31] gezeigt wird, einer MMSE-
Schätzung der Phase des entstörten Signals. Darüber hinaus besitzt die Phase
nur einen geringen Einfluss auf die menschliche Wahrnehmung, so dass der
konkrete Phasenwert bei der Entstörung nur eine untergeordnete Rolle spielt.

11.3 Transformation in den Frequenzbereich

Für die Transformation der Sprachdaten in den Frequenzbereich wird die
Diskrete Fouriertransformation[5] verwendet. Da nur endlich viele Stützstel-
len gleichzeitig ausgewertet werden können, werden vor Anwendung der DFT
Signalsegmente mit einer Fensterfunktion aus dem Gesamtsignal ausgeschnit-
ten und dann separat per DFT in den Frequenzbereich transformiert.[6] Unter
Hinzunahme der Fensterfunktion $w(t)$ entsteht aus Gleichung 11.4

---

[5] Im Allgemeinen werden schnelle Algorithmen (FFT) genutzt.

[6] Zu jedem Segment existiert ein Vektor mit Fourierkoeffizienten. Dies führt zu
einer als *Spektrogramm* bezeichneten Zeit-Frequenz-Darstellung des Signals, bei
der die Beträge oder quadrierten Beträge der Fourierkoeffizienten über den Seg-
mentindizes aufgetragen werden.

$$y_w(t) = w(t) \cdot y(t) = x_w(t) + d_w(t) \qquad \circ\!\!-\!\!\bullet \qquad Y(j\omega) = X_w(j\omega) + D_W(j\omega).$$
$$(11.10)$$

Im Allgemeinen werden in der Sprachverarbeitung Hanning- oder Hamming-Fenster einer Länge von 20-30 ms eingesetzt. Dies entspricht bei einer Abtastfrequenz von 8 kHz etwa 256 Abtastwerten. Darüber hinaus werden die einzelnen Zeitsegmente überlappend in den Fourierbereich transformiert, meist mit einer Überlappung von 50 oder 75 Prozent. Diese Überlappung ist notwendig, um den Einfluss von bei der Rücktransformation in den Zeitbereich entstehenden Unstetigkeiten an den Segmenträndern[7] gering zu halten. Mit der Segment- oder Fensterlänge L und der Fensterverschiebung[8] S und [45]

$$w_r(t) = \begin{cases} \dfrac{\sqrt{S}}{\sqrt{L}} & 0 \le t < L \\ 0 & sonst \end{cases} \qquad (11.11)$$

sind Hamming- und Hanning-Fenster gegeben mit [45]

$$w_H(t) = \frac{2w_r(t)}{\sqrt{4a^2 + 2b^2}} \left[a + b\cos\left(\frac{2\pi t}{L} + \phi\right) \right]. \qquad (11.12)$$

Für das Hamming-Fenster gelten $a = 0.54$, $b = -0.46$ und $\phi = \pi/L$ sowie für das Hanning-Fenster $a = 0.5$, $b = -0.5$ und $\phi = \pi/L$.

Die Rücktransformation vom Zeit- in den Frequenzbereich erfolgt mit der inversen Fouriertransformation. Die einzelnen zurücktransformierten Segmente $y_w(mS, t) = w(mS - t)y(t)$ werden entsprechend

$$y(t) = \sum_{m=-\infty}^{\infty} w(mS - t)y_w(mS, t) \qquad (11.13)$$

zum rekonstruierten Signal überlagert. Falls im Frequenzbereich keine Veränderung des Signals $y_w(t)$ vorgenommen wurde, kann das Signal auf diesem Wege verlustfrei[9] wiederhergestellt werden.

11.4 Algorithmen der spektralen Subtraktion

11.4.1 Amplituden- und Spektralsubtraktion

Das Prinzip der Spektralsubtraktion in Gleichung 11.6 ist ein Spezialfall von[10]

---

[7] verursacht durch die Veränderung der Signals innerhalb des Algorithmus
[8] Bei einer Fensterlänge $L = 256$ und 75-prozentiger Überlappung gilt $S = 64$.
[9] im Rahmen der Rechengenauigkeit
[10] Gleichung 11.14 ist eine *heuristische* Verallgemeinerung von Gleichung 11.6.

$$|\hat{X}(j\omega)|^b = |Y(j\omega)|^b - \alpha\overline{|D(j\omega)|^b}. \tag{11.14}$$

Der Parameter $b > 0$ legt fest, ob z.B. Beträge ($b = 1$) oder Leistungen ($b = 2$) voneinander subtrahiert werden. Der Einfluss von b auf die Qualität des entstörten Signals ist jedoch relativ gering. Im Gegensatz dazu besitzt der Parameter α eine erhebliche Bedeutung. Er bestimmt maßgeblich den Wert des vom gestörten Signal subtrahierten Rauschens.

Die Übertragungsfunktion ergibt sich in Übereinstimmung mit Tabelle 11.1 aus

$$|\hat{X}(j\omega)| = \sqrt[b]{|Y(j\omega)|^b - \alpha\overline{|D(j\omega)|^b}} \tag{11.15}$$

$$= \sqrt[b]{1 - \alpha\frac{\overline{|D(j\omega)|^b}}{|Y(j\omega)|^b}}|Y(j\omega)| = G(j\omega)|Y(j\omega)|, \tag{11.16}$$

wobei $|Y(j\omega)|^b - \alpha\overline{|D(j\omega)|^b} \geq 0$ vorausgesetzt wird. Prinzipiell können jedoch durch die formale Anwendung der spektralen Subtraktion negative Werte für $|\hat{X}(j\omega)| = |Y(j\omega)|^b - \alpha\overline{|D(j\omega)|^b}$ entstehen. Deshalb werden die aus der Subtraktion gewonnenen Werte nichtlinear entsprechend

$$T[|\hat{X}(j\omega)|] = \begin{cases} |\hat{X}(j\omega)| & |\hat{X}(j\omega)| > \beta|Y(j\omega)| \\ f(|Y(j\omega)|) & \text{sonst} \end{cases} \tag{11.17}$$

korrigiert, wobei für $f(\cdot)$ häufig eine kleine Konstante oder $f(|Y(j\omega)|) = \beta|Y(j\omega)|$, mit $0 < \beta \ll 1$, gewählt wird.

Der Parameter α bestimmt, wie viel von der geschätzten Rauschleistung vom gemessenen Signal tatsächlich subtrahiert wird. Für $\alpha > 1$ spricht man von *Übersubtraktion*[11]. Übersubtraktion führt in Verbindung mit der nichtlinearen Schätzwertkorrektur in Gleichung 11.17 zu einer Verminderung der Entstehung von *Musical Noise* (siehe Abschnitt 11.5.1). Für die spektrale Subtraktion gilt nämlich

$$|\hat{X}(j\omega)|^b = |Y(j\omega)|^b - \alpha\overline{|D(j\omega)|^b} \tag{11.18}$$

$$\approx |X(j\omega)|^b + |D(j\omega)|^b - \alpha\overline{|D(j\omega)|^b} \tag{11.19}$$

$$\approx |X(j\omega)|^b + V_D(j\omega), \tag{11.20}$$

wobei $V_D(j\omega)$ die Zufallskomponente des Rauschens bezeichnet. Ihre Werte können prinzipiell sowohl größer als auch kleiner Null sein. Bei geringer Nutzsignalamplitude, d.h. $|X(j\omega)|^b \approx 0$, ergibt sich

$$|\hat{X}(j\omega)|^b \approx V_D(j\omega). \tag{11.21}$$

---

[11] engl.: over-subtraction

In Verbindung mit der nichtlinearen Schätzwertkorrektur würde diese Zufalls-komponente für das zufällige und kurzzeitige Auftreten von Frequenzkom-ponenten im Signal (*Musical Noise*) verantwortlich sein. Ein großer α-Wert führt jedoch dazu, dass permanent $\sqrt[b]{V_D(j\omega)} < \beta|Y(j\omega)|$ gilt und folglich das zufällige Auftreten kurzlebiger Frequenzkomponenten unterdrückt wird.

Die Spektralsubtraktion ($b = 2$) entspricht unter der Annahme gaußscher Verteilungsdichten für die Fourierkoeffizienten von Sprachsignal und Rauschen einer *Maximum-Likelihood*-Schätzung der Fourierkoeffizienten des entstörten Signals [66].

11.4.2 Wiener-Filter

Das Wiener-Filter minimiert den mittleren quadratischen Fehler zwischen Zielfunktion und Approximation (vgl. Kapitel 6). Im Frequenzbereich erhält man entsprechend Gleichung 6.41 für die Übertragungsfunktion des Wiener-Filters

$$G(j\omega) = \frac{E[X(j\omega) \cdot Y^*(j\omega)]}{E[|Y(j\omega)|^2]} \tag{11.22}$$

$$= \frac{E[(Y(j\omega) - D(j\omega)) \cdot Y^*(j\omega)]}{E[|Y(j\omega)|^2]} \tag{11.23}$$

$$= \frac{E[Y(j\omega)Y^*(j\omega)] - E[D(j\omega)(X^*(j\omega) + D^*(j\omega))]}{E[|Y(j\omega)|^2]}. \tag{11.24}$$

Aufgrund der statistischen Unabhängigkeit zwischen $D(j\omega)$ und $X(j\omega)$ verschwindet der gemeinsame Erwartungswert. Die Übertragungsfunktion des Wiener-Filters ist somit gegeben durch

$$G(j\omega) = 1 - \frac{E[|D(j\omega)|^2]}{E[|Y(j\omega)|^2]}. \tag{11.25}$$

Es kann gezeigt werden [66, 95], dass das Wiener-Filter, unter der Annahme von Gaußverteilungen für die komplexen Fourierkoeffizienten von Sprachsignal und Rauschen, einer MMSE-Schätzung der Amplituden der Fourierkoeffizienten des Sprachsignals entspricht.

11.4.3 Maximum-Likelihood-Spektralsubtraktion

Unter der Voraussetzung von gaußschem Rauschen als Störsignal und eines mit $X(j\omega) = A(\omega) \exp(j\theta(\omega))$ gegebenen Sprachsignals kann eine Maximum-Likelihood-Schätzung für die Sprachsignalamplitude $A(\omega)$ berechnet werden

[66]. Die bedingte Verteilungsdichte des gemessenen Signals bei gegebenem Sprachsignal (Likelihood-Funktion) ist[12, 13]

$$f(Y|A, \theta) = \frac{1}{\pi \sigma_D^2} \exp\left(-\frac{|D|^2}{\sigma_D^2}\right) \tag{11.26}$$

$$= \frac{1}{\pi \sigma_D^2} \exp\left(-\frac{|Y|^2 - 2A Re[exp(-j\theta)Y] + A^2}{\sigma_D^2}\right), \tag{11.27}$$

mit $\sigma_D = E[|D(j\omega)|^2]$. Da der Phasenterm unbekannt ist und bei der Optimierung unberücksichtigt bleiben soll[14], wird ein Mittelwert der möglichen Verteilungsdichten $f(Y|A, \theta)$ bezüglich des Phasenterms θ für die weiteren Berechnungen genutzt[15]

$$\overline{f(Y|A)} = \int_0^{2\pi} f(Y|A, \theta) f(\theta) d\theta. \tag{11.28}$$

Für die Verteilungsdichte $f(\theta)$ wird eine Gleichverteilung angesetzt. Somit ergibt sich

$$\overline{f(Y|A)} = \frac{1}{\pi \sigma_D^2} \exp\left(-\frac{|Y|^2 + |A|^2}{\sigma_D^2}\right) \cdot \frac{1}{2\pi} \int_0^{2\pi} \exp\left(\frac{2A Re[Y \exp(-j\theta)]}{\sigma_D^2}\right) d\theta. \tag{11.29}$$

Das Integral in Gleichung 11.29 ist die modifizierte Besselfunktion erster Art $I_0(z)$ [1]. Sie kann für $z = |2AY/\sigma_D^2| \geq 3$ approximiert werden durch [66]

$$I_0(z) = \frac{1}{2\pi} \int_0^{2\pi} \exp\left(\frac{2A Re[Y \exp(-j\theta)]}{\sigma_D^2}\right) d\theta \approx \frac{1}{\sqrt{2\pi z}} \exp(z). \tag{11.30}$$

Mit den Definitionen

$$\text{SNR}_{prio} = \frac{A^2}{\sigma_D^2} \quad \text{und} \quad \text{SNR}_{post} = \frac{|Y|^2}{\sigma_D^2} \tag{11.31}$$

gilt

$$z = 2\sqrt{\text{SNR}_{prio}\text{SNR}_{post}}. \tag{11.32}$$

Für die gemittelte Likelihood-Funktion ergibt sich dann

$$\overline{f(Y|A)} = \frac{1}{\pi \sigma_D^2} \frac{1}{\sqrt{2\pi \cdot 2A|Y|/\sigma_D^2}} \exp\left(-\frac{|Y|^2 - 2A|Y| + A^2}{\sigma_D^2}\right). \tag{11.33}$$

---

[12] Aus Gründen der Übersichtlichkeit wird der Frequenzindex im Folgenden weggelassen. Die folgenden Gleichungen gelten für jedes Frequenzband separat.

[13] Zur Berechnung von Verteilungsdichten komplexer Zahlen: siehe Abschnitt 11.7.2.

[14] Die Phase besitzt bei der Wahrnehmung nur eine geringe Bedeutung.

[15] Dies entspricht der Randdichte von $f(Y, \theta|A)$.

Die gemittelte Likelihood-Funktion besitzt ihr Maximum bei

$$\hat{A} = \frac{1}{2}\left[|Y| + \sqrt{|Y|^2 - \sigma_D^2}\right].\tag{11.34}$$

Unter Berücksichtigung der Phaseninformation ergibt sich als Schätzwert für das Sprachsignal

$$X(j\omega) = \hat{A}\frac{Y(j\omega)}{|Y(j\omega)|}\tag{11.35}$$

$$= \left[\frac{1}{2} + \frac{1}{2}\sqrt{\frac{|Y(j\omega)|^2 - \sigma_D^2(j\omega)}{|Y(j\omega)|^2}}\right]Y(j\omega)\tag{11.36}$$

$$= \left[\frac{1}{2} + \frac{1}{2}\sqrt{1 - \frac{1}{\text{SNR}_{post}}}\right]Y(j\omega) = G(j\omega)\cdot Y(j\omega).\tag{11.37}$$

11.4.4 Ephraim-Malah-Filter

Ephraim-Malah-Filter berechnen eine MMSE-Schätzung der spektralen Amplitude des Sprachsignals. Die Übertragungsfunktion des Ephraim-Malah-Filters wird analog zur *Maximum-Likelihood*-Schätzung in Abschnitt 11.4.3 in Abhängigkeit von den beiden Parametern SNR_{prio} und SNR_{post} berechnet, deren besondere Art der Schätzung maßgeblichen Einfluss auf die Qualität der Sprachverbesserung besitzt und entscheidend zum Erfolg des Ephraim-Malah-Filters beigetragen hat.

Aufgrund ihrer großen Bedeutung werden Ephraim-Malah-Filter im Abschnitt 11.7 gesondert besprochen.

11.5 Algorithmische Erweiterungen

11.5.1 Probleme der spektralen Subtraktion

Gemäß Gleichung 11.14 und den algorithmischen Varianten in Tabelle 11.1 wird ein Mittelwert der Rauschleistung im jeweiligen Frequenzband zur Korrektur des gestörten Spektralanteils genutzt. Die für Rausch- und Sprachsignale typischen kurzfristigen Leistungsvariationen bleiben jedoch unberücksichtigt. Das gestörte Spektrum wird daher nicht um den tatsächlich im Signalsegment vorhandenen Rauschanteil korrigiert. Vielmehr können wie in Abbildung 11.3 kurz andauernde Spitzen im Spektrum entstehen, die im Zeitbereich als kurzzeitige harmonische Schwingungen sehr störend wirken. Entstehung und Auswirkungen dieser zeitlich kurz andauernden harmonischen Schwingungen, die auch als *Musical Noise* bezeichnet werden, können durch die im Folgenden besprochenen Vor- und Nachverarbeitungsstufen deutlich vermindert werden.

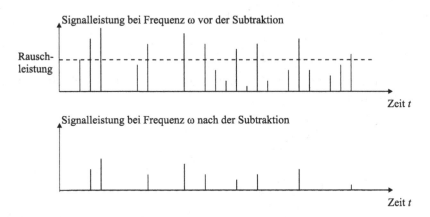

Abb. 11.3. Entstehung von *Musical Noise*: Die Subtraktion eines mittleren Rauschpegels führt zu vereinzelten Spitzen im Spektrogramm, die nach Rücktransformation in den Zeitbereich kurzzeitige Schwingungen ergeben.

11.5.2 Schätzung des Rauschspektrums

Die Varianz der Rauschleistungsschätzung ist gegeben durch[16] [86]

$$\mathrm{Var}[|D(j\omega)|^2] = \sigma^4_{D(\omega)}. \tag{11.38}$$

Diese, durch Eigenschaften der Fouriertransformation bedingte und in Abbildung 11.4 deutlich zu erkennende sehr große Streubreite kann durch eine Mittelung der Rauschleistungsschätzungen über mehrere Signalsegmente re-

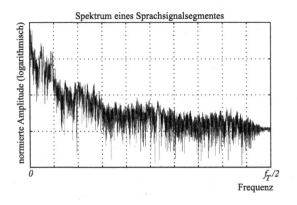

Abb. 11.4. Beispielspektrum eines Sprachsignalsegmentes

---

[16] bei Berechnung des Spektrums über das Periodogramm

duziert werden, z.B. mit

$$\overline{|D(j\omega)|^b}_m = \frac{1}{K} \sum_{i=0}^{K} |D_{m-i}(j\omega)|^b \qquad (11.39)$$

oder rekursiv durch

$$\overline{|D(j\omega)|^b}_m = \rho \overline{|D(j\omega)|^b}_{m-1} + (1-\rho)|D(j\omega)|_m^b, \qquad (11.40)$$

mit $0 \ll \rho < 1$ als Gedächtnisfaktor. Die Varianz der Rauschleistungsschätzung verringert sich im Falle K statistisch unabhängiger Segmente um den Faktor K

$$\text{Var}\left[\frac{1}{K} \sum_{i=0}^{K-1} |D_i(j\omega)|^2\right] \approx \frac{1}{K}\sigma_{D(\omega)}^4. \qquad (11.41)$$

Der Vorteil der Rauschleistungsmittelung besteht in einem glatteren Zeitverlauf der Rauschleistungsschätzung. Nachteilig ist die Verringerung der Sensitivität der Schätzung gegenüber Veränderungen der Rauschleistung. Die Anzahl der in der Mittelung berücksichtigten Segmente K spiegelt diesbezüglich einen Kompromiss wider.

11.5.3 Spektrogramm-Filterung

Die Variation des Rauschens im gestörten Signal kann durch die Tiefpassfilterung des Spektrogramms verringert werden, d.h.

$$|Y_{TP}(j\omega)|_m = \rho|Y_{TP}(j\omega)|_{m-1} + (1-\rho)|Y(j\omega)|_m. \qquad (11.42)$$

Die Tiefpassfilterung des Spektrogramms führt zu einer verbesserten Übereinstimmung zwischen Rauschschätzung und Rauschen im gestörten Signal. Der Nachteil besteht vor allem in einer Verhallung des Nutzsignals.

11.5.4 Nachverarbeitung zur Entfernung des Musical Noise

Durch eine verbesserte Rauschschätzung sowie die Mittelung des Spektrogramms kann die Entstehung von *Musical Noise* verringert werden. Eine weitere Reduktion ist mit der Ausnutzung der unterschiedlichen Eigenschaften von *Musical Noise* und Audionutzsignal möglich. Bei Audiosignalen sind Frequenzkomponenten im Spektrogramm im Allgemeinen über mehrere zusammenhängende Zeitblöcke vorhanden und meist breitbandig. Im Vergleich dazu sind die Frequenzkomponenten von *Musical Noise* kurzlebig, von geringer Amplitude und im Regelfall schmalbandig. Darauf aufbauend werden entsprechend Abbildung 11.5 die Komponenten aus dem Spektrogramm entfernt, die kurzlebig sind und gleichzeitig unterhalb einer vorzugebenden Schwelle liegen.

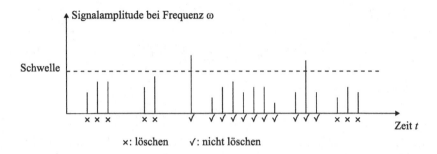

Abb. 11.5. Nachbearbeitung zur Entfernung von *Musical Noise* (nach [88])

11.6 Sprachpausenerkennung

Im Falle von Sprachaufnahmen ohne Störreferenz ist es notwendig, das Rauschspektrum aus dem aufgenommenen Signal zu schätzen. Dazu werden Sprachpausen genutzt. Vorausgesetzt wird dabei eine nur geringfügige Instationarität des Rauschsignals.

Die Güte der Sprachpausenerkennung[17] übt einen wesentlichen Einfluss auf die Güte der Rauschschätzung und entsprechend auf den Erfolg des gesamten Verfahrens aus. Ihr sollte daher besondere Aufmerksamkeit gewidmet werden. Geeignete Verfahren werden unter anderem in [27, 38, 37, 46] beschrieben.

Während einer Sprachpause kann das gestörte Eingangssignal gedämpft direkt zum Ausgang geleitet werden. Daraus ergibt sich die in Abbildung 11.6 gezeigte, um die Sprachpausenerkennung erweiterte, Gesamtstruktur eines Sprachverbesserungssystems.

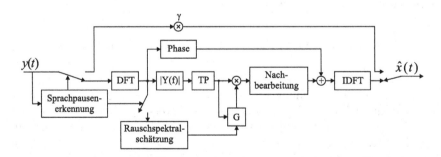

Abb. 11.6. Gesamtfunktionsschema der spektralen Subtraktion

---

[17] oft auch als *Voice Activity Detection (VAD)* bezeichnet

11.7 Das Ephraim-Malah-Filter

11.7.1 Überblick

Das von Ephraim und Malah vorgestellte Verfahren [31, 32] nimmt im Rahmen der Sprachverbesserungssysteme eine Sonderstellung ein. Während andere Methoden *Musical Noise* vorrangig erst nach seiner Entstehung durch Nachbearbeitungsverfahren dämpfen, kann mit dem Ephraim-Malah-Filter bereits die Entstehung von *Musical Noise* weitgehend reduziert werden.

11.7.2 Algorithmus

Amplitudenschätzung

Analog zu den anderen Verfahren der spektralen Subtraktion wird zunächst von statistisch unabhängigen, gaußverteilten Fourierkoeffizienten [73] ausgegangen. Darauf aufbauend erfolgt die Bestimmung der Nutzsignalamplitude [31] oder der logarithmierten Nutzsignalamplitude [32] aus dem gestörten Signal mit einer MMSE-Schätzung.

Die Fourierkoeffizienten von gestörtem Signal und Sprachsignal werden nach Betrag und Phase parametrisiert

$$Y(j\omega) = R(\omega)\exp[j\vartheta(\omega)] \quad \text{und } X(j\omega) = A(\omega)\exp[j\alpha(\omega)]. \quad (11.43)$$

Aufgrund der Annahme der statistischen Unabhängigkeit zwischen einzelnen Fourierkoeffizienten kann eine Schätzung der Nutzsignalamplitude A_k im Frequenzband ω_k direkt aus der gestörten Signalamplitude R_k des gleichen Frequenzbandes erfolgen. D.h., in jedem Frequenzband kann die Nutzsignalamplitude unabhängig von den anderen Frequenzbändern bestimmt werden.

Der MMSE-Schätzer für die Nutzsignalamplitude ist der bedingte Erwartungswert[18] von A_k bei gegebener Messung Y_k [31]

$$\hat{A}_k = E[A_k|Y_k] = \frac{\int\limits_0^\infty \int\limits_0^{2\pi} a_k f(Y_k|a_k,\alpha_k)f(a_k,\alpha_k)d\alpha_k da_k}{\int\limits_0^\infty \int\limits_0^{2\pi} f(Y_k|a_k,\alpha_k)f(a_k,\alpha_k)d\alpha_k da_k}, \quad (11.44)$$

---

[18] Der Zusammenhang zwischen MMSE-Schätzung und bedingtem Erwartungswert wird u.a. in Abschnitt 4.3.2 erläutert.

mit

$$f(Y_k|a_k,\alpha_k) = \frac{1}{\pi\sigma_D^2(k)}\exp\left(-\frac{1}{\sigma_D^2(k)}|Y_k - a_k e^{j\alpha_k}|^2\right) \qquad (11.45)$$

$$f(a_k,\alpha_k) = \frac{a_k}{\pi\sigma_X^2(k)}\exp\left(-\frac{a_k^2}{\sigma_X^2(k)}\right) \qquad (11.46)$$

und $\sigma_X^2(k) = 2E[|X_k|^2]$ bzw. $\sigma_D^2(k) = 2E[|D_k|^2]$. Die Gleichungen 11.45 und 11.46 zeigen gaußsche Verteilungsdichten für komplexe Zufallsvariablen[19].

Durch Einsetzen der Gleichungen 11.45 und 11.46 in Gleichung 11.44 ergibt sich der MMSE-STSA-Schätzer[20] [31, 17]

$$\hat{A} = \Gamma(1.5)\sqrt{\left(\frac{1}{1+\mathrm{SNR}_{post}}\right)\left(\frac{\mathrm{SNR}_{prio}}{1+\mathrm{SNR}_{prio}}\right)}$$
$$\times \exp\left(-\frac{v_k}{2}\right)\left[(1+v_k)I_0\left(\frac{v_k}{2}\right) + v_k I_1\left(\frac{v_k}{2}\right)\right]R_k. \qquad (11.47)$$

$\Gamma(\cdot)$ ist die Gamma-Funktion und $\Gamma(1.5) = \sqrt{\pi}/2$. $I_0(\cdot)$ sowie $I_1(\cdot)$ bezeichnen die modifizierten Besselfunktionen nullter bzw. erster Ordnung, wobei für das Argument v_k definiert wird

$$v_k = \frac{\mathrm{SNR}_{prio}}{1+\mathrm{SNR}_{prio}}(1 + \mathrm{SNR}_{post}). \qquad (11.48)$$

A-priori- und *A-posteriori-*SNR werden in diesem Kontext abweichend zu Gleichung 11.31 definiert mit [17][21]

---

[19] Die Verteilungsdichte einer komplexen gaußverteilten Zufallsvariablen $x = u + jv$ ergibt sich aus den Verteilungsdichten von Real- und Imaginärteil, d.h. $u \sim N(\mu_u, \sigma_X^2/2)$ und $v \sim N(\mu_v, \sigma_X^2/2)$ und der Annahme der statistischen Unabhängigkeit zwischen u und v mit [57]

$$f(u,v) = N(\mu_u, \sigma_X^2/2) \cdot N(\mu_v, \sigma_X^2/2) = \frac{1}{\pi\sigma_X^2}\exp\left(-\frac{(u-\mu_u)^2 + (v-\mu_v)^2}{\sigma_X^2}\right).$$

Mit a als Betrag und α als Phase gilt unter Berücksichtigung der Transformationsvorschrift für differentielle Flächen von kartesischen Koordinaten in Polarkoordinaten ($dudv = adad\alpha$) [15]

$$f(a,\alpha) = \frac{a}{\pi\sigma_X^2}\exp\left(-\frac{a^2}{\sigma_X^2}\right).$$

[20] STSA: Short Term Spectral Amplitude
[21] Der *A-priori-*SNR ist im wesentlichen eine SNR-Schätzung auf der Basis eines Mittelwertes des SNR vergangener Segmente. Der *A-posteriori-*SNR ist eine SNR-Schätzung, die auf dem Signalpegel des jeweils aktuellen Segmentes beruht.

$$\text{SNR}_{prio} = \frac{E[A_k^2]}{\sigma_D^2(k)} \quad \text{und} \quad \text{SNR}_{post} = \frac{R_k^2}{\sigma_D^2(k)} - 1. \qquad (11.49)$$

Mit Gleichung 11.47 erhält man die Übertragungsfunktion des Ephraim-Malah-Filters

$$G_{STSA-MMSE}(\text{SNR}_{prio}(j\omega), \text{SNR}_{post}(j\omega)) = \frac{\hat{A}(j\omega)}{R(j\omega)}. \qquad (11.50)$$

In [32] wird auf ähnlichem Wege eine MMSE-Schätzung für die logarithmierte Amplitude berechnet

$$E[(\log A_k - \log \hat{A}_k)^2] = E[\log(A_k|Y_k)]. \qquad (11.51)$$

Diese Schätzung soll die logarithmische Funktionsweise des menschlichen Gehörs stärker berücksichtigen. Die daraus resultierende MMSE-LSA-Schätzung[22] für die logarithmierte Amplitude ist gegeben mit [32]

$$\hat{A}_k = \frac{\text{SNR}_{prio}}{1 + \text{SNR}_{prio}} exp\left(\frac{1}{2}\int_{v_k}^{\infty} \frac{e^{-t}}{t} dt\right) R_k. \qquad (11.52)$$

Effiziente Berechnungsverfahren für die Integralexponentialfunktion in Gleichung 11.52 werden unter anderem in [14] beschrieben. Die Übertragungsfunktion des Ephraim-Malah-Filters für logarithmierte Amplituden ist analog zu Gleichung 11.50 gegeben durch

$$G_{LSA-MMSE}(\text{SNR}_{prio}(j\omega), \text{SNR}_{post}(j\omega)) = \frac{\hat{A}(j\omega)}{R(j\omega)}. \qquad (11.53)$$

Die Schätzung von A-priori- und A-posteriori-SNR

Der *A-posteriori*-SNR wird in jedem Segment m, d.h. für jeden Wert des Spektrogramms in Zeitrichtung, und für jede Frequenz neu entsprechend Gleichung 11.49 berechnet. Der *A-posteriori*-SNR ist somit eine lokale Schätzung für den aktuellen SNR [17].

Entsprechend Gleichung 11.49 ergibt sich der *A-priori*-SNR als Erwartungswert des *A-posteriori*-SNR [31, 17]

$$\text{SNR}_{prio}(k, m) = \frac{E[A_k^2(m)]}{\sigma_D^2(k, m)} = E[\text{SNR}_{post}(k, m)]. \qquad (11.54)$$

---

[22] LSA: Logarithmic Spectral Amplitude

Der *A-priori*-SNR kann deshalb stochastisch aus dem *A-posteriori*-SNR und der spektralen Amplitude geschätzt werden [31][23]

$$\text{SNR}_{prio}(k,m) = (1-\alpha)\max\{\text{SNR}_{post}(k,m),0\}$$
$$+\alpha\frac{\hat{A}_k^2(m-1)}{\sigma_D^2(k,m-1)} \tag{11.55}$$
$$= (1-\alpha)\max\{\text{SNR}_{post}(k,m),0\}$$
$$+\alpha\frac{|G(k,m-1)Y(k,m-1)|^2}{\sigma_D^2(k,m-1)}. \tag{11.56}$$

Der Gedächtnisfaktor α ist etwa zwischen 0.95 und 0.98 zu wählen [65]. Der jeweils erste Term in den Gleichungen 11.55 und 11.56 sorgt dafür, dass der *A-priori*-SNR stets nichtnegativ ist und somit die Wurzel in Gleichung 11.47 eine Lösung im Bereich der reellen Zahlen besitzt.

Wie auch im Falle der Spektralsubtraktion wird in [17, 65, 27] eine Übersubtraktion sowie eine Begrenzung der Übertragungsfunktion $G(j\omega)$ nach unten hin empfohlen. Dazu kann ein Minimalwert für den *A-priori*-SNR vorgegeben werden, z.B. $SNR_{prio,min} = -15dB$.

11.7.3 Interpretation der Funktionsweise

Die Übertragungsfunktion $G(j\omega)$ unterliegt beim Ephraim-Malah-Filter deutlich geringeren zeitlichen Schwankungen[24] als bei anderen Verfahren der spektralen Subtraktion. Dadurch wird die Entstehung von *Musical Noise* stark vermindert.

Die Gründe für dieses Verhalten des Ephraim-Malah-Filters ergeben sich aus den Kennlinien in Abbildung 11.7 (vgl. [17]). Bei Spektralsubtraktion und Wiener-Filterung ist der *A-posteriori*-SNR der dominierende Parameter, während beim Ephraim-Malah-Filter der *A-priori*-SNR den Verlauf der Übertragungsfunktion entscheidend beeinflusst. Beim Ephraim-Malah-Filter besitzt der *A-posteriori*-SNR nur noch eine korrigierende Funktion, mit dem die Dämpfung zwischen den Dämpfungsfaktoren der Spektralsubtraktion und der Wiener-Filterung variiert werden kann. Dabei wächst, innerhalb der gezeigten Grenzen, die Dämpfung mit größerem *A-posteriori*-SNR. Dies hat Auswirkungen auf die Schätzung des *A-priori*-SNR in Gleichung 11.56. Große Werte des *A-posteriori*-SNR im zweiten Term von Gleichung 11.56 werden

---

[23] Da der *A-priori*-SNR vom Zeitpunkt $m-1$ die Übertragungsfunktion $G(k,m-1)$ maßgeblich bestimmt, entspricht Gleichung 11.56 einer rekursiven Mittelwertbildung zur Bestimmung des *A-priori*-SNR.

[24] von Segment zu Segment

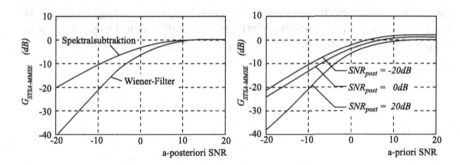

Abb. 11.7. Einfluss des *A-posteriori*-SNR bei spektraler Subtraktion ($b = 2$) und Wiener-Filterung (links) und Einfluss von *A-priori*- und *A-posteriori*-SNR beim Ephraim-Malah-Filter (MMSE-STSA-Amplitudenschätzung); (nach [17])

stärker gedämpft als kleine, woraus sich vor allem bei kleinen *A-priori*-SNR-Werten[25] ein geglätteter Verlauf des *A-priori*-SNR und dementsprechend von G ergibt.

Da die Übertragungsfunktion G implizit vergangene Schätzwerte des *A-priori*-SNR enthält, entspricht Gleichung 11.56 einer rekursiven Glättung des *A-priori*-SNR. Allerdings kommt die Glättung nur bei kleinen Werten des *A-priori*-SNR zustande, da G nur dann eine signifikante Dämpfung aufweist. Mit größer werdendem *A-posteriori*-SNR verringert sich die Glättung. In diesem Falle folgt der *A-priori*-SNR dem *A-posteriori*-SNR mit einem Segment Verzögerung, denn mit Gleichung 11.56 und den Kennlinien in Abbildung 11.7 gilt [17][26]

$$\text{SNR}_{prio}(k, m) \approx (1 - \alpha)\text{SNR}_{post}(k, m) + \alpha \frac{|Y(k, m - 1)|^2}{\sigma_D^2(k, m - 1)} \qquad (11.57)$$

und für $\text{SNR}_{post} \gg 1$

$$\text{SNR}_{prio}(k, m) \approx (1 - \alpha)\text{SNR}_{post}(k, m) + \alpha\text{SNR}_{post}(k, m - 1). \qquad (11.58)$$

Bei einer Wahl von $\alpha \approx 1$ erhält man [17]

$$\text{SNR}_{prio}(k, m) \approx \alpha\text{SNR}_{post}(k, m - 1). \qquad (11.59)$$

Der Parameter $\alpha, 0 \ll \alpha < 1$, bestimmt sowohl die Adaptionsgeschwindigkeit als auch die Glättung des *A-priori*-SNR. Je näher α an den Wert 1 gelegt wird, desto länger dauert die Anpassung des *A-priori*-SNR an Veränderungen im *A-posteriori*-SNR. Andererseits führt ein großes α auch zu einem zeitlich

---

[25] Bei großen *A-priori*-SNR-Werten ist der zeitliche Verlauf der Übertragungsfunktion aufgrund der Kennlinie ohnehin nur geringen Schwankungen unterworfen.

[26] Bei großen *A-posteriori*-SNR ist auch der *A-priori*-SNR groß, so dass $G \approx 1$ gilt.

glatteren *A-priori*-SNR und dementsprechend zu einer Verringerung des *Musical Noise*. Der für α gewählte Wert muss deshalb einen Ausgleich zwischen beiden Effekten herstellen.

Literaturverzeichnis

[1] M. Abramowitz and I.A. Stegun. Modified Bessel Functions I and K, §
9.6. In *Handbook of Mathematical Functions with Formulas, Graphs, and
Mathematical Tables*, S. 374–377. Dover, New York, 9. Auflage, 1972.

[2] W. Alt. *Nichtlineare Optimierung*. Vieweg Studium: Aufbaukurs Mathematik. Vieweg, Braunschweig/Wiesbaden, 1. Auflage, 2002.

[3] S.-I. Amari. Natural gradient works efficiently in learning. *Neural Computation*, 10(2):251–276, 1998.

[4] A. Bell and T. Sejnowski. An Information-Maximization Approach to
Blind Separation and Blind Deconvolution. *Neural Computation*, 7:1129–
1159, 1995.

[5] S. Bellini. Bussgang Techniques for Blind Deconvolution and Equalization. In S. Haykin (Hrsg.), *Blind Deconvolution*. Prentice Hall, 1994.

[6] A. Belouchrani and M.G. Amin. Blind Source Separation Using Time-
Frequency Distributions: Algorithms and Asymptotic Performance. *Proc.
ICASSP'97*, S. 3469–3472, Apr. 1997.

[7] A. Belouchrani, K.A. Meraim, and J.-F. Cardoso. A Blind Source Separation Technique Based on Second Order Statistics. *IEEE Transactions
on Signal Processing*, 45(2):434–444, Feb. 1997.

[8] J. Benesty and P. Duhamel. A Fast Exact LMS Adaptive Algorithm.
IEEE Transactions on Signal Processing, 45(12):2904–2920, Dec. 1992.

[9] A. Benveniste, M. Goursat, and G. Ruget. Robust identification of a
nonminimum phase system: Blind adjustment of linear equalizer in data
communications. *IEEE Transactions on Automatic Control*, 25:385–399,
1980.

[10] D.P. Bertsekas. Partial conjugate gradient methods for a class of optimal
control problems. *IEEE Transactions on Automatic Control*, 19:209–217,
1974.

[11] J.A. Bilmes. A Gentle Tutorial of the EM Algorithm and its Applicati-
on to Parameter Estimation for Gaussian Mixture and Hidden Markov
Models. Technical Report TR-97-021, International Computer Science
Institute and Computer Science Division of U.C. Berkeley, Apr. 1998.

[12] C.M. Bishop. *Neural Networks for Pattern Recognition.* Oxford University Press, Oxford, New York, 1. Auflage, 1995.

[13] J.F. Böhme. *Stochastische Signale.* B.G. Teubner, Stuttgart, 1993.

[14] I.N. Bronstein, K.A. Semendjajew, G. Musiol, and H. Mühlig. *Taschen-
buch der Mathematik.* Verlag Harri Deutsch, Frankfurt am Main, Thun,
3., überarbeitete und erweiterte Auflage, 1997.

[15] K. Burg, H. Haf, and F. Wille. *Höhere Mathematik für Ingenieure.* B.G.
Teubner, Stuttgart, 2. Auflage, 1989.

[16] J.A. Cadzow. Blind deconvolution via cumulant extrema. *IEEE Signal
Processing Magazine,* S. 24–42, May 1996.

[17] O. Cappé. Elimination of the Musical Noise Phenomenon with the Ephraim and Malah Noise Suppressor. *IEEE Transactions on Speech and
Audio Processing,* 2(2):345–349, Apr. 1994.

[18] J.-F. Cardoso. Source Separation Using Higher-Order Moments. *Proc.
ICASSP'89,* S. 2109–2112, 1989.

[19] J.-F. Cardoso. Blind Signal Separation: Statistical Principles. *Proceedings
of the IEEE; Special Issue on Blind Identification and Estimation, R.-W.
Liu and L. Tong (Hrsg.),* (10):2009–2025, 1998.

[20] J.-F. Cardoso and A. Souloumiac. Blind Beamforming For Non Gaussian
Signals. *IEE Proceedings-F,* 140(6):362–370, Dec. 1993.

[21] J.-F. Cardoso and A. Souloumiac. Jacobi Angles For Simultaneous Diagonalization. *SIAM Journal of Matrix Analysis and Applications,* 17(1),
Jan. 1996.

[22] G.A. Clark, S.K. Mitra, and S.R. Parker. Block implementation of adaptive digital filters. *IEEE Transactions on Circuits and Systems,* 28:584–
592, 1981.

[23] G.A. Clark, S.R. Parker, and S.K. Mitra. A unified approach to time and
frequency domain realization of FIR adaptive digital filters. *IEEE Transactions on Acoustics, Speech and Signal Processing,* 31(5):1073–1083,
Oct. 1983.

[24] P. Comon. Independent Component Analysis, A New Concept? *Signal
Processing,* 24:287–314, 1994.

[25] P. Comon and B. Mourrain. Decomposition of quantics in sums of powers
of linear forms. *Signal Processing,* 53(2):93–107, Sep. 1996.

[26] T. Cover and J. Thomas. *Elements of Information Theory*. John Wiley and Sons, New York, 1991.

[27] C. Demirkir, F. Karahan, and T. Ciloglu. Speech Enhancement Based on Spectral Estimation with Adaptive Lower Limit on Spectral Attenuation. *Proc. 3rd DSP and Education Conference, Paris*, Sep. 2000.

[28] A.P. Dempster, N.M. Laird, and D.B. Rubin. Maximum Likelihood from incomplete data via the EM algorithm. *J. Royal Statistical Soc., Ser. B*, 39(1):1–38, 1977.

[29] S.C. Douglas and S.-I. Amari. Natural-gradient adaption. In S. Haykin (Hrsg.), *Unsupervised Adaptive Filtering*, volume 1, S. 13–61. Wiley, 2000.

[30] Y. Ephraim. Statistical-Model-Based Speech Enhancement Systems. *Proceedings of the IEEE*, 80(10):1526–1555, Oct. 1992.

[31] Y. Ephraim and D. Malah. Speech Enhancement Using a Minimum Mean-Square Error Short-Time Spectral Amplitude Estimator. *IEEE Transactions on Acoustics, Speech and Signal Processing*, 32(6):1109–1121, Dec. 1984.

[32] Y. Ephraim and D. Malah. Speech Enhancement Using a Minimum Mean-Square Error Log-Spectral Amplitude Estimator. *IEEE Transactions on Acoustics, Speech and Signal Processing*, 33(2):443–445, Apr. 1985.

[33] A.J. Feelders. Statistical Concepts. In M. Berthold and D.J. Hand (Hrsg.), *Intelligent Data Analysis*, S. 15–66. Springer, Berlin, Heidelberg, New York, 1999.

[34] L. Féty. *Méthodes de traitement d'antenne adaptée aux radio-communications*. PhD thesis, ENST, Paris, 1988.

[35] D.B. Fogel. System Identification through Simulated Evolution: A Machine Learning Approach to Modeling. *Ginn Press, Needham Heights, MA 02194*, 1991.

[36] L.J. Fogel, A.J. Owens, and M.J. Walsh. Artificial Intelligence Through Simulated Evolution. *John Wiley*, 1966.

[37] D.K. Freeman, G. Cosier, C.B. Sourthcott, and I. Boyd. The voice activity detector of the pan-European digital mobile telephone service. *IEEE, CH2673-2*, 1989.

[38] N.R. Garner, P.A. Barrett, D.M. Howard, and A.M. Tyrrell. Robust noise detection for speech detection and enhancement. *Electronics Letters*, 33(4):270–271, Feb. 1997.

[39] M. Girolami and C. Fyfe. Generalised Independent Component Analysis Through Unsupervised Learning With Emergent Bussgang Properties. *Proc. IEEE/ICNN, International Conference on Neural Networks*, Oct. 1997.

[40] R. Glasberg. *Akustische Lärmbekämpfung.* TU Berlin, Dissertation, 2000.

[41] G.-O. Glentis, K. Berberidis, and S. Theodoridis. Efficient Least Squares Adaptive Algorithms for FIR Transversal Filtering. *IEEE Signal Processing Magazine*, 16(4):13–41, Jul. 1999.

[42] D.E. Goldberg. Genetic Algorithms in Search, Optimization, and Machine Learning. *Addison Wesley Publishing Company*, 1989.

[43] D.E. Goldberg. Genetic and Evolutionary Algorithms Come of Age. *Communications of the ACM*, 37(3):113–119, Mar. 1994.

[44] G.H. Golub and C.F. van Loan. *Matrix Computations.* Johns Hopkins Studies in Mathematical Sciences. The Johns Hopkins University Press, Baltimore, London, 3. Auflage, 1996.

[45] D.W. Griffin and J.S. Lim. Signal Estimation from Modified Short-Time Fourier Transform. *IEEE Transactions on Acoustics, Speech and Signal Processing*, 32(2):236–243, Apr. 1984.

[46] GSM Specification 06.32. Voice Activity Detector (VAD) for full rate speech traffic channels, version 8.0.1 Release 99. *Digital cellular telecommunications system (Phase 2+); Full rate speech*, 2000.

[47] H. Hanek and N. Ansari. Speeding up the generalized adaptive neural filters. *IEEE Transactions on Image Processing*, 5:705–712, May 1996.

[48] S. Haykin. *Adaptive Filter Theory.* Prentice-Hall, Englewood Cliffs, New Jersey 07632, 3. Auflage, 1996.

[49] H. Holland. Adaption in Natural and Artificial Systems. *Ann Arbor: The University of Michigan Press*, 1975.

[50] Th. Hopf. *Untersuchungen zur Klassifikation krankhafter menschlicher Stimmsignale mit Hilfe künstlicher neuronaler Netze.* Shaker Verlag, Aachen, 2000.

[51] G. Hori. A new approach to joint diagonalization. *Proc. ICA 2000, Helsinki, Jun. 19-22*, S. 151–155, 2000.

[52] H. Hotelling. Analysis of a Complex of Statistical Variables into Principal Components. *The Journal of Educational Psychology*, 24:417–441, 498–520, 1936.

[53] A. Hyvärinen and E. Oja. A Fast Fixed-Point Algorithm For Independent Component Analysis. *Neural Computation*, 9(7):1483–1492, 1997.

[54] A. Hyvärinen, J. Karhunen, and E. Oja. *Independent Component Analysis.* John Wiley and Sons, New York, 2001.

[55] R.E. Kalman. A New Approach to Linear Filtering and Prediction Problems. *J. Basic Eng.*, 82:34–45, Mar. 1960.

[56] R.E. Kalman and R.S. Bucy. New results in linear filtering and prediction theory. *Transactions of the ASME, Series D, Journal of Basic Engineering*, 83:95–107, 1961.

[57] S.M. Kay. *Modern Spectral Estimation*. Signal Processing Series. Prentice Hall, London, 1988.

[58] S. Kirkpatrick, C.D. Gellat Jr., and M.P. Vecchi. Optimization by Simulated Annealing. *Science*, 220(4598):671–680, 1983.

[59] W.G. Knecht. Nonlinear Noise Filtering and Beamforming Using the Perceptron and its Volterra Approximation. *IEEE Transactions on Speech and Audio Processing*, 2:55–62, Jan. 1994.

[60] W.G. Knecht, M.E. Schenkel, and G.S. Moschytz. Neural Network Filters for Speech Enhancement. *IEEE Transactions on Speech and Audio Processing*, 3:433–438, Nov. 1995.

[61] B.-U. Köhler. *Realzeitfähige Blinde Quellentrennung am Beispiel elektroenzephalographischer Signale*. Shaker Verlag, Aachen, 2000.

[62] B.-U. Köhler and R. Orglmeister. Blind Source Separation Algorithm Using Weighted Time Delays. In *Proc. International Workshop on Independent Component Analysis and Blind Separation of Signals*, S. 471–475, Helsinki, Jun. 2000.

[63] R. Linsker. Self-Organization in a Perceptual network. *Computer*, 21:105–117, 1988.

[64] D. MacKay. Maximum Likelihood and Covariant Algorithms for Independent Component Analysis. *University of Cambridge, Cavendish Lab.*, 1996.

[65] D. Malah, R.V. Cox, and A.J. Accardi. Tracking Speech-Presence Uncertainty to Improve Speech Enhancement in Non-Stationary Noise Environments. *Proc. ICASSP'99*, S. 789–792, 1999.

[66] R.J. McAulay and M.L. Malpass. Speech Enhancement Using a Soft-Decision Noise Suppression Filter. *IEEE Transactions on Acoustics, Speech and Signal Processing*, 28(2):137–145, Apr. 1980.

[67] T. Minka. Expectation-Maximization as lower bound maximization. *Tutorial published on the web at http://www-white.media.mit.edu/ tpminka/paper/em.html*, 1998.

[68] L. Molgedey and H.G. Schuster. Separation of a Mixture of Independent Signals Using Time Delayed Correlations. *Physical Review Letters*, 72:3634–3637, 1994.

[69] T.K. Moon. The Expectation-Maximization Algorithm. *IEEE Signal Processing Magazine*, 13(6):47–60, Nov. 1996.

[70] K.S. Narendra and K. Parthasarathy. Identification and Control of Dynamical Systems Using Neural Networks. *IEEE Transactions on Neural Networks*, 1(1):4–27, 1990.

[71] C.L. Nikias and A.P. Petropulu. *Higher-Order Spectral Analysis: A Nonlinear Signal Processing Framework.* Prentice Hall, Englewood Cliffs, NJ 07632, 1993.

[72] M. Papageorgiou. *Optimierung.* Oldenbourg-Verlag, 1991.

[73] W.A. Pearlman and R.M. Gray. Source Coding of the Discrete Fourier Transform. *IEEE Transactions on Information Theory*, 24:683–692, Nov. 1978.

[74] W.H. Press, S.A. Teukolsky, W.T. Vetterling, and B.P. Flannery. *Numerical Recipes in C: The Art of Scientific Computing.* Cambridge University Press, Cambridge, 2. Auflage, 1992.

[75] R. Rojas. *Theorie der neuronalen Netze.* Springer-Lehrbuch, 4., korrigierter Nachdruck, Berlin, 1996.

[76] Y. Sato. A Method of Self-Recovering Equalization for Multilevel Amplitude-Modulation Systems. *IEEE Transactions on Communications*, 23:679–682, 1975.

[77] A.H. Sayed and Th. Kailath. A state-space approach to adaptive RLS filtering. *IEEE Signal Processing Magazine*, 11:18–60, Jul. 1994.

[78] L.L. Scharf. *Statistical Signal Processing: Detection, Estimation, and Time Series Analysis.* Addison-Wesley Publishing Company, Inc., Reading, Massachusetts, 1991.

[79] H.P. Schwefel. Numerical Optimization of Computer Models. *John Wiley, Chichester*, 1981.

[80] C.E. Shannon. A mathematical theory of communication. *The Bell System Technical Journal*, 27(3):379–423 and 623–656, 1948.

[81] J.R. Shewchuk. An Introduction to the Conjugate Gradient Method Without the Agonizing Pain. *verfügbar per anonymous FTP von warp.cs.cmu.edu, Dateiname: quake-papers/painless-conjugate-gradient.ps*, 1994.

[82] J.J. Shynk. Frequency-Domain and Multirate Adaptive Filtering. *IEEE Signal Processing Magazine*, 9(1):14–37, Jan. 1992.

[83] S.W. Smith. *The Scientist and Engineer's Guide to Digital Signal Processing.* California Technical Publishing, San Diego, CA 92150-2407, 2. Auflage, 1999.

[84] P. Spellucci. *Numerische Verfahren der nichtlinearen Optimierung.* Birkhäuser, Basel, Boston, Berlin, 1993.

[85] K.S. Tang, K.F. Man, S. Kwong, and Q. He. Genetic Algorithms and their Applications. *IEEE Signal Processing Magazine*, 13(6):22–37, Nov. 1996.

[86] C.W. Therrien. *Discrete Random Signals and Statistical Signal Processing*. Prentice Hall, Englewood Cliffs, New Jersey 07632, 1992.

[87] L. Tong, V. Soo, R. Liu, and Y. Huang. Amuse: A New Blind Identification Algorithm. *Proc. ISCAS*, 1990.

[88] S.V. Vaseghi. *Advanced Signal Processing and Digital Noise Reduction*. Wiley-Teubner, New York, 1996.

[89] A.S. Weigend, D.E. Rumelhart, and B.A. Huberman. Generalization by weight elimination with application to forecasting. *Advances in Neural Information Processing Systems*, 3:875–882, 1991. Morgan Kaufman, San Mateo, California.

[90] G. Welch and G. Bishop. An Introduction to the Kalman Filter. Technical Report TR 95-041, Department of Computer Science, University of North Carolina at Chapel Hill, Chapel Hill, NC 27599-3175, Mar. 2002.

[91] L. Wenzel. Kalman-Filter, Teil 2. *Elektronik*, 49(8):50–55, 2000.

[92] B. Widrow. Adaptive Filters. In R.E. Kalman and N. DeClaris (Hrsg.), *Aspects of Network and System Theory*. Holt, Rinehart and Winston, New York, 1970.

[93] B. Widrow and M. Hoff. Adaptive Switching Circuits. *IRE WESCON Convention Record*, 4:96–104, 1960.

[94] N. Wiener. Extrapolation, Interpolation and Smoothing of Stationary Time Series, with Engineering Applications. *Technology Press and Wiley, New York*, 1949.

[95] P.J. Wolfe and S.J. Godsill. On Bayesian Estimation of Spectral Components for Broadband Noise Reduction in Audio Signals. Technical Report CUED/F-INFENG/TR.404, Signal Processing Group, University of Cambridge, Department of Engineering, Trupington Street, CB2 1PZ, Cambridge, UK; http://www-sigproc.eng.cam.ac.uk, Aug. 2001.

[96] Q. Xue, Y.H. Hu, and W.J. Tompkins. Neural-Network-Based Adaptive Matched Filtering for QRS Detection. *IEEE Transactions on Biomedical Engineering*, 39(4):317–329, 1992.

[97] A. Yeredor. Approximate joint diagonalization using non-orthogonal matrices. *Proc. ICA 2000, Helsinki, Jun. 19-22*, S. 33–38, 2000.

Index